中央高校基本科研业务费项目资助
中国矿业大学(北京)研究生教材及学术专著出版基金资助

室内可吸入颗粒物理化特征及毒理学研究

邵龙义　杨书申　赵厚银　李　慧　著

气象出版社
China Meteorological Press

内容简介

人们平均80%以上的时间是在室内度过的，所以每天呼吸的空气绝大部分来自于室内。室内空气污染不仅破坏人们的工作和生活环境，而且直接威胁着人们的身体健康。本书以北京市居室及校园公共场所室内空气为例，分析了室内 PM_{10} 和 $PM_{2.5}$ 在不同季节、不同时间段的质量浓度变化特征及其影响因素；利用场发射扫描电镜、透射电镜及能谱等单颗粒分析方法揭示出可吸入颗粒物的主要微观形貌类型及其来源，结合图像分析及分形维数提出不同类型颗粒物的粒径分布特征；利用质子激发 X 荧光分析测定了不同污染源和不同类型的居室室内 PM_{10} 中化学元素的质量浓度，并利用富集因子法进行了颗粒物的源解析，同时使用电感耦合等离子体质谱法测定了室内大气中 PM_{10} 样品重金属元素组成特征；最后还通过质粒 DNA 损伤评价研究了可吸入颗粒物的潜在健康效应等。全书数据翔实、内容丰富、方法先进，具有很强的科学性、资料性和实用性。

本书可供大气科学、环境科学、大气环境化学及环境地质学等领域的科技人员、有关专业师生以及从事环境保护事业的管理人员参考。

图书在版编目(CIP)数据

室内可吸入颗粒物理化特征及毒理学研究/邵龙义等著.
—北京：气象出版社，2012.4
ISBN 978-7-5029-5464-2

Ⅰ.①室…　Ⅱ.①邵…　Ⅲ.①室内空气-空气污染-粒状污染物
-物理化学-特征-研究　②室内空气-空气污染-粒状污染物-毒理学
-研究　Ⅳ.①X513.31

中国版本图书馆 CIP 数据核字(2012)第 057632 号

Shinei Kexiru Keliwu Lihua Tezheng ji Dulixue Yanjiu
室内可吸入颗粒物理化特征及毒理学研究
邵龙义　杨书申　赵厚银　李　慧　著

出版发行：气象出版社
地　　　址：北京市海淀区中关村南大街 46 号　　　邮政编码：100081
总 编 室：010-68407112　　　　　　　　　　发 行 部：010-68406961
网　　　址：http://www.cmp.cma.gov.cn　　　E-mail：qxcbs@cma.gov.cn
责任编辑：王元庆　　　　　　　　　　　　　终　　审：黄润恒
封面设计：博雅思企划
责任校对：永　通　　　　　　　　　　　　　责任技编：吴庭芳
印　　　刷：北京中新伟业印刷有限公司
开　　　本：787 mm×1092 mm　1/16　　　　印　　张：15
字　　　数：384 千字
版　　　次：2012 年 6 月第 1 版　　　　　　印　　次：2012 年 6 月第 1 次印刷
定　　　价：58.00 元

前　言

人们有平均 80％以上的时间是在室内度过的,室内空气污染不仅破坏人们的工作和生活环境,而且直接威胁着人们的身体健康,尤其是对孕产妇、婴幼儿、老弱病残等敏感人群身体健康的影响更为明显。近年来,室内可吸入颗粒物污染及其造成的健康问题已逐渐引起人们重视。世界卫生组织最近报道(2011 年 9 月),全世界约有 200 万人因使用家用固体燃料造成的室内空气污染所致疾病而过早死亡,由肺炎导致的五岁以下儿童死亡中,几乎有 50％是因为吸入了室内空气污染带来的颗粒物,每年有 100 多万人死于因接触此类室内空气污染而导致的慢性阻塞性肺病(http://www.who.int,Indoor air pollution and health)。在继"煤烟型"、"光化学烟雾型"空气污染后,"室内空气污染"亦越来越受到人们的关注。调查统计,世界上30％的建筑物中存在有害健康的室内空气,受污染的室内空气中存在着 30 余种致癌物(Ozkaynak 等 1996),这些有害气体已经引起全球性的人口发病率和死亡率的增加。为此,美国环保局、欧共体国家、世界卫生组织以及我国都先后组织制定了室内空气质量标准,以控制室内空气污染。因此,从健康的角度出发,研究与防治室内空气污染已经是环境与健康学科的重点研究方向。

本书以北京市居室环境和校园公共室内环境为例,对室内 PM_{10} 和 $PM_{2.5}$ 不同季节、不同时间段的质量浓度、单颗粒微观特征、粒度分布和微量元素组成等物理化学特征及变化规律,并用质粒 DNA 评价法方法,研究了室内/外颗粒物的生物活性大小及变化规律。使用重量—撞击法采集不同季节、不同时间段室内可吸入颗粒物(PM_{10} 和 $PM_{2.5}$)样品,称量样品质量,计算得出其质量浓度;使用场发射扫描电镜(FESEM)及透射电镜(TEM)、能谱技术、图像分析、电感耦合等离子体质谱(ICP-MS)、质子激发 X 荧光光谱(PIXE)等技术手段分析单颗粒微观特征、颗粒物来源、颗粒物数量-粒度分布、体积-粒度分布和微量元素组成等物理和化学特征,并使用质粒 DNA 评价法研究室内大气颗粒物对超螺旋 DNA 的氧化性损伤即毒性特征。希望研究成果对推动我国室内可吸入颗粒物的研究,特别是颗粒物物理和化学性质及健康效应评价等的研究有所帮助,为我国室内大气环境质量的提高做出贡献。

本书获中央高校基本科研业务费项目资助和中国矿业大学(北京)研究生教材及学术专著出版基金资助。此外,本书研究课题受北京市自然科学基金"北京市室内可吸入颗粒物的物理化学特征及生物活性研究"(项目号 8073030,项目负责人:邵龙义)和建设部科学技术项目"室内可吸入颗粒物对 DNA 氧化性损伤能力的研究"(项目号 05-K4-38,项目负责人:邵龙义)资助;同时本书研究课题还受到国家自然科学基金项目(项目号:41030213,41175109)和国家自然科学基金委与英国皇家学会共同资助的中英国际合作项目、北京市共建项目——北京市优秀博士学位论文指导教师科技项目以及教育部高等学校科技创新工程重大项目培育资金项目(项目号:705022)的资助。

本书共分七章,撰写分工如下:第 1 章由邵龙义、杨书申执笔,第 2 章由李慧、赵厚银和孙珍全执笔,第 3 章由邵龙义、李金娟和宋晓焱执笔,第 4 章由杨书申和沈蓉蓉执笔,第 5 章由赵厚银、孙珍全执笔,第 6 章由邵龙义、李慧和吕森林执笔,第 7 章由杨书申和肖正辉执笔。全书最后由邵龙义统稿。

　　本书的研究工作及编著得到中国矿业大学(北京)地球科学与测绘工程学院以及煤炭资源与安全开采国家重点实验室师生的大力支持,除署名作者外,还有博士生李卫军、李凤菊、牛红亚、樊景森,硕士生贺桃娥、刘昌凤、杨园园、张涛、王伟、刘君霞、付小娟、王静、王建英、李泽熙、胡颖等参加了样品采集及室内实验研究。采样工作还得到中国矿业大学(北京)图书馆、学生餐厅、居委会等部门的领导及同志们的协助。研究工作还得到魏复盛院士、任阵海院士、何兴舟教授、王庚辰研究员、柴发合研究员、张金良教授、王跃思研究员、徐永福研究员、张远航教授、胡敏教授、潘小川教授、姚强教授等的帮助和指导,中国矿业大学(北京)张鹏飞教授、金奎励教授、任德贻教授及彭苏萍院士对研究工作一直给予了关注,并审阅了部分章节。需要特别指出的是英国 Cardiff 大学地球科学系 Tim Jones 博士和生命科学系 Kelly BéruBé 博士在与课题组的长期合作过程中给予了大力支持和帮助。笔者在此对上述单位及专家表示衷心的感谢。

　　由于作者水平有限,文中错误或欠妥之处,敬请读者不吝指正。

邵龙义

2012 年 3 月谨识

Foreword

People typically spend over 80% of their time indoors, and thus, indoor air pollution not only destroy their working and living environments, but also threaten their respiratory health, especially threatening the health of those sensitive populations such as pregnant women, children, the elderly, and the infirm. In recent years, indoor inhalable particulates and related health problem have attracted wide attention from the public. World Health Organization reported in September 2011 that nearly 2 million people die prematurely from illness attributable to indoor air pollution from household solid fuel use, nearly 50% of pneumonia deaths among children under five are due to particulate matter inhaled from indoor air pollution, and more than 1 million people a year die from chronic obstructive respiratory disease (COPD) that develop due to exposure to such indoor air pollution (http://www. who. int, Indoor air pollution and health). After "coal smoke pollution", and "photochemical smog pollution", the "indoor air pollution" is becoming a more and more important issue. Investigation has shown that 30% of buildings in the world have poor quality indoor air which harms human health, and more than 30 species of carcinogens exist in the polluted indoor air (Ozkaynak et al. , 1996). These harmful pollutants have caused increased morbidity and mortality of world population. Therefore, United States Environmental Protection Agency, European Union countries, World Health Organization and Chinese government have established the related standards of the indoor air quality in order to control the indoor air pollution. It can be seen that, in terms of human health, the prevention and remediation of indoor air pollution is now a major research direction for the environment and health subject.

This book takes the indoor environments of the residential rooms and the campus public rooms in Beijing as an example, and studies the physicochemistry and toxicity of the indoor PM_{10} (particles with a mean aerodynamic diameter less than 10 μm) and $PM_{2.5}$ (particles with a mean aerodynamic diameter less than 2.5 μm) of the different functional rooms in different seasons. Physicochemistry of indoor PM_{10} and $PM_{2.5}$, such as mass concentrations, individual particle morphology, size distribution and elemental chemistry especially heavy metal compositions, was studied using Field Emission Scanning Electron Microscopy (FESEM), Transmission Electron Microscopy (TEM) , image analysis (IA), proton induced X-ray emission (PIXE) and inductively coupled plasmas mass spectrometry (ICP-MS). Toxicity, represented by bioreactivity, of these inhalable particles was investigated using plasmid DNA assay. We hope the results presented in this book will be of help to the promotion of the study of indoor inhalable particulate pollution, especially the study of physicochemical characterization and health impact assessment of these indoor particles. We also hope this book can contribute to the improvement of the indoor air quality in our country.

The research for this book has been supported by a number of funding sources, including Beijing Natural Science Foundation project "Physicochemistry and bioreactivity of indoor inhalable particles in Beijing (Grant No. 8073030, project leader: Shao Longyi)", the Science and Technology Project of the Ministry of Construction "Assessment of oxidative capacity on plasmid DNA induced by indoor inhalable particles (Grant No. 05-K4-38, project leader: Shao Longyi)". The research is also supported by National Natural Science Foundation of China (NSFC Grants 41030213 and 41175109), Sino-UK collaboration project supported by the NSFC and the UK Royal Society, The Joint Program for Scientific Research and Graduate Training of Beijing Education Commission - Awards of Excellent PhD Thesis Supervisor (YB20101141301), and the Cultivation Fund of the Key Scientific and Technical Innovation Project of the Ministry of Education of China (No. 705022)..

The present book was organized by the Geo-Environment Research Group of the China University of Mining and Technology (Beijing) (CUMTB). Chapter 1 was contributed by Shao Longyi and Yang Shushen; Chapter 2 by Li Hui, Zhao Houyin and Sun Zhenquan; Chapter 3 by Shao Longyi, Li Jinjuan and Song Xiaoyan; Chapter 4 by Yang Shushen and Shen Rongrong; Chapter 5 by Zhao Houyin and Sun Zhenquan; Chapter 6 by Shao Longyi, Li Hui and Lv Senlin; Chapter 7 by Yang Shushen and Xiao Zhenghui. The final version of the whole manuscript was completed by Shao Longyi.

The authors of this book would like to thank the staff and students at the School of Geosciences and Surveying Engineering and the National Key Laboratory of Coal Resources and Safe Mining of the CUMTB for their support and help. In particular, Ph. D. students including Li Weijun, Li Fengju, Niu Hongya and Fan Jingsen, as well as MSc students including He Tao-e, Liu Changfeng, Yang Yuanyuan, Zhang Tao, Wang Wei, Liu Junxia, Fu Xiaojuan, Wang Jing, Wang Jianying, Li Zexi and Hu Ying have attended the site sampling campaign and laboratory experiments. Access to the sampling sites has been kindly permitted by the administration departments of the campus of CUMTB. Many thanks are also due to Academician Wei Fusheng, Academician Ren Zhenhai, Professor He Xingzhou, Professor Wang Gengchen, Professor Chai Fahe, Professor Zhang Jinliang, Professor Wang Yuesi, Professor Xu Yongfu, Professor Zhang Yuanhang, Professor Hu Min, Professor Pan Xiaochuan and Professor Yao Qiang for their kind advice and discussions. Professor Zhang Pengfei, Professor Jin Kuili, Professor Ren Deyi and Academician Peng Suping of CUMTB have paid much attention to the research, and examined and revised part of this book. Special thanks go to Dr Tim Jones, Dr Kelly BéruBé and all their Research Group at Cardiff University (UK) for their constant support and guidance during our long-term collaboration.

Shao Longyi

March 4, 2012

目　录

Contents

1　绪　论

　　大气可吸入颗粒物污染已经成为影响我国环境质量的一大公害,据环保部国家环境状况公告,到 2009 年,国内开展环境空气质量监测的有 612 个城市,其中的 113 个环境保护重点城市的可吸入颗粒物污染依然严重,几乎所有城市的首要污染物都是可吸入颗粒物。因此,可吸入颗粒物污染的治理逐渐被各地所关注,特别是室内可吸入颗粒物污染近年来已逐渐被人们所重视。本书主要分析了居室及校园公共场所室内 PM_{10} 和 $PM_{2.5}$ 不同季节、不同时间段的质量浓度、单颗粒微观特征、粒度分布和微量元素组成等物理化学特征及变化规律,并用质粒 DNA 评价法方法,研究了室内/外颗粒物的生物活性大小及变化特性。

1.1　室内可吸入颗粒物研究意义

　　联合国统计,全世界有 10 亿多的城市人口正在遭受大气污染的侵害。中国城市地区直线上升的肺癌死亡率,其主因也与不断加剧的大气污染有关。随着相应的管理措施和法律法规的制定,室外空气质量得到了不同程度的改善;但对室内空气的污染,最近若干年才引起人们的重视。但国际上对于室内空气污染研究的资助只占室外大气污染研究资助的 10% 左右(Seltzer 1995),而国内的研究则更少(吴国平等 1999,魏复盛等 2001,Li 等 2003,Liu 等 2004)。人们平均 80%~90% 以上的时间是在室内度过的,特别是老人和小孩在室内活动时间更长,所以每天呼吸的空气绝大部分来自于室内(周中平等 2002,赵厚银等 2003a)。室内空气污染不仅破坏人们的工作和生活环境,而且直接威胁着人们的身体健康。加拿大一个卫生组织对影响人体健康的新问题进行了调查,结果显示,有 68% 的病因是由于室内空气污染引起的。调查统计表明,世界上 30% 的建筑物中存在有害于健康的室内空气,受污染的室内空气中存在着 30 余种致癌物(Ozkaynak 等 1996)。这些有害气体已经引起全球性的人口发病率和死亡率的增加。室内环境污染已经列入对公众健康危害最大的五种环境因素之一。为此,美国环保局、欧共体国家、世界卫生组织以及我国都先后开始组织制定室内空气质量标准,以控制室内空气污染(国家卫生部 1996,2003,US EPA Office of Air and Radiation 1997)。因此,从健康的角度出发,对室内空气污染研究与防治是环境科学的重点研究方向。

　　室内空气污染是指由于室内引入能释放有害物质的污染源或室内环境通风不佳而导致室内空气中有害物质无论从数量上还是种类上不断增加,并引起人的一系列不适症状的现象。室内空气污染物按存在状态分为两类:1)悬浮固体污染物:可吸入颗粒物、微生物细胞(细菌、霉菌、病毒、尘螨等)、植物花粉等;2)气体污染物:CO、CO_2、NO_x、O_3、挥发性有机物(VOCs)、氡等。目前,室内有机气体污染已经引起了大家的关注(龚幸颐等 1998,杨钦元 2001,朱利中等 2001,Liu 等 2004),但是悬浮固体污染,尤其是可吸入颗粒物污染对人体健康的影响也不容忽视,可吸入颗粒物、二氧化碳和空气细菌总数三者之间有密切联系,是室内空气污染的重要综合指标。

大气颗粒物是指散布于大气中的所有固态或液态颗粒物。通常所说的大气颗粒物,其空气动力学粒径范围在 $0.01 \sim 100~\mu m$ 之间,统称为总悬浮颗粒物(TSP),其中空气动力学粒径小于 $10~\mu m$ 的颗粒物能较长时间飘浮于大气中并易被人体吸入呼吸道内,因此又被称为可吸入颗粒物(PM_{10})。PM_{10} 中空气动力学直径大于 $2.5~\mu m$ 的颗粒称为粗粒子,小于 $2.5~\mu m$ 的颗粒物($PM_{2.5}$)称为细粒子(唐孝炎 1990,邵龙义等 2000)。大气颗粒物不仅影响环境质量,还严重危害人们的身心健康(胡伟等 2001,李红等 2002,欧小兰 1989,Adgate 等 2003,Costa 等 1997,Lippmann 等 2003,Pope 等 1995)。

室内空气颗粒物污染一直是国外考察室内空气质量的一个重要因子。大量的流行病学研究也证实了大气颗粒物与疾病的发生率和死亡率的关系(Monn 等 1997)。因此,加强室内颗粒物污染的研究,对保障人们的身体健康有重要意义。

1.2　室内可吸入颗粒物的研究现状

国外室内空气污染研究开始于 20 世纪 60 年代,并且很早就开始关注室内可吸入颗粒物污染,在以后几十年中逐渐形成了比较科学的研究体系,建立了相对比较完备的法律及各项污染物的卫生标准。我国室内空气污染研究开始于 20 世纪 80 年代,研究主要集中在室内挥发性有机气体污染及与人体健康关系等方面的研究,后来逐渐集中到室内大气颗粒物,特别是其中的 PM_{10}、$PM_{2.5}$ 的研究上来。

在所有类型的颗粒物中,对人体健康危害较大的是粒径小于 $10~\mu m$ 的颗粒物。因为粒径大于 $10~\mu m$ 的颗粒物被鼻与呼吸道黏液排除,对人体不产生危害;而粒径小于 $10~\mu m$ 的颗粒物(PM_{10})易被吸入呼吸道,危害呼吸系统和引起心血管系统的病变,降低人体免疫功能;而且粒径 $\leqslant 2.5~\mu m$ 的颗粒物可直接进入肺泡并沉积,使人患肺炎、肺气肿、肺癌、矽肺等病变(Wallace 1996,Chapman 等 1997,Ostro 等 1999,Maynard 2001,邵龙义等 2000)。研究表明长期暴露在 PM_{10} 浓度为 $0.20~mg/m^3$ 以上的大气环境下,可引起人群呼吸道患病率、就诊率的增加,并诱导孕妇胎盘 AHH 酶活性增加等。20 世纪 90 年代曾在北京市开展流行病学调查,结果也表明大气颗粒物污染水平的增加可以造成死亡率和医院就诊人数的增加以及婴儿出生重量的降低(Xu 等 1994,1995;Wang 等 1997)。

大气颗粒物对人体健康的危害程度主要取决于颗粒物的化学成分、粒径、浓度、吸湿性和可溶性等因素。颗粒物的浓度和人在含颗粒物环境中暴露时间决定了吸入剂量,浓度越高,暴露时间越长,则危害越大;可吸入颗粒物由于其粒径较小,比表面积较大,吸附着各种细菌等微生物,因此对大气颗粒物物理化学性质的研究和健康效应的研究成为室内大气颗粒物研究的主要内容。国内外对大气颗粒物的研究主要包括以下几个方面:可吸入颗粒物的物理和化学性质的表征、颗粒物的大气化学过程、颗粒物的来源解析、大气颗粒物对人体健康的影响等(汪安璞 1999,汪安璞等 1996,Jones 1999,Jones 等 2000,Monn 2001,Monn 等 1999,Fischer 等 2000,Funasaka 等 2000)。

1.2.1　室内可吸入颗粒物物理化学特征的研究

PM_{10} 的物理化学特征主要包括质量浓度、单颗粒的大小和形状、粒径、颗粒的聚集特性、可溶性、化学成分(包括表面化学成分及总体化学成分)等。

1.2.1.1　室内大气颗粒物的质量浓度的研究

　　PM_{10}的质量浓度是评价环境大气质量的主要依据,也是流行病学调查的基础。美国国家环境空气质量标准(NAAQS)规定环境空气 PM_{10} 的日均值为 150 $\mu g/m^3$;欧洲规定室内 PM_{10} 的日均值为 90 $\mu g/m^3$;我国在 1996 年开始实施了大气 PM_{10} 的国家标准,在 2003 年 3 月 1 日正式颁布实施《室内空气质量标准》,其中明确规定 PM_{10} 的日平均浓度的最高限值为 0.15 mg/m^3(GB/T 18883-2003)。

　　对 PM_{10} 室内质量浓度的研究已经取得很大进展。研究发现不同国家室内 PM_{10} 的差异较大,欧美国家吸烟家庭一般在 36.5~60 $\mu g/m^3$,非吸烟室内为 16.5~31 $\mu g/m^3$(Spengler 等 1981,Haller 等 1999,Jones 等 2000,Phillips 等 1998);在亚洲,室内和室外 PM_{10} 浓度分别为 63.3~82.8 $\mu g/m^3$ 和 69.5~107.5 $\mu g/m^3$(Li 1994,Tung 等 1999,Chao 等 2002);在北京的研究发现,冬季室内 PM_{10} 的质量浓度可高达 550 $\mu g/m^3$,厨房内为 877 $\mu g/m^3$(王菊凝等 1990,赵厚银等 2003)。可见,我国室内 PM_{10} 的污染还比较严重,还应加强室内可吸入颗粒物的质量浓度监测研究。

　　除了对居室内和厨房内可吸入颗粒物的研究外,国内外都有对公共场所室内可吸入颗粒物的研究,如 Braniš 等(2005)研究教室内 PM_{10}、$PM_{2.5}$、PM_1 浓度发现,工作日白天比晚上浓度大;而非工作日细颗粒物浓度晚上比白天大;Liu 等(2004)对北京市不同公共场所室内 PM_{10} 质量浓度的研究发现 PM_{10} 的质量浓度变化范围为 33~199 $\mu g/m^3$。

1.2.1.2　室内大气颗粒物的粒度分布的研究

　　颗粒的大小和形状决定颗粒最终进入人体的部位。颗粒物粒径与其在呼吸道内沉着、滞留和清除有关。研究表明,大于 50 μm 粒子不会被吸入,10~50 μm 的粒子绝大部分沉着在鼻腔里,10 μm 以下的颗粒可进入鼻腔,7 μm 以下的颗粒物可进入咽喉,小于 2.5 μm 的颗粒物则可深达肺泡并沉积,进而进入血液循环(李红等 2002)。研究表明细颗粒物可进入肺细胞中,并产生许多活性自由基,对 DNA 进行损伤(Donaldson 等 1996,1997)。因此,进行颗粒物的粒度分布研究对了解颗粒物的健康效应有重要作用。粒度分布是指某一粒子群中不同粒径的粒子所占的比例。事实上,颗粒物的所有的物理、化学特性都与粒径密切相关(朱广一 2002,蒋红梅等 2001,张大年 1999),同时,由较细小颗粒组成的复杂结构集合体比由较大颗粒组成的简单结构集合体比表面积大,所以更容易吸附一些对人体健康有害的重金属和有机物,因而其毒性更大(Allen 等 2001)。许多专家、学者对煤烟颗粒的物理化学特征及其生物效应的研究表明,颗粒物对机体免疫功能的影响和致突变性、致癌性作用不仅与污染浓度有关,更主要是与颗粒大小分布和化学组分的毒性密切相关。

　　颗粒物的粒度分布测定方法有惯性冲击法、光散射法、过滤法及石英微天平法等。国内外研究大多应用基于冲击原理的多分级采样器进行粒度分布测定,它能较好地将气溶胶颗粒依照呼吸系统的沉积原理和规律,按粒径的范围收集样品,既反映了大气和环境空气中颗粒大小组成的真实状况,又可对不同粒径范围的颗粒进行化学组成和毒性的分析测试。一般颗粒物的质量—粒度分布通常是通过分级采样获得,而数量—粒度是通过凝结核计数器(Condensation Particle Counter,CPC)、空气动力学颗粒筛选器(Aerodynamic Particle Sizer,APS)及光学计数器(OPC)等对颗粒物的粒度分布进行分析。

随着连续式颗粒物分级采样测试方法的发展,如光学颗粒计数器、电子迁移率分级器以及压电天平等开始应用于室内外颗粒物粒径分布和颗粒数密度测试中,国内外在分析室内颗粒物粒径分布特征的研究方面得到了较大的发展,用不同的方法研究了各污染源对室内颗粒物粒径分布的影响,发现室内颗粒物浓度随室外颗粒物浓度波动,但在时间上存在一定程度的滞后(Morawska 等 2001)。Hargreaves 等(2003)利用 CPC 对布里斯班室内的真菌颗粒物和非生物颗粒物的浓度进行了研究,发现室内细粒子和粗粒子的数量浓度分别为 21.7×10^3 和 23.8×10^3 个/cm^3;Morawska 等(2003)利用 CPC 研究了布里斯班室内亚微米颗粒物的数量和质量浓度,结果表明当存在人为活动时,室内颗粒物的数量浓度为 18.2×10^3 个/cm^3,质量浓度为 $15.5~\mu g/m^3$,而没有人为活动时,数量浓度为 12.4×10^3 个/cm^3,相应质量浓度为 $11.1~\mu g/m^3$。亢燕铭等(2003)应用粒子计数器对居民建筑室内外气溶胶粒子浓度的关系进行了研究,发现室内细粒子($0.3 \sim 1~\mu m$)的数量浓度与室外浓度基本相同,并且随粒径增大,室内粒子浓度逐渐低于室外浓度。修光利等(1999)研究办公室内可吸入颗粒物 PM $< 7.0~\mu m$ 的颗粒物占 95% 以上,PM $< 1.1~\mu m$ 的颗粒物占 50% $\sim$ 70%。Halek 等(1990)对伊朗室内 PM_{10} 的研究发现,PM_{10} 的粒径都呈双峰分布,峰值在 $3.3 \sim 4.7~\mu m$ 和 $< 0.4~\mu m$ 范围内。Lange 等(1995)对丹麦室内可吸入颗粒物的粒度分布进行了研究,结果表明颗粒物的粒径呈单峰分布,峰值为 $0.18 \sim 0.35~\mu m$。表明不同地区室内大气颗粒物的粒径并不相同,可能和当地的室外大气环境及建筑有关。

还有的研究者通过图像分析(Image Analysis,IA)软件及电子显微镜图像获得颗粒物的数量—粒度分布(Whittaker 等 2002,Shi 等 2003,邵龙义等 2003,2006)。赵厚银(2004)分析了北京市区吸烟室内 PM_{10} 的数量—粒度呈双峰分布,峰值在 $0.2 \sim 0.5$ 和 $1 \sim 2.5~\mu m$ 范围。

了解室内颗粒物粒径分布特征,有助于采取措施,降低颗粒物污染对人体健康的不良影响。不同污染源的颗粒物,粒度分布规律不同。Wallace(2002)分析了各污染源对室内颗粒物粒径分布的影响;Jones 等(2000a)对英国伯明翰 9 个家庭的研究表明吸烟和烹饪主要产生细颗粒物($< 2.5~\mu m$),而其他人为活动一般产生粗颗粒物($2.5~\mu m <$ 粒径 $< 10~\mu m$)。Baek 等(1997)的研究表明吸烟产生的颗粒物对细颗粒的贡献为 10% $\sim$ 20%。因此,了解颗粒物的粒径变化对于评价可吸入颗粒物的健康效应、来源分析等都有重要的现实意义。

1.2.1.3　室内大气颗粒物的化学分析

研究表明,颗粒物进入人体后在沉积的部位上对组织发生作用或影响是由其化学成分组成所决定的,因此颗粒物的化学成分分析是 20 世纪 60 年代至今做得最多的研究之一。目前已知 PM_{10} 的化学成分包括可溶成分(大多为无机离子,如 SO_4^{2-}、NO_3^-、NH_4^+ 等)、有机成分(如饱和烃、多环芳烃(PAHs)、硝基多环芳烃(Nitro-PAHs)等)、微量元素(K、Al、Cr、Cd、Mn、As、Zn、Sn、Pb、Pt、Fe、Si、Cl、S、P、Ca、Ni、Cu 等)、元素碳等。在这些污染物中含有为数可观的致癌、致突变、致畸型化合物和一些有毒有害化学成分(赵伦 1997)。研究表明(Tan 等 1992,Ozkaynak 1996),受污染的室内空气中存在着 30 余种致癌污染物,其中主要有多环芳烃及其衍生物、重金属(Pb、As、Be、Ni、Cr)、石棉和放射性物质如氡(Rn)等,且大多数是附着在颗粒物上。

对大气颗粒物的无机化学分析的方法主要有：X 射线荧光（X-Ray Fluorescence，XRF）、原子吸收光谱（AAS）、电感耦合等离子体质谱（Inductively Coupled Plasmas Mass Spectrometry，ICP-MS）、电感耦合等离子体原子发射光谱（ICP-AES）、中子活化分析（NAAS）等。其中 ICP-MS 是进行痕量和超痕量分析的新技术，可用于 ng/g～pg/g 级的多元素分析，因此用来测定颗粒物中的可溶与不可溶的成分和微量元素（Cu、Zn、As、Sn、Hg、Pb 等），具有灵敏度较高，线性范围宽等优点，广泛地用于环境监测分析。Rasmussen 等（2001）利用 ICP-MS 分析的室内尘中的微量元素 Pb、Cd、Sb、Hg 的含量，发现他们比室外街道或花园内的含量高；Geller 等（2002）利用 ICP-MS 研究了南加利福尼亚的室内/外粗细颗粒物中微量元素的相关关系，发现 Al、Ca 等可能来源于室外（有关 ICP-MS 的应用将在第 5 章详细叙述）。Al-Rajhi 等（1996）应用原子吸收光谱法对沙特阿拉伯的利雅得室内/外扬尘的金属离子的浓度的研究表明，Pb 在室内/外都普遍存在，而 Cr、Cu、Ni 和 Zn 元素在室内污染比较严重。Kang 等（2009）研究了用牦牛粪燃烧烹饪时的室内总悬浮颗粒物和有害元素。

核技术也被广泛地应用到颗粒物的化学元素分析（Orlic 等 1995，1996），包括粒子激发 X 荧光分析（Particle Induced X-Ray Emission，PIXE）、扫描透射离子显微镜（Scanning Transmission Ion Microscopy，STIM）及卢瑟福背散射分析（Rutherford Back Scattering，RBS）等。其中质子激发 X 荧光分析（PIXE）应用得最为广泛，它不仅能够探测到 10^{-6} 级的微量元素，解决了扫描电镜无法研究重金属元素的问题，而且还可以分析颗粒内部元素的相关信息，PIXE 以其灵敏度高、取样量少、不破坏样品、多元素同时分析等优点在大气环境研究中得到广泛的应用。De Bock 等（1996）用 PIXE 和电子探针（EPMA）分析威尼斯博物馆的气溶胶，结果显示，PIXE 探测到了较低浓度的人为排放元素（Ti、Cr、Mn、Fe）的颗粒物，而电子探针只能对 5～10 种少量的元素进行分析，并且分析的灵敏度有限。Artaxo 等（1992）采用扫描核探针对南极大气气溶胶做了单颗粒分析，获得了单颗粒气溶胶中二十几种主、微量元素的定量数据。Orlic 等（1995）利用 PIXE 分析了新加坡环境大气单颗粒的微量元素的含量，并根据微量元素的含量把颗粒物分为 9 类。在我国，PIXE 技术起步较晚，但发展迅速。沙因等（1995）首次利用 PIXE 对北京市气溶胶颗粒物的化学表征进行尝试，后来越来越多的学者把 PIXE 应用到大气环境研究中。微区分析技术已被成功地用来分析这些细粒子的表面吸附的元素类型以及用来研究这些细粒子的化学元素组成（BéruBé 等 1999a），Franck（2003）等利用核技术等研究手段对室内 PM_{10}、PM_1、UFP（超细颗粒物）的形貌和成分进行了研究，并且详细地确认了不同粒级的颗粒物对人体呼吸系统的影响。

PM_{10} 有机成分的研究方法比较多，包括气相色谱（GC）分析、气相色谱/质谱（GC/MS）分析、傅立叶变换红外光谱法、红外光谱分析、差式吸收光谱法、调制二极管激光吸收光谱法、自动荧光法等，常用的是 GC、GC/MS、傅立叶变换红外光谱法，其中最为广泛利用的是气相色谱/质谱（GC/MS）分析。国内已有不少对室内大气有机污染物的研究，如朱利中等（2001）分析了室内空气中多环芳烃的污染特征、来源及影响因素；完莉莉等（2001）对室内有机气体污染进行了系统的综述；秦晋蜀等（2004）分析了游离甲醛、氡、苯和 TVOC、氨等室内污染物的危害、来源及相应的防治措施，Huang 等（2007）研究了广州市市区、路边和工业区室内/室外 $PM_{2.5}$ 及其元素成分特征。但是对室内颗粒物的有机成分的分析研究需要样品的量非常大，采样不容易，由于条件限制，所以本书对 PM_{10} 的有机成分不做详细的研究。

1.2.2　室内大气颗粒物的来源分析

PM_{10}源解析的目的是为了了解它的污染来源、源分布及各种污染源的贡献等,从而为颗粒物的污染控制提供基础资料。

室内空气中颗粒物一般来源包括室内来源(燃煤取暖、烹调油烟、烟草烟雾、室内人为活动、植物花粉等)和室外来源。国内外大量研究证实,烟草烟雾是室内环境中细颗粒物的主要来源(Spengler 等 1985,Leaderer 等 1990)。据统计烟草烟雾(ETS)中含有 3800 余种成分,气态占 90%以上,一支烟含焦油 30 mg,其中毒性最大的是多环芳烃和亚硝基化合物等致癌物质(金艳凤等 2005)。在我国燃料的燃烧是室内 PM_{10} 的主要来源之一。由于大部分地区烹饪和取暖主要以煤和煤气为燃料,在农村甚至 90%家庭以生物质为燃料(赵淑利 1999),这些燃料在燃烧过程中释放出颗粒物、SO_2、NO_x 等。研究还发现,烹调是室内第二重要的颗粒物污染源,尤其是粗颗粒物的重要来源,而其他的家务活动,如吸尘和打扫对室内颗粒物浓度的贡献率要小得多(Braniš 等 2005)。然而,也有研究发现,烹饪、清扫以及人在室内走动都会大大增加粗颗粒物的室内浓度(Abt 等 2000)。

室外大气环境是室内 PM_{10} 的重要来源之一。室外空气对室内颗粒物影响非常大,对没有空调器的住宅,室外空气中细颗粒物对建筑围护结构的平均渗透率达 70%;而对有空调器的住宅平均渗透率也有 30%(Dockery 等 1981)。对于没有明显室内污染源的住宅,75%的 $PM_{2.5}$ 和 65%左右的 PM_{10} 来自室外(Koutrakis 等 1992)。对于有重要室内污染源(吸烟、烹饪)的住宅,室内 PM_{10} 和 $PM_{2.5}$ 中仍然有 55%~60%来自室外(Ozkaynak 等 1996)。极细颗粒物和粗颗粒物主要由室内活动产生,而积聚态颗粒物($0.1 \sim 1\ \mu m$)则主要来自室外空气(Wallace 等 2002),室外的颗粒物可以通过门、窗户等进入室内。欧美的许多研究者认为室外环境对室内颗粒物浓度有重要影响,并且用室内/外颗粒物浓度比值(I/O)表示室内/外关系,一般 I/O 比值为 0.2~3.5,而在有空调的室内一般为 0.1~0.3。室内通风量和沉降率、渗透系数和扬尘等也与室内空气质量浓度有关(Kulmala 等 1999,刘阳生等 2004,Braniš 等 2005)。Wallace(1996)总结的 20 世纪 80 年代初到 20 世纪 90 年代的室内颗粒物研究表明,在室内没有污染源的情况下,I/O 由空气交换速率和颗粒沉降速率决定,即 $I/O = a/(a+k)$,式中 a 为通风速率;k 为沉降速率,其中 $PM_{2.5}$ 的沉降速率为 0.39~1.0/h,PM_{10} 的沉降速率为 0.65/h。若室内的空气交换速率为 0.75/h,则室内/外粗、细颗粒物的 I/O 分别为 0.45 和 0.65,可见室外背景值对室内颗粒物浓度起重要作用。Morawska 等(2009)研究了空调系统改进前后繁忙道路包围的广播站室内颗粒物数量和 $PM_{2.5}$ 浓度的变化,说明空调系统的工作状态会对大气颗粒物污染造成较大影响。而在我国室外大气颗粒物污染相对比较严重,PM_{10} 的质量浓度往往高于欧洲国家,其对室内颗粒物的浓度的影响更大。

对颗粒物源解析的研究,有时不仅要定性地识别出颗粒物的来源,还要定量地计算出各个源对污染的贡献值,即分担率。颗粒物源解析的基本方法包括:排放清单、受体模型技术和扩散模型技术(Leaderer 等 1990,Abt 等 2000,Charles 等 2009)。颗粒物源解析的方法中受体模型被认为是现阶段最有价值的分析工具。受体模型就是通过测量源和环境(受体)样品的物理、化学性质,定性识别对受体有贡献的污染源并定量计算各污染源的分担率。受体模型一般包括化学质量平衡法(Chemical Mass Balance,CMB)、因子分析法(Factor Analysis,FA)、目标变换因子分析法(Target Transformation Factor Analysis,TTFA)、富集因子法(Enrichment Factor,EF)等。目前化学质量平衡法(CMB)是 EPA 推荐的用于研究 $PM_{10}/PM_{2.5}$ 和挥发性有机物(VOCs)等污染物的来源及其贡献的一种重要方法。Chao 等(2002a)利用 CMB 方法对香港室内 PM_{10} 进行源解析,发现室外环境的贡献率为 49.3%,人为活动的贡献率为 29.9%,熏香的贡献率为 14.1%,烹饪的贡献率为 17.2%,吸烟的贡献率为 11%;戴树桂等(1998)对城市室内环境中气溶胶污染进行研究,并根据来源分为煤烟型气溶胶、生物质气溶胶、矿物气溶胶等;Kang 等(2006)对西安居室建筑的室内外颗粒物数浓度的相对水平进行了研究;Tian 等(2009)研究了烟囱对宣威市室内 PM_{10} 和苯并芘浓度的影响。

　　影响室内 PM_{10} 质量浓度变化的因素很多,而且 PM_{10} 的成分也比较复杂。单纯的元素、离子以及有机碳的分析已经不能满足大气颗粒物源解析的要求,因此,对于源和受体样品中单颗粒分析、特定有机物化学组成的分析及同位素的分析已经成为颗粒物来源解析的必要手段。一些学者通过电子显微镜方法成功地分析了单个颗粒物的来源(Van Borm 等 1988;Anderson 等 1988;Katrinak 等 1995;邵龙义等 2006,2008),这种方法由于具有技术简单,操作方便而被广大研究者所应用。

1.2.3　室内大气颗粒物的健康效应研究

　　研究结果表明,空气污染不仅可以导致呼吸道疾病、心血管疾病、脑血管病变、肺功能下降,还可能引起人的免疫力下降、影响胎儿及儿童正常发育,甚至引起死亡。我国 1987 年卫生部颁布了《公共场所卫生管理条例》,接着又提出了 7 类 28 种公共场所的卫生标准,对室内空气中风速、温度、新风量、一氧化碳、二氧化碳、甲醛、氨气、细菌总数等要求进行检测,随后又颁布了室内空气中甲醛、二氧化碳、氮氧化物、二氧化硫等卫生标准,让室内空气监测与治理有法可依、有章可循(李兴中 2004)。

　　近年来,大气可吸入颗粒物对人体的损伤效应引起了人们的广泛关注,可吸入颗粒物健康效应的研究主要包括两方面,即流行病学和毒理学的研究。PM_{10} 的流行病学研究旨在通过综合分析和统计学分析揭示疾病或不适以及人体生理功能的变化与 PM_{10} 的关系,从而初步地在宏观上了解 PM_{10} 对人体健康的危害性,是进行 PM_{10} 人体健康效应评价研究工作的第一步(车凤翔 1999)。国外已经进行了大量的有关 PM_{10} 的流行病学研究工作,调查显示颗粒物可能会对人体健康,特别是敏感人群产生危害。欧美国家的流行病学研究表明,医院哮喘病发病率、去医院看病的人数以及死亡人数都会随大气 PM_{10} 的质量浓度的增加而增加。目前已知 PM_{10} 对人体健康的影响主要包括:增加严重疾病及慢性病患者的死亡率,使呼吸系统及心脏系统疾病恶化,改变肺功能及结构,改变免疫系统结构,患癌率增加等。我国许多专家学者也进行了颗粒物流行病学的研究。魏复盛等(2001b)通过流行病学的方法进行 4 城市 8 所小学儿童的家庭室内环境与健康状况的调查研究表明,儿童呼吸系统疾病的患病率与空气污染呈显著正相关,其中污染因子 $PM_{2.5}$ 和 PM_{10} 的影响最大,而 SO_2、NO_x 的影响相对较轻。因燃煤、木柴等燃料燃烧和食用油以及吸烟所散发的烟雾颗粒,细小悬浮颗粒物能引起鼻和咽喉刺激、头痛、消化道、神经内科、高血压和肺癌等 30 多种疾病(雷红玉等 2004,熊艳 2005,刘闽生 2004)。有报道说曾有人由于在冬天几个月内连续地在一个封闭的房间里和油漆打交道而导致肝硬化(Botkin 1998)。大气中的颗粒物对人体健康的影响主要表现在其远期危害上,它不仅能诱导人群生理的变化,还能导致人类思维的变化(童永彭等 2003,魏复盛等 2001b)。其他的研究也确认了室内大气 PM_{10} 对人体健康的影响(Kosonen 等 2004,Lim 等 2005,Franck

2003)。

　　医学研究调查证实了燃料燃烧是室内 PM₁₀ 的首要污染源,并且和人们呼吸道系统的病变有密切关系(Williams 等 2000,Lee 等 2001,Majid 等 2001)。《新华每日电讯》也说明了同一观点,其在 1999 年 7 月 7 日第 5 版报导,我国女性肺癌与室内环境污染关系密切,用煤为燃料做饭 15 年以上使相对危险性增加 15%。在燃烧过程中释放的 SO_2 往往和 PM₁₀ 一起进入体内,危害呼吸系统(赵厚银等 2003a)。吸烟也是室内 PM₁₀ 的主要污染源之一。据 Baek(1999)估计,环境烟草烟雾(ETS)对于细颗粒的贡献为 10%~20%。Evisken 等(1988)及 Higgins(1991)指出吸烟的烟草烟雾中含有 3800 余种化合物,有较高浓度的颗粒物、苯、CO、尼古丁等多种物质,以气态、气溶胶态存在。气溶胶物质主要成分为焦油及尼古丁,而且粒径大多小于 1 μm,对人体健康危害严重(Evisken 等 1988,Higgins 1991,Zhou 等 2000)。吴国平等(1999)的调查表明,父亲吸烟的家庭比不吸烟的家庭室内污染严重,其儿童患感冒咳嗽、咳痰、支气管炎等病症的发生率,父亲吸烟的家庭比不吸烟的家庭高 2~6 倍。

　　虽然流行病学调查已经确定了大气颗粒物的质量浓度的升高和成人死亡率和发病率的增高有因果关系,但是它不能正确地解释其危害机理,而且其生物学起因也不清楚,因此,还必须对颗粒物进行毒理学研究来验证流行病学研究的结论(林玲等 2006,熊艳 2005,秦晋蜀等 2004,戴海夏等 2004,熊志明等 2004,Bates 等 2002,Dogan 2002)。毒理学研究利用一些短期遗传毒性实验〔Ames 实验、染色体实验、彗星实验(SCGE)、质粒 DNA 损伤实验(Plasmid DNA Assay)等〕从基因、DNA、染色体等不同水平来说明颗粒物具有潜在的致突变及致癌性。毒理学研究的主要目的则是根据大气颗粒物对健康影响的流行病学的研究证据,来证实流行病学的统计关系,阐明产生健康效应的原因,并分析作用机制及剂量-效应关系(Kappos 等 2004)。

　　毒理学实验通常有两种方法,一种为活体方法(*in vivo*),另一种是体外方法(*in vitro*)。活体方法是在实验室里控制一定的条件(如 PM₁₀ 的暴露水平),通过研究实验动物吸入 PM₁₀ 的危害以进行 PM₁₀ 的毒理学研究(陆亚松等 2001)。它通过对实验动物的尸体解剖能够系统地观察 PM₁₀ 的各种暴露水平所引起的生理病理变化,从而认识 PM₁₀ 与人体健康负效应间的因果关系。目前对 PM₁₀ 的动物毒理学研究结果一般支持流行病学研究的结论,为流行病学的观察结果提供了依据(Ostro 1996)。Dreher 等(1995)研究不同粒径(<1.7 μm,1.7~3.7 μm 和 3.7~20 μm)的大气颗粒物对大鼠肺的毒性,实验结果表明,接受最小粒径颗粒物的大鼠受到了最大的伤害,有病大鼠的肺损伤最严重。

　　体外方法是指将颗粒物暴露在分离的活体细胞或组织中,通过评价颗粒物对这些细胞或组织的破坏程度来评价它们的毒性。它包括微核测定法、程序外 DNA 合成法、单细胞微凝胶电泳法(Single Cell Gel Electrophoresis,SCGE)、质粒 DNA 评价法。其中单细胞微凝胶电泳法,又称彗星试验,是目前应用最广泛的一种体外方法(Kazuro 等 2000;任志鸿等 1998;孟建峰等 1997;Singh 等 2007;曹慧敏等 1997;韩京秀 2003;熊艳 2005;袭著革等 2002,2004)。质粒 DNA 评价法是一种评价颗粒物生物活性的体外(*in vitro*)方法。应用此方法调查各种颗粒物表面氧化性成分对超螺旋 DNA 的破坏,从而评价颗粒物生物活性(Greenwell 等 2002)。这种方法已经被用来评价细粒和超细 TiO_2、DEP、纤维、炭黑等多种颗粒物以及城市大气颗粒物的生物活性(Gilmour 等 1997,Li 等 1997,Stone 等 1998)。

　　国内外对 PM₁₀ 的流行病学调查、动物毒理学实验和人体临床观察研究表明,PM₁₀ 对人体健康有着明显的直接毒害作用,可引起机体呼吸系统、心脏及血液系统、免疫系统和内分泌系统等广泛的损伤。可吸入颗粒物对人体的毒性作用取决于颗粒物的浓度、粒径、化学组成、吸湿性、可溶性和环境的温度、湿度、pH值及机体的年龄、营养、健康状况、活动状态、意识情况等因素。所以为了评价颗粒物的毒理学特征,首先必须调查颗粒物的物理化学性质。例如,颗粒物中粒度较小的颗粒占的比例越大,其危害也越大;细颗粒物的比表面积大,所以相同质量时细颗粒物吸附的重金属和有毒有害物质很多,同时也使这些有毒物质在肺中更容易溶解,毒性很大;有害化学成分,如多环芳烃、重金属等的存在和他们的浓度也决定了其毒性的大小。另外,人们在 PM_{10} 中暴露的时间长短对人体健康也有重要影响,例如长期暴露在高浓度的 PM_{10} 的环境大气中,细颗粒物会在人体内聚集,从而对人体健康产生很大危害。

为了解释 PM_{10} 的毒理学机理,人们已经提出了各种损伤假说,其中主要包括过渡金属离子损伤假说、炎细胞和细胞因子假说、以颗粒物物理特性为基础的损伤假说、酸性气溶胶损伤假说和以颗粒物上有害有机物的毒性效应为基础的损伤假说等(曹仲宏等2003)。目前一种流行的解释是颗粒物中的重金属元素会产生氧化性自由基,破坏目标细胞,因此,过渡金属离子假说也越来越受到关注。这些假说都有一些实验资料支持,但仍需要大量的研究来证实。

目前毒理学的研究集中在对颗粒物的有机提取物和有害元素上(郑灿军等2006,邵龙义等2005b,韩京秀2003,袭著革等2002),也有研究从颗粒物的粒径大小来分析颗粒物产生损伤的原因(Shao等2006,2007;吴水平等2004)。有研究发现,随 PM_{10} 中细颗粒物粒子浓度的增加,巨噬细胞存活率和吞噬功能下降,巨噬细胞出现凋亡,不同粒径大气颗粒物的有机提取物不仅具有引起细菌回变菌落增加和骨髓细胞染色体畸变的致突变作用,而且颗粒物粒径越小,致突变活性越强,原因是粒径越小,分散度越大,在大气中存在的时间越长,吸附的致突变物越多。

对公共场所室内环境的研究主要集中在有机气体对人体的危害上(刘炜等2006,赵金辉等2005,熊艳2005),对可吸入颗粒物的危害以及损伤机制研究的很少,袭著革等(2002)利用气质联用法(GC-MS)对香烟烟雾进行有机成分分析和原子吸收法(AAS)对环境烟草烟雾的侧流烟雾(ETSS)进行无机元素分析,并从化学组成成分的角度探讨DNA氧化损伤的分子机理。结果显示ETSS的颗粒物和挥发性有机物均可在体外直接诱导DNA的氧化损伤,并呈现一定的剂量—反应关系。Loft等(1992)报道,ETS中很多化合物有致癌、致突变作用,吸烟可使得DNA损伤率增加50%左右,接触一定剂量颗粒物可导致上皮细胞和巨噬细胞内的细胞因子增加,细胞周期失去正常调节,从而使细胞分裂增加,进一步形成肿瘤。邵龙义等(2005b)使用质粒DNA评价法和电感耦合等离子体质谱(ICP-MS)研究了北京市室内外 PM_{10} 的生物活性及与微量元素的关系,结果显示室内 PM_{10} 对超螺旋DNA的氧化性损伤高于室外;结合微量元素分析发现,吸烟室内 PM_{10} 的水溶性Zn与 TD_{50} 负相关性较其他元素强。这些有毒物质会因为人种、性别、年龄、食物结构、身体状况等的不同而显示出不同的毒性(熊艳2005),所以,结合我国的具体情况开展这方面的研究十分重要。

1.2.4 可吸入颗粒物的单颗粒表征方法

目前,国际大气化学界对颗粒物研究的重点逐渐转向单个颗粒物,因为单个颗粒含有总颗粒物的"指纹"信息(Ma等2001),它提供了关于颗粒物的粒度分布、大小、来源、化学成分,迁移及去除过程最直接的信息,单颗粒分析已成为国际上进行大气颗粒物分析的一种常规手段之一（Querol 等 1996；Kasparisan 等 1998；Pooley 等 1999；Jones 等 2000，2001；Zhang 等 1999；时宗波等 2002；时宗波 2003；吕森林等 2003；吕森林 2003；Zhao 等 2005；邵龙义等 2006，2008，2009）。单颗粒的研究方法也逐渐转向微区分析技术，微区分析手段通常为电子显微镜（带能谱的扫描电镜 SEM-EDX 和透射电镜 TEM-EDX），飞行时间—二次离子质谱（TOF-SIMS）及激光微探针质谱（Laser Microprobe Mass Spectrometry，LAMMS）等。

利用电子显微镜和能谱，可以观测到颗粒物的形貌和成分，但不能探测微量元素及元素序号小于 11（Na 元素）的元素，所以不能用来研究细颗粒物中含有的大量硝酸盐和碳质颗粒。但"窄窗 EPMA"或"无窗 EPMA"新技术使得对于 N（氮）以上轻元素的探测成为可能，所以可以应用于目前颇受关注的硫酸盐、硝酸盐、氨和碳质颗粒的研究（Ro 等 2000；Li 等 2009a，2009b）。此外，带能谱的扫描电镜（SEM-EDX）和透射电镜（TEM-EDX）是目前最重要的单颗粒分析手段，它最大的优势是可以同时提供单个颗粒物的形貌和成分信息。其中，SEM-EDX 可以观察到颗粒物的形态特征并测定颗粒物表面吸附的重金属含量；TEM-EDX 可以用来分析颗粒物内部结构并分析颗粒内部的化学成分，而且使用这种方法既可以获得颗粒物的形貌特征，也可以获得其化学成分和粒度分布。这些特征对于颗粒物健康效应的评价是必不可少的，并且这些信息是无法通过质量浓度和总体化学成分分析得到的（Pooley 等 1999）。同时，也有不少学者在对颗粒物成分分类以后，通过对环境大气中大量颗粒（几千或几万个）的统计分析得出了定量或半定量的源解析结果（Formenti 等 1999，仇志军等 2001）。Conner 等（2001）利用手动的 SEM/EDX 研究了 Baltimore 老年疗养院室内/外颗粒物的形貌特征和微量元素，结果表明粗颗粒中含较高浓度的 Ca、Mg、K，而细颗粒中含较多的 Al、Cr、Ni、V 等微量元素。应用场发射扫描电镜（FESEM）能给出颗粒物中各种元素及原子百分比的定量结果，还可以探测到 C、O 等元素，进而研究碳质颗粒。也有一些学者利用 SEM 研究了大气颗粒物中的微量元素，并利用统计分析方法对颗粒物的成分进行了分类，有关扫描电镜的原理将在第 3 章详述。

飞行时间—二次离子质谱（TOF-SIMS），用来分析轻元素如 H、Li 等，还可研究有机物如多环芳烃，定性研究重金属元素等，但不能定量探测是其致命的弱点。而激光微探针质谱（LAMMS）是一种常用的非在线的单颗粒分析方法，它可以分析单个颗粒中的 10^{-6} 级的重金属元素、定性分析无机化合物，如硫酸盐和硝酸盐、检测微量的有机化合物以及区分颗粒物表面和内部的化学成分等，但其可重现性差，而且只能提供定性的结果，无法定量（McMurry 2000）。目前由于 TOF-SIMS 的价格比较昂贵，因而应用较少。

1.3　室内可吸入颗粒物研究中存在的问题

在过去 20 多年中，国内外学者对我国的大气颗粒物的质量浓度、化学成分和来源解析进行了大量的研究，取得了较多成果，但是在室内可吸入颗粒物的物理化学表征的研究还比较薄弱。

我国在 1996 年才开始颁布 PM_{10} 的国家标准，而 2003 年才正式实施室内空气质量标准。目前虽然北京市已经建立了可吸入颗粒物的监测网络，但是对于室内可吸入颗粒物的研究还比较少。从研究的资料看北京市室内和室外 PM_{10} 的质量浓度远远高于美国国家大气质量标准（NAAQS）规定的 PM_{10} 的年最高限值（50 $\mu g/m^3$）（Ando 等 1996；王玮等 1999b，2000）。

　　虽然国内学者开始重视可吸入颗粒物单颗粒方面的研究,但是同国外相比还是显得较少,特别是对室内单颗粒物形貌特征和粒度分布的研究更少。

　　在室内颗粒物的化学组成方面的研究还比较薄弱。虽然室外大气颗粒物的化学成分的研究取得一定的进展,但目前还没有关于北京市室内可吸入颗粒物的化学成分的系统的研究。

　　在源解析方面,国内对于室内颗粒物的源解析的研究还不多。对于室外大气颗粒物污染对室内大气颗粒物污染的影响,房间的密闭性、窗户类型及开启等条件和诸如空调的使用等对室内大气颗粒物污染的影响的研究方面研究较少。

　　对于颗粒物的健康效应方面,主要集中在用流行病学的方法研究不同污染源产生的颗粒物对儿童肺功能方面的影响。在大气颗粒物毒理学方面的研究刚开始逐渐展开,因此还必须加强这方面的研究。

　　北京市作为一个拥有 1633 万人口(2007 年末)的大都市,虽然对于北京市室外大气可吸入颗粒物的研究已经大范围展开(He 等 2001;张仁健等 2000a,2000b,2002),但是到目前为止,针对北京市室内可吸入颗粒物的具体研究还没有全面展开,特别是在室内 PM_{10} 的物理化学特征等方面的研究还不多。初步研究表明,北京室内可吸入颗粒物污染与欧洲国家室内 PM_{10} 相比,相对比较严重,而且其质量浓度也远高于国家标准。王菊凝等(1990)报道,冬季室内 PM_{10} 的质量浓度可高达 550 $\mu g/m^3$,厨房内可高达 877$\mu g/m^3$;赵厚银等(2003b)报道,冬季室内 PM_{10} 的质量浓度也都高于 100$\mu g/m^3$;Liu 等(2004)对北京市 49 个公共场所的调查研究发现室内 TSP、PM_{10}、$PM_{2.5}$ 的污染比较严重。因此,研究北京市室内可吸入颗粒物的物理化学特征及健康影响具有重要意义。

　　本书针对北京市居室环境和校园公共室内环境的室内可吸入颗粒物进行研究,使用重量—撞击法采集大气颗粒物样品,称量样品质量,计算得出其质量浓度;然后使用场发射扫描电镜(FESEM)、图像分析、电感耦合等离子体质谱(ICP-MS)、质子激发 X 荧光光谱(PIXE)等分析单颗粒微观特征、颗粒物来源、颗粒物数量—粒度分布、体积—粒度分布和微量元素组成等物理和化学特征,并使用质粒 DNA 评价法研究室内大气颗粒物对超螺旋 DNA 的氧化性损伤即毒性特征。希望研究成果对推动我国室内可吸入颗粒物的研究,特别是颗粒物物理和化学性质及健康效应评价等的研究有所帮助,为我国室内大气环境质量的提高做出贡献。

2　室内 PM₁₀ 及 PM₂.₅ 的污染水平

颗粒物的质量浓度是评价大气环境质量的主要依据,也是大部分流行病学调查的基础。目前许多国家都建立了可吸入颗粒物质量浓度的监测网并出台了大气颗粒物污染的国家标准。1985 年美国国家环境空气质量标准(NAAQS)规定环境 PM₁₀ 日均值为 150 $\mu g/m^3$,年均值为 50 $\mu g/m^3$,室内 PM₁₀ 的日均值为 150 $\mu g/m^3$;而我国在 1996 年才颁布的环境空气质量标准规定了 PM₁₀ 质量浓度的日均值和年均值,分别为 150 $\mu g/m^3$ 和 100 $\mu g/m^3$(GB3095-1996)。越来越多的流行病学研究表明,人群发病率和死亡率与大气颗粒物质量浓度,特别是室内颗粒物质量浓度存在显著的相关性(Pope 1995,修光利等 1999,孔祥瑜 2005)。人们 70% ~ 80% 以上的时间是在室内活动的,特别是老人和小孩在室内时间更长,而颗粒污染物也是主要通过室内暴露来影响人体健康的(熊志明等 2004,刘阳生等 2004),室内环境的好坏不仅会影响人们的工作效率,而且是影响人们身心健康的一个重要因素。室内环境污染已经列入对公众健康危害最大的五种环境因素之一。因此研究室内环境中颗粒物的质量浓度、来源及其分布特征,已成为当今环境科学、公共卫生以及室内空气质量研究共同关心的问题。本章对北京市市区和郊区的居室室内环境及校园公共场所(图书馆和食堂)室内可吸入颗粒物污染水平进行监测,研究北京市室内可吸入颗粒物污染状况,为室内可吸入颗粒物污染防治提供依据。

表 2-1 是我国制定的室内空气中可吸入颗粒物卫生标准,2003 年 3 月还正式实施了《室内空气质量标准》,规定室内 PM₁₀ 日均限值为 150 $\mu g/m^3$(GB18883-2002)。

表 2-1　不同类型场所室内空气中 PM₁₀ 的国家标准

Table 2-1　The national standards of the indoor air PM₁₀ in different site

场所	可吸入颗粒物浓度(mg/m³)	标准名称	标准号
体育馆	≤0.25	体育馆卫生标准	GB9668-1996
图书馆、博物馆、美术馆	≤0.15	图书馆、博物馆、美术馆和展览馆卫生标准	GB9669-1996
展览馆	≤0.25		
商场、书店	≤0.25	商场(店)、书店卫生标准	GB9670-1996
餐厅、饭馆	≤0.25	饭馆(餐厅)卫生标准	GB16153-1996
室内	≤0.15	室内空气质量标准	GB18883-2002

本研究质量浓度的检测主要是采用滤膜称重法得到的。抽动空气通过滤膜,将满足条件的颗粒物阻挡在滤膜上。采样前后,将滤膜置于温度为 20~25℃、相对湿度为 40%±5% 的条件下恒温 48 小时,然后用十万分之一电子天平(AND,日本)称量,天平的感量为 0.01 mg,然后根据采样流量和采样时间,计算颗粒物的质量浓度。

按如下面公式计算 PM₁₀ 和 PM₂.₅ 的质量浓度:

$$C = \frac{W_2 - W_1}{L \times T} \qquad (2-1)$$

式中：C 为质量浓度（μg/m³）；W_1 为采样前滤膜的重量（μg）；W_2 为采样后滤膜的重量（μg）；L 为采样流量（m³/min）；T 为采样时间（min）。

2.1 研究工作概况

2.1.1 研究区概况

北京市位于华北平原西北部，经纬度为北纬 39°26′～41°03′，东经 115°25′～117°30′。总面积为 1.68 万 km²。据 2007 年末统计，常住人口 1633 万人。全市国内生产总值 9006.2 亿元。至 2009 年底，全市机动车超过 400 万辆。北京的气候属温带大陆性季风气候，年平均气温 11.8℃，年平均风速 2.5 m/s 左右，但不同季节其风速也有很大变化。北京市具有四季分明的特点，春季平均气温 15.9℃，气温回升快，经常出现 6～7 级大风，多风，多沙尘。夏季平均气温 24.4℃，7 月份平均气温 26～27℃。多雨炎热，降水量占全年的 70%～80%。秋季平均气温 15.6℃，秋高气爽，晴天多。冬季寒冷干燥，平均气温 −1.1℃，晴朗少雪。

北京市人口众多，所以一般市区都以高层楼房为主，居室面积大小不等，50～150 m² 左右；郊区相对人口密度低，以平房为主，而且一般住房面积都比较大。一般北京市的家庭为 3～5 口人。在市区空调的使用比较普遍，而郊区相对较少，但是夏季一般都以开窗通风为主，冬季市区一般以天然气或燃油等集体取暖，而郊区一般是家庭式供暖。

在本次研究中，选择了两种室内环境进行分析，一是居室室内环境，另一种是校园公共室内环境。选择这两种室内环境是考虑到这两种室内环境有一定的代表性，同时采样较为方便。

2.1.1.1 居室室内环境采样

居室室内环境采样设两个采样点，分别是北京市市区（海淀区）采样点和清洁对照点（怀柔水库）。在海淀区选择吸烟（位于中国矿业大学）和非吸烟（位于车公庄）家庭（相距 10 km 左右）及怀柔吸烟和非吸烟家庭，共 4 户家庭进行采样。采样点具体位置如图 2-1 所示。

北京市市区（中国矿业大学、车公庄）：吸烟与不吸烟（非燃煤）居室；郊区卫星城市（怀柔县城）：燃煤与非燃煤居室以及吸烟与不吸烟居室。

(1)北京市怀柔水库旁居民家，作为郊区采样点 A——清洁点

怀柔水库边的采样点坐落在怀柔县城西侧，经纬度为：N40°18′36.3″，E116°37′12.9″。怀柔水库周围没有污染源。该采样点的居民家周围是居民区，前面为芦荟培养地，后面为一条民用马路，距离马路约 500 m。居民家为独立的平房结构，厨房和客厅、卧室等分开、独立。此居民家中有 3 口人，主要以液化石油气为烹饪燃料，取暖以煤为燃料，个体采暖。无人吸烟，无宠物。

(2)怀柔市郊居民家，作为郊区采样点 B——清洁点

该采样点居民家的周围为居民居住区，周围没有农田。距采样点 20 m 为怀北公路（怀柔—北京），来往车辆较多；此采样点后面为街道，因此其受室外交通污染比较严重。此居民家中有 5 口人，一人吸烟，平时以柴、煤为烹饪燃料。冬季以煤为燃料取暖，个体采暖。

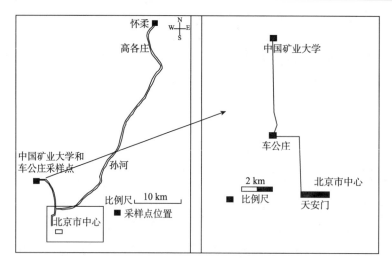

图 2-1　采样点示意图

Fig. 2-1　Sketch map showing sampling sites

（3）车公庄附近中国气象局居民家，作为市区采样点 C——污染严重点

中国气象局居民家位于中关村大街，北京市车公庄监测站附近，西距交通干道中关村南大街 100 m，北距大慧寺路 20 m，南面、东面为居民区。此采样点位于家属区三楼，家中 3 口人，无人吸烟，以天然气为烹饪、取暖的燃料。受交通污染相对严重。

（4）中国矿业大学（北京）居民家，作为市区采样点 D——污染严重点

采样点的经纬度为 N39°59′37.1″，E116°20′45.6″。中国矿业大学（北京）位于西北城区的中关村科技园区，东面紧临学院路，距四环大约 600 m。在它周围没有发现较大局地工业污染源。此采样点居民家位于矿大家属区一楼，家中有 5 口人，一人吸烟。以天然气为烹饪、取暖的燃料。在此家庭附近有建筑工地施工。

采样时间为 2002 年 12 月—2003 年 11 月：

（1）市区：在春季（3—5 月）、夏季（6—8 月）及冬季（12—翌年 2 月）分别采样。每个季节连续一周在市区吸烟和非吸烟室内及室外同时采集 PM_{10} 样品，由于条件限制，一般仅在白天采集样品，晚上不采样。

（2）郊区：在春季（3—5 月）、夏季（6—8 月）及冬季（12—翌年 2 月）分别采样。每个季节连续一周在郊区吸烟室内、非吸烟室内及室外采集 PM_{10} 样品。

（3）针对不同的排放源，在燃柴、燃煤和燃气及吸烟附近采集了 PM_{10} 样品进行颗粒物的形貌、粒度分布及微量元素含量分析。

在采样过程中记录了湿度、温度、风速和风向。其中温度和湿度由温度/湿度监测器（Oregon Scientific，UK）测量。风速由风速计（Philips Harris，UK）测量。其中室内风速变化较小，没有影响。室内居民的正常活动由居民记录提供。室外部分气象数据由北京市专业气象台提供。

2.1.1.2　校园公共场所室内环境采样

以中国矿业大学（北京）校园内学生经常出入的公共场所室内为采样点。采样点周围长期存在建筑施工工地，可能是一种重要的污染源。

(1)中国矿业大学(北京)图书馆

图书馆西侧有一小型篮球场,北临学校运动场,图书馆阅览室面积 50 m×15 m, 可容纳 264 人同时阅览,最大读者流量出现在上午 10:30~11:30;下午的 16:30~17:20。

(2)中国矿业大学(北京)学生四餐厅

学生四餐厅位于图书馆西侧篮球场的西侧,北临学校运动场,餐厅面积大约为 100 m×20 m,最多可同时容纳 640 人进餐。

图书馆和餐厅里的采样点距地面的相对高度为 1.2~1.5 m 左右。而室外采样点选择在离它们不远的学校综合楼 5 楼平台上,距地面大约 15 m 左右。

(3)中国矿业大学(北京)综合楼 5 楼顶为室外采样点

图书馆、餐厅室内和室外同时进行采样,从上午 8:00~下午 18:00 为白天采样时间。采样过程中每半个小时记录一次采样点的温度、湿度、压强和风速。

在中国矿业大学图书馆(阅览室)、学校餐厅(四食堂)及相应室外的采样时间从 2005 年 11 月持续到 2006 年 11 月。采样分春夏秋冬四个不同季节,每个季节采样 3 周,每个公共场所室内连续采集 7 天,分白天晚上采集,分别采集 8~10 个小时,室内外同时进行。采样前后在恒温恒湿条件下称重滤膜(各两次)以计算获得所采集的样品的质量浓度。注意记录当时气象资料(室内/外气压、气温、湿度以及室外风速和天气情况)。如遇沙尘暴和雾天气,则进行专门采样分析。

2.1.2 采样设备的选择

在本次研究中共使用了三种类型的采样仪器。

(1)MiniVol™ PM$_{10}$便携式采样器(Airmetrics,U. S. A)

该采样仪采样流量为 5 L/min,属于低流量采样仪,使用直径为 47 mm 的石英滤膜和聚碳酸酯滤膜。该仪器具有流量可调节、低噪声等优点,适合于室内采样(图 2-2)。所采集的样品可用于 FESEM、PIXE 和 ICP-MS 等化学成分、元素分析。

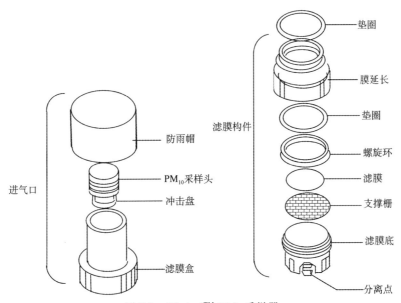

图 2-2 Minivol™ PM$_{10}$采样器

Fig. 2-2 Schematic diagram of Minivol™ PM$_{10}$ sampler

(2)Negretti(UK)粒度切割器

配合 KB80-E 型采样泵(青岛崂山电子仪器总厂)采集大气颗粒物样品,流量一般调为30 L/min采集 PM_{10}。采样头采用英国的 Negretti 切割器,采集原理见图 2-3。使用的滤膜是孔径为0.67 μm,直径为 47 mm 的聚碳酸酯滤膜。所采集的样品也用来进行场发射扫描电镜(FESEM)、质子诱导 X 射线荧光分析(PIXE)和电感耦合等离子质谱(ICP-MS)分析。该采样仪采集的样品还可被用来进行质粒 DNA 评价。

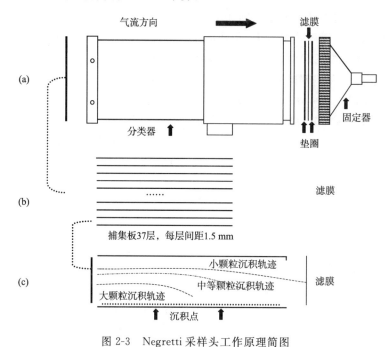

图 2-3　Negretti 采样头工作原理简图
(a)采样头;(b)捕集板;(c)颗粒物和沉积的地点
Fig. 2-3　Schematic diagram of Negretti (UK)
(a) complete unit;(b)elutriator plates;(c) particle separation sites

(3)TSP-PM_{10}-$PM_{2.5}$～2 型中流量采样仪(北京地质仪器厂)

使用 90 mm 玻璃纤维滤膜和 Teflon 滤膜。采样流量约为 77.95 L/min。该采样仪主要用来进行室外 PM_{10} 和 $PM_{2.5}$ 质量浓度监测(图 2-4)。从图 2-2 可以看出,其采样原理同 Minivol™ PM_{10} 采样器。

2.1.3　采样滤膜的选择

采样薄膜包括聚碳酸酯滤膜、石英滤膜、玻璃纤维滤膜及 Teflon 滤膜等。在采样分析过程中,选择滤膜时,最关键的是要防止滤膜中的元素对分析的干扰,同时还要防止颗粒物同滤膜之间、组分同滤膜之间的反应。最理想的滤膜是不含任何元素,这样的滤膜实际上是不存在的。在研究中发现,聚碳酸酯滤膜表面光滑,背景值低,适合于形貌分析而且不容易与样品中有机成分发生反应,但它不能用于碳质颗粒的成分分析(滤膜中含有碳和氧)和有机成分分析(其中部分碳质成分容易溶解于有机成分,对其有干扰),因此适合于无机分析;Teflon 滤膜,其背景值低,但是电镜下会观察到滤膜的纹理,降低图像清晰度;玻璃纤维滤膜主要用于无机成分分析,但不适合图像分析;石英滤膜主要用于有机分析。在本次实验过程中,主要选用了聚碳酸酯滤膜(直径为 47 mm,孔径为 0.6 μm,8% 的空隙,3×10^7 孔/cm²,Millipore,UK)和玻璃纤维滤膜(直径 90 mm)。

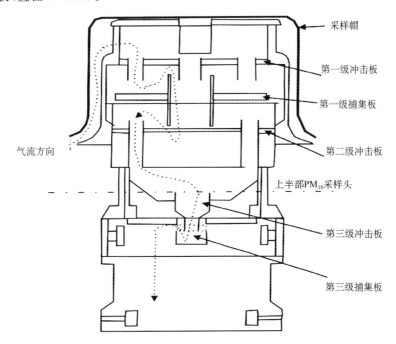

图 2-4 TSP-PM₁₀-PM₂.₅ ~2 型中流量采样仪的采样头结构示意图

Fig. 2-4 Schematic diagram of collection head with TSP-PM₁₀-PM₂.₅ ~2 model sampler

2.2 北京市居室室内颗粒物污染水平

在本次研究中,于 2002 年 12 月—2003 年 11 月对北京市市区和郊区室内/外大气颗粒物进行了为期一年的监测。每个季节在各采样点的客厅各采样一周,每天连续采样 8 小时以上。由于条件限制,只在白天居民正常生活条件下进行采样,并且有目的地针对不同燃烧源如薪柴、煤、天然气等附近采集 PM₁₀ 样品,进行 PM₁₀ 的质量浓度监测。同步在室外采集 PM₁₀ 样品,避免雨天。采样仪的空气流速设为 30 L/min;采样仪设置高度为 1.5 m 左右。随时记录室内/外温度、湿度及室外风速。

2.2.1 北京市市区和郊区室内 PM₁₀ 的污染特征

2.2.1.1 居室房间 PM₁₀ 质量浓度变化

2003 年冬季、2003 年夏季分别在郊区和市区无吸烟家庭的卧室、厨房、客厅内进行了连续 3 天 PM₁₀ 样品采集,进行各个房间内 PM₁₀ 浓度的比较(图 2-5,图 2-6)。

从图 2-5 可以看出郊区无吸烟的厨房内 PM₁₀ 的质量浓度最高,约 158 μg/m³,高出客厅和卧室,这是由于厨房是以煤气为燃料,其排放的颗粒物较客厅和卧室多,与曹守仁等(1992)的结论一致。

表 2-2　采样点特征及影响室内 PM₁₀ 质量浓度可能因素

Table 2-2　Description of the experimental factors for all the test homes used in the study

家庭	地理位置	采样地点	房屋类型	房屋年限	房间个数	人口	取暖类型	烹饪燃料	吸烟与否	宠物与否	交通影响
A	郊区	怀柔水库	平房	10 年	4	4	煤	煤气	否	无	轻
B	郊区	怀柔水库	平房	20 年	5	5	煤	木柴和煤	是	无	严重
C	市区	中国气象局	楼房	50 年	3	2	天然气	天然气	否	无	严重
D	市区	中国矿业大学(北京)	楼房	8 年	4	5	天然气	天然气	是	无	轻
室外	郊区市区				怀柔水库中国矿业大学(北京)						

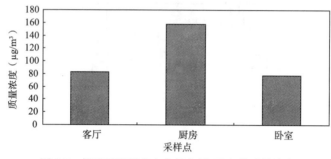

图 2-5　郊区无吸烟室内各居室间 PM₁₀ 的质量浓度

Fig. 2-5　Mass concentration of PM₁₀ among different rooms in non-smokers' home in suburban area

图 2-6 显示市区无吸烟室内各居室间的 PM₁₀ 的质量浓度变化,其中厨房内 PM₁₀ 的质量浓度最高,平均值为 154.3 $\mu g/m^3$,高出客厅和卧室,这是由于厨房使用天然气为燃料,在人们正常的生活条件下,天然气燃烧释放的颗粒物,增大了厨房室内 PM₁₀ 的浓度,这与 Lee 等(2002)的结论是一致的。Lee 等(2002)对香港 6 个家庭研究发现,厨房 PM₁₀ 的浓度高于客厅PM₁₀浓度达20%～154%。但是,可以看到在市区的厨房内 PM₁₀ 的浓度高出卧室和客厅的比例小于郊区厨房PM₁₀高于客厅和卧室的比例,这是由于郊区居民的家庭的客厅、卧室和厨房是分开的,而市区居民的客厅、卧室和厨房等是一个整体单元,厨房的颗粒物通过空气交换进入客厅和卧室,这同 Hill 等(2001)、Wigzell 等(2000)的结论一致。Hill 等(2001)研究表明,当在客厅内吸烟时,不仅客厅而且厨房的颗粒物的浓度都增高,但是,当只点燃一根烟并且房

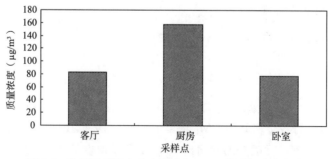

图 2-6　市区无吸烟室内各居室间 PM₁₀ 的质量浓度变化

Fig. 2-6　Mass concentration of PM₁₀ among different rooms in non-smokers' home in the urban area

屋门紧闭时,对细颗粒物的浓度影响比较小。因此在此次研究中,选择居民经常活动的客厅作为一般采样点,而厨房作为特殊点。室外由于采样条件的限制,在市区和郊区则各布置一个对照点进行采样。

2.2.1.2　郊区和市区室内/外 PM_{10} 的质量浓度变化

(1)郊区和市区室外 PM_{10} 的质量浓度变化

在 2002 年 12 月—2003 年 12 月对北京市市区和郊区室外 PM_{10} 进行了近一年的质量浓度监测。从图 2-7 可以看出市区和郊区的污染还是相当严重的,尤其是市区室外的 PM_{10} 质量浓度约 191.1 $\mu g/m^3$,远超过了国家"空气质量标准"日均值的二级标准(GB3095-1996),而且市区 PM_{10} 的质量浓度高于郊区,与北京市每天气象预报可吸入颗粒物是首要污染物是一致的。

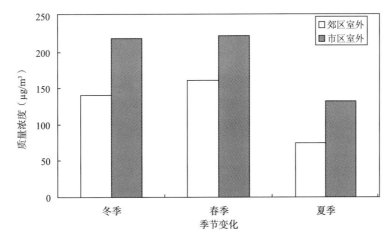

图 2-7　不同季节北京市室外 PM_{10} 质量浓度变化

Fig. 2-7　Variation of mass concentrations of outdoor PM_{10} in Beijing in different seasons

从图 2-7 可以看出室外 PM_{10} 的污染还相当严重,而且不论冬季还是春季、夏季,市区大气 PM_{10} 的浓度普遍高于郊区室外 PM_{10} 的浓度。冬季和春季市区 PM_{10} 的浓度都高于国家二级标准,而郊区仅在春季高于 PM_{10} 的二级标准,与许多研究者对北京 PM_{10} 的研究结果一致(时宗波等 2002,时宗波 2003,汪新福 1998)。城市大气 PM_{10} 污染一般由燃煤、交通、建筑扬尘等引起,而这种颗粒物现象在北京尤为突出。由于北京市城市发展速度较快,不仅建筑物建设增加,而且机动车数量也在不断增加,伴随着城市道路建设相应增加,从而造成市区严重的 PM_{10} 污染。

从图 2-7 中还可以看出,无论在市区还是在郊区,冬季和春季室外 PM_{10} 的浓度偏高,基本上都高于国家"空气质量标准"PM_{10} 日均值的二级标准 150 $\mu g/m^3$,夏季 PM_{10} 浓度偏低,并且低于国家二级标准。这是由于冬季大气稳定度增加,不利于大气颗粒物的扩散,特别是逆温出现频率较高,容易形成逆温层;同时取暖燃煤增加了污染源的输入,干燥的气候条件和强风天气的频繁出现使地面更容易出现扬尘。春季的颗粒物污染水平较高,是由于北京市春季气候干燥,多风少雨、由风带来的外来沙尘增加了颗粒物的数量和质量,甚至春季常出现沙尘暴的缘故。夏季室外 PM_{10} 污染水平比较低,这是由于夏季温度上升,大气稳定度降低,利于大气颗粒物的扩散。此外,夏季降雨较多,从而抑制了二次扬尘的发生。

(2)市区与郊区室内 PM_{10} 质量浓度变化

从北京不同类型家庭室内 PM_{10} 监测结果可以看出(表 2-3,图 2-8,图 2-9),市区室内 PM_{10}

的平均质量浓度变化范围为 52.6～234.8 $\mu g/m^3$，而郊区室内 PM_{10} 的平均变化范围为 57.3～279.6 $\mu g/m^3$。同其他欧洲国家相比，北京的室内可吸入颗粒物污染比其他欧洲地区污染严重（Monn 等 1997，Funasaka 等 2000，Dockery 等 1981），但与亚洲地区相近（表 2-4）。

表 2-3　北京市冬、春、夏季居室室内 PM_{10} 的质量浓度　　　　　　　单位：$\mu g/m^3$

Table 2-3　Mass concentrations of residential indoor PM_{10} in winter, spring and summer in Beijing city

unit：$\mu g/m^3$

冬季样品信息							
郊区无吸烟居室内		郊区吸烟居室内		市区无吸烟居室内		市区吸烟居室内	
采样时间	PM_{10}质量浓度	采样时间	PM_{10}质量浓度	采样时间	PM_{10}质量浓度	采样时间	PM_{10}质量浓度
2003-01-04	124.0	2002-12-17	155.4	2002-12-27	166.5	2003-03-01	105.1
2003-01-05	194.0	2002-12-18	198.9	2002-12-28	225.3	2003-03-02	195.7
2003-01-06	99.4	2002-12-19	96.1	2002-12-29	124.2	2003-03-03	51.7
2003-01-07	88.3	2002-12-19	89.2	2002-12-30	119.2	2003-03-04	166.1
2003-01-08	75.9	2002-12-20	151.9	2002-12-31	212.2	2003-03-05	223.2
		2002-12-21	257.9	2003-01-01	98.6	2003-03-06	207.3
		2002-12-22	128.1	2003-01-02	182.8	2003-03-07	414.9
						2003-03-08	106.5
平均	116.3	平均	154	平均	161.3	平均	183.8
春季样品信息							
郊区无吸烟居室内		郊区吸烟居室内		市区无吸烟居室内		市区吸烟居室内	
采样时间	PM_{10}质量浓度	采样时间	PM_{10}质量浓度	采样时间	PM_{10}质量浓度	采样时间	PM_{10}质量浓度
2003-03-18	83.2	2003-03-24	159.1	2003-04-05	102.9	2003-04-12	375
2003-03-19	77.4	2003-03-25	112.6	2003-04-06	166.4	2003-04-13	225
2003-03-20	138.7	2003-03-26	19.7	2003-04-07	106.6	2003-04-14	156
2003-03-21	111.6	2003-03-27	74.6	2003-04-08	148.6	2003-04-15	108
2003-03-22	102.6	2003-03-28	182.3	2003-04-09	198.1	2003-04-16	143
2003-03-23	27.0	2003-03-29	183.0	2003-04-10	154.9	2003-04-17	96
						2003-04-18	115
平均	90.1	平均	121	平均	146.2	平均	174
夏季样品信息							
郊区无吸烟室内		郊区吸烟室内		市区无吸烟室内		市区吸烟室内	
采样时间	PM_{10}质量浓度	采样时间	PM_{10}质量浓度	采样时间	PM_{10}质量浓度	采样时间	PM_{10}质量浓度
2003-07-08	65.8	2003-07-12	70.1	2003-07-16	35.9	2003-07-22	110.4
2003-07-09	55.0	2003-07-01	59.7	2003-07-17	78.8	2003-07-23	83.9
2003-07-10	83.4	2003-07-14	147.0	2003-07-18	91.5	2003-07-24	102.1
2003-07-11	76.1	2003-07-15	89.9	2003-07-19	58.6	2003-07-25	88.7
				2003-07-20	95.4	2003-07-26	82.7
				2003-07-21	145.1		
平均	70.1	平均	91.7	平均	84.2	平均	93.5

注：取部分有效值

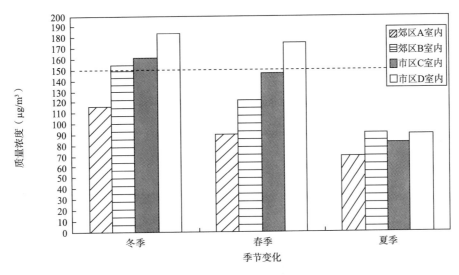

图 2-8　不同季节北京居室室内 PM$_{10}$ 质量浓度变化

Fig. 2-8　Variation of mass concentrations of residential indoor PM$_{10}$ in different seasons in Beijing

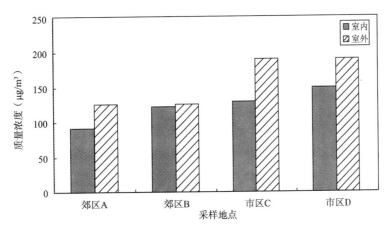

图 2-9　监测点室内/外 PM$_{10}$ 质量浓度的年均值变化

Fig. 2-9　Annual mass concentrations of residential indoor versus outdoor PM$_{10}$ at different monitoring sites

从图 2-8 和图 2-9 可以看出,北京市市区和郊区室内 PM$_{10}$ 的质量浓度变化有一定规律。(1)无论市区还是郊区,室内 PM$_{10}$ 的质量浓度低于室外,这与许多欧洲国家研究者相反(Monn 等 1997,Neas 等 1994,Haller 等 1999,Phillips 等 1998),在欧洲国家,室内 PM$_{10}$ 的质量浓度高于室外浓度;但与 Liu 等(2004)的结论一致。北京市 1990 年前后则不是这样,据王菊凝等(1990)研究发现,北京市 1990 前后冬季室内/外 PM$_{10}$ 的浓度分别为 400 和 277 μg/m^3,夏季分别为 190 和 154 μg/m^3(王菊凝等 1990)。这可能由于近年来北京室外的空气 PM$_{10}$ 污染逐步得到控制,而且人们大部分都以天然气取暖和做饭,降低了室内 PM$_{10}$ 的污染。(2)无论冬季、春季还是夏季,市区室内 PM$_{10}$ 的质量浓度都高于郊区室内 PM$_{10}$ 的质量浓度,这不仅是由于室内污染源的作用,而且室外 PM$_{10}$ 也对室内 PM$_{10}$ 有一定的影响。(3)在冬季和春季,郊区和市区吸烟和无吸烟室内 PM$_{10}$ 浓度明显高于夏季室内 PM$_{10}$ 的浓度。冬季室内浓度偏高,可能是人们采用燃煤取暖,增大了室内/外 PM$_{10}$ 的浓度;春季多风、多沙尘使得室内的污染严重;

表 2-4　北京市及世界其他城市的室内/外 PM$_{10}$ 的质量浓度对比　　　　单位：$\mu g/m^3$

Table 2-4　Comparison of indoor/outdoor PM$_{10}$ mass concentrations in Beijing and other cities in the world

（unit：$\mu g/m^3$）

地 点	室 内	室 外	来 源
大阪	34	40	Funasaka 等(2000)
瑞士	25.8	38.4	Monn 等(1997)
伯明翰(英国)	16.5	13.4	Jones 等(2000)
利兹(英国)	38.9(吸烟) 15.7(无吸烟)	28.8	Dimitroulopoulou 等(2001)
香港	63.3	69.5	Chao 等(2002b)
台北	83	107	Li(1994)
阿姆斯特丹	37(交通污染严重) 22(交通污染轻)	43 36	Fisher 等(2000)
加利福尼亚科切拉谷	21	24	Geller 等(2002)
北京	郊区:107.4 市区:139.6	郊区:125.7 市区:191.1	本次研究

夏季，天气炎热，人们开窗通风的频率增大，同时室外 PM$_{10}$ 的浓度降低，进而影响了室内 PM$_{10}$ 的浓度。(4)郊区和市区吸烟室内 PM$_{10}$ 的浓度明显高于无吸烟室内，这已经被许多专家所证实。从国外的研究可以看出影响室内 PM$_{10}$ 的污染水平的主导因素为做饭、吸烟及室外环境的颗粒物(Wallace 1996；Jones 等 2000a；Monn 2001；Phillips 等 1998，1999；Hill 等 2001；Pellizzari 等 1999)。北京市的室内 PM$_{10}$ 的污染水平的影响因素也不例外(Liu 等 2004，王菊凝等 1990，Cao 等 1997)。下面讨论影响室内 PM$_{10}$ 浓度变化的因素。

2.2.2　室内 PM$_{10}$ 质量浓度变化原因探讨

2.2.2.1　吸烟对室内 PM$_{10}$ 质量浓度的影响

环境烟草烟雾(Environmental Tobacco Smoke,ETS)是室内可吸入颗粒物的主要来源之一。分别在郊区和市区室内进行了吸烟前和吸一支烟后的连续采样(图 2-10、图 2-11)。由于没有在线监测仪器，而且为了便于分析及称重，所以只在吸烟前后 2 小时进行采样。从图 2-10、2-11 中可以看出在吸一支烟前后 2 小时内 PM$_{10}$ 的浓度明显增高，郊区吸烟室内 PM$_{10}$ 浓度为 107.5 $\mu g/m^3$，市区吸烟室内 PM$_{10}$ 浓度为 166.6 $\mu g/m^3$，几乎比未吸烟时增加了 2 倍；从图中还可以看出郊区吸烟室内 PM$_{10}$ 的浓度增加低于市区吸烟室内，这可能是由于房间大小、室内/外空气交换的速率等因素造成的。Miyazaki 等(1986)研究发现吸烟室内 PM$_{10}$ 的增高是由吸烟产生高浓度的细颗粒物引起的；PTEAM(Particle Total Exposure Assessment Methodology)的研究发现每支烟产生的 PM$_{10}$ 为 22±8 mg(Wallace 1996)。因此，吸烟导致室内 PM$_{10}$ 质量浓度的升高是毋庸置疑的。

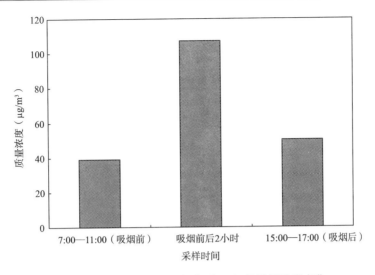

图 2-10 郊区吸烟室内吸烟前后 PM$_{10}$ 的质量浓度变化

Fig. 2-10 Variation of mass concentration of PM$_{10}$ before and after smoking in suburban area

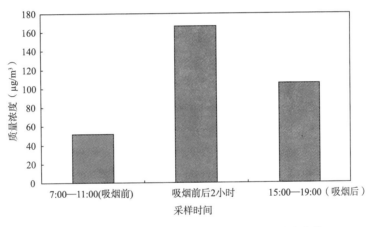

图 2-11 市区吸烟室内吸烟前后 PM$_{10}$ 的质量浓度变化

Fig. 2-11 Variation of mass concentration of PM$_{10}$ before and after smoking in urban area

吸烟是室内空气 PM$_{2.5}$ 的首要污染源。Wallace(1996)总结了 20 世纪 80 年代以来美国室内颗粒物的研究,发现吸烟、烹饪是室内细颗粒物(PM$_{2.5}$)浓度较高的主要原因(表 2-5)。Spengler 等(1981)研究发现当一个吸烟者在室内吸烟持续 30 分钟过程中,室内 PM$_{2.5}$ 的浓度达到 300 $\mu g/m^3$,而且 24 小时内 PM$_{2.5}$ 的质量浓度约增加 20 $\mu g/m^3$。作者对吸烟室内的 PM$_{2.5}$ 进行了特殊的采样。由于条件的限制,作者于 2003 年 11 月 20—23 日在一个没有其他污染源的密闭房间内进行了 1 小时内燃烧烟的数量对 PM$_{2.5}$ 浓度的增加关系的实验(表 2-6)。从表 2-6 可以看出吸烟能增加室内 PM$_{2.5}$ 的浓度,吸烟数量的不同,PM$_{2.5}$ 浓度的增加程度也是不同的。吸烟的数量同 PM$_{2.5}$ 的质量浓度呈正相关关系,燃烧烟支的数量越多,PM$_{2.5}$ 的浓度越高,这同时说明了室内吸烟者的数量越多,产生的 PM$_{2.5}$ 越多,同 Quackenboss 等(1989)的结论一致。因此,吸烟导致室内细颗粒物的增多,进而增加了室内 PM$_{10}$ 的质量浓度,这同 Chao 等(2001)研究发现的结论一致。Chao 等(2001)研究发现室内吸烟产生的 PM$_{2.5}$ 对 PM$_{10}$ 的贡献可达 60%。

表 2-5　吸烟对室内空气 PM$_{2.5}$的贡献

Table 2-5　Contribution of smoking to PM$_{2.5}$

地　点	吸烟导致 PM$_{2.5}$日平均增加值($\mu g/m^3$)	来源
哈佛 6 城市研究中 6 个城市	25	Spengler 等(1981)
Onondaga	45	Sheldon 等(1989)
Suffolk	47	Sheldon 等(1989)
PTEAM 数据	30～35	Özkaynak 等(1995)
哈佛 6 城市研究中的 68 个家庭	32.88/每支烟(无空调) 1.23/每支烟(有空调)	Dockery 等(1981)
哈佛 6 城市研究的 Watertown 市	0.8	Lebret 等(1987)
PTEAM 数据	等价于 1.3～2.4	Özkaynak 等(1995)
北京	>100/1 小时内每支烟	本次研究

表 2-6　吸烟数量与 PM$_{2.5}$的关系

Table 2-6　Relationship between number of cigarettes and PM$_{2.5}$

吸烟数量(支)	PM$_{2.5}$的浓度($\mu g/m^3$)	来源
1	166.5	
2	255.6	本次研究
3	966.7	
无吸烟者	21.07	
一个吸烟者	30.52	BéruBé 等(1999)
2 个吸烟者	32.21	
1～20 支/天	33.9(有空调)	Quackenboss 等(1989)
>20 支/天	53.4(无空调)	

2.2.2.2　烹饪对室内 PM$_{10}$质量浓度的影响

　　燃料燃烧是室内 PM$_{10}$的主要来源之一,尤其在农村取暖方式以燃煤为主,并且烹饪方式以炒、煎、炸为主,它们是颗粒物的重要来源。作者于 2003 年 7 月 10—11 日分别在市区无吸烟厨房内进行连续 3 天不同时段(包括 2 个高峰期,即中午和晚上的做饭时期)进行采样(图 2-12)。从图 2-12 可以看出,在 7 月 10 日的监测中,中午 11:20—13:00 期间 PM$_{10}$为 532 $\mu g/m^3$,在 13:00—17:00 时段 PM$_{10}$的浓度下降,到 17:00—19:00 时段的 PM$_{10}$浓度则又上升,随后,PM$_{10}$的浓度又下降。而在 11 日的采样中表现出同样的 PM$_{10}$上升和下降的规律,并且在 11:20—12:20 期间 PM$_{10}$浓度高达 934 $\mu g/m^3$。这说明烹饪对 PM$_{10}$的浓度有严重的影响,而且 PM$_{10}$浓度的高低与做饭和采样时间的长短有关,做饭的时间越长,PM$_{10}$的质量浓度越高;采样时间越长,PM$_{10}$的质量浓度则不一定越高,因为它受房间大小、通风等的影响很大,但短时间内 PM$_{10}$的浓度高于长时间内浓度已被许多学者所证实(曹守仁等 1992)。Lee 等(2001)利用实时监测对香港餐馆内 PM$_{10}$的浓度变化研究发现,在烹饪时室内 PM$_{10}$的浓度为 34～1442 $\mu g/m^3$。烹饪产生的颗粒物一般为细颗粒物,Abt 等(2000)研究表明做饭产生的颗粒物粒径为 0.13～0.25 μm,而煎炸等既产生细颗粒物,同时还有粗颗粒,这与 Baek 等的结论稍有差异。Baek 等(1997)研究发现煎炸等产生的颗粒物的粒径在 0.1～0.2 μm 范围。由于条件限制,没有进行粗细颗粒物的分级采样,但作者通过图像分析也证实了烹饪产生的颗粒物的粒径一般在小于 2.5μm 的范围(见第 5 章)。

不同的燃料如生物质(包括秸秆、木柴等)、煤、液化气(LPG)、天然气等燃烧产生的颗粒物的数量和粒径是不同的,因此它们对 PM$_{10}$ 质量浓度的影响也是不同的。在我国北方地区主要以煤、LPG 为燃料,甚至 90% 农村家庭仍以秸秆、木柴等为燃料。北京市区居民主要以天然气、液化气等为烹饪的燃料,取暖原来以低硫煤为燃料,2000 年以后,部分地区采用天然气集体供暖。郊区主要以液化气、煤为做饭的燃料,少部分地区仍以木柴、植物秸秆为燃料,取暖主要以煤为原料,而且郊区许多家庭使用小锅炉燃煤取暖,造成严重颗粒物污染。作者于 2002 年 12 月取暖期间在郊区吸烟的厨房室内/外进行了为期一周的采样(图 2-13)。从图 2-13 可以看出在 17、18、20 日厨房内 PM$_{10}$ 的质量浓度高于室外。据记录显示 17—20 日的温度较低,人们增大了燃煤的数量,造成厨房内严重的颗粒物污染,同时烹饪产生的颗粒物也使得颗粒物的浓度增加,而且由于冬季为了保暖,厨房的通风较差,更加使得室内 PM$_{10}$ 的浓度持续偏高。而在 16、19 和 21 日厨房内 PM$_{10}$ 的浓度低于室外,其原因需要进一步详细的研究。

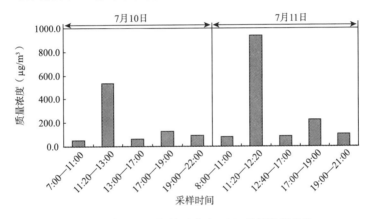

图 2-12　市区无吸烟的厨房内 PM$_{10}$ 质量浓度变化

Fig. 2-12　Variation of mass concentrations of PM$_{10}$ in the kitchen in non-smokers' home in urban area

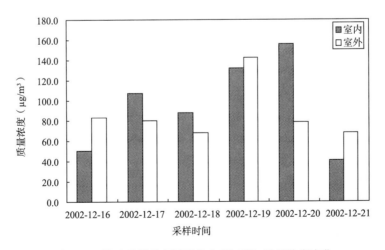

图 2-13　郊区吸烟家庭厨房室内/外 PM$_{10}$ 质量浓度变化

Fig. 2-13　Variation of mass concentrations of PM$_{10}$ in kitchen and outdoors in smokers' home in suburban area

为对比不同燃料对 PM_{10} 的贡献,作者于 2003 年 1 月在郊区燃气和燃柴的厨房内分别进行采样,结果发现燃柴和燃煤厨房内 PM_{10} 的浓度总体上高于燃气厨房内 PM_{10} 的浓度,高出 $10\%\sim20\%$(图 2-14)。从图 2-14 可以看出,在燃煤、燃秸秆附近采集的 PM_{10} 的浓度远高于燃气附近采集的 PM_{10} 的浓度,并且在 6 日达到最高值 240 $\mu g/m^3$,这是由于燃煤、燃烧生物质等产生的颗粒物比液化气产生的颗粒物多,已经被很多专家所证实。曹守仁等(1992)研究表明在以煤饼、煤气和液化石油气为燃料的过程中,由于燃料与燃烧方式不同,燃烧过程产生的颗粒物的量以煤饼最高,以燃烧过程产生相同热量为单位计算,煤饼产生的颗粒物量数十倍于煤气,数百倍于液化石油气。但由于条件所限,在燃料燃烧附近采集的颗粒物,不仅是燃料燃烧产生的颗粒物,还有室外等进入室内的颗粒物等,因此还必须进行单独的采样进行证明。

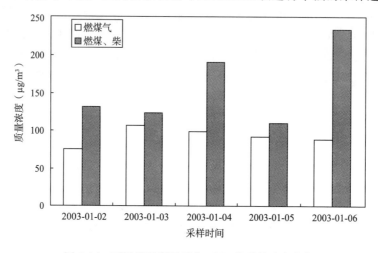

图 2-14　不同燃料附近采集 PM_{10} 的质量浓度变化

Fig. 2-14　Variation of mass concentration of PM_{10} collected near different fuels

2.2.2.3　室外环境对室内 PM_{10} 的影响及相关关系

(1)室外环境对室内 PM_{10} 的影响

室外大气颗粒物对室内 PM_{10} 有重要影响,室外的颗粒物可以通过窗隙、门缝等进入室内,进而影响室内可吸入颗粒物的浓度、组分等,这已经被许多专家所证实(Ozkaynak 等 1996,Koutrakis 等 1992)。Ozkaynak 等(1996)研究发现在室内没有污染源的情况下,室外 PM_{10} 对室内 PM_{10} 的贡献为 66%。室外大气可吸入颗粒物是近几年北京市的首要污染物,它对室内环境污染有不可忽视的作用。虽然北京市很多家庭都使用了空调,但是在春季、夏季和秋季人们的开窗频率很高,即使在寒冷的冬季,人们也时常开窗通风,因此室外大气环境对室内空气污染起很大作用。在国外,很多研究中应用 PM_{10} 的室内/外(I/O)比值,即室内/外 PM_{10} 的浓度比值,研究室内/外颗粒物的关系(Li 等 2003,Monn 等 1997,Chao 等 2002a,Dimitroulopoulou 等 2001,Lioy 等 1990)。如果 $I/O\geqslant1$,则室内的颗粒物污染主要是由室内污染源所引起;如果 $I/O\leqslant1$,则室内颗粒物主要来自室外。从图 2-15 可以看出北京市 PM_{10} 的年平均 I/O 值都$\leqslant1$,平均 $0.6\sim0.9$,相对较低(表 2-7),说明室内 PM_{10} 严重受到室外颗粒物的影响,而在美国和英国等研究发现室内 I/O 值的变化范围为 $0.5\sim2$(Lioy 等 1990,Kim 等 1986,Sexton 等 1984),一般比值大于 1,因此通过室内/外空气交换,可以增大室外环境颗粒物的浓度的贡献。而我国由于室外大气 PM$_{10}$ 的污染较重，而且人们常开窗通风，增大了室内/外空气交换，I/O 值一般小于 1。

表 2-7　不同城市 PM$_{10}$ 的 I/O 值比较

Table 2-7　Comparison of I/O of PM$_{10}$ in different cities

地点	I/O 值	环境条件	出处
香港	0.88	高空气交换速率（>3.5/h）	Chao 等（2002b）
	1.04	低空气交换速率（<3.5/h）	
荷兰	0.68	交通污染严重	Fischer 等（2000）
	0.8	交通污染轻	
英国	0.12～3.28	无吸烟家庭	Kingham 等（2000）
瑞士	0.7	室内无污染源	Monn 等（1997）
	>1	人类活动	
	1.2～2.0	吸烟或烹饪	
美国	0.98	居民家庭	Pellizzari 等（1999）
香港	0.63	窗式空调的学校	Lee 等（2000）
	0.82	中央空调	
	0.75～1.3	风扇	
北京	0.51	春季	本次研究
	0.89	夏季	
	0.59	冬季	

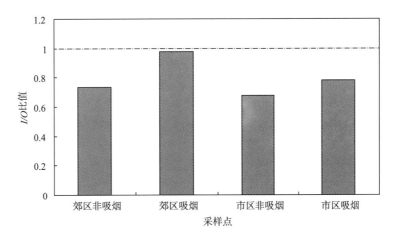

图 2-15　北京市不同地点室内/外 PM$_{10}$ I/O 年均值

Fig. 2-15　Annual I/O values of PM$_{10}$ in different areas in Beijing city

从图 2-15 还可以看出郊区和市区吸烟室内 PM$_{10}$ 的 I/O 值分别高于郊区和市区无吸烟室内，这也说明了吸烟增大了室内颗粒物浓度，与 Monn 等（1997）的结论一致。从表 2-7 可以看出北京市夏季的 I/O 明显高于冬季和春季的 I/O，这是由于夏季室内/外 PM$_{10}$ 的质量浓度低于冬季室内/外 PM$_{10}$ 的浓度，而且夏季所受室外环境的影响较大，如通风、开窗等，室内/外 PM$_{10}$ 的浓度和组分等都相差不大。但是，研究中发现并不是所有的情况下 I/O 值都<1，在做饭的短时间内 PM$_{10}$ 的 I/O≥1。作者对 2002 年 12 月取暖期间在郊区吸烟厨房室内/外 PM$_{10}$ 的关系进行研究，发现厨房的室内 PM$_{10}$ 的 I/O 值为 0.6～1.9（图 2-16），平均 1.12。由此可

见,室内/外 PM_{10} 的 I/O 比值变化的范围比较大,影响因素较多,需要进行进一步的研究。

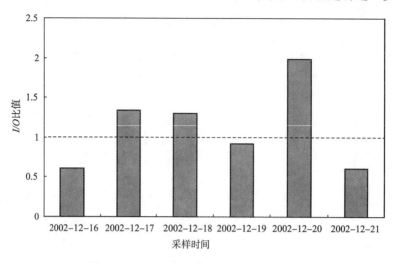

图 2-16　郊区吸烟厨房内 PM_{10} 的 I/O 变化

Fig. 2-16　Variation of I/O of the kitchen in smokers' home in suburban area

I/O 在一定的程度上反映了防止外界颗粒物进入的密封性,或者房间的通风系统传递室内/外颗粒物的程度。据 Wallace(1996)的研究发现在室内没有污染源的情况下室内/外 I/O 比值是可以估算出来的。他认为当渗透率一致时,不论是粗颗粒,细颗粒还是 PM_{10},其 I/O 值由室内/外空气交换速率和颗粒物沉降速率决定,一般 $PM_{2.5}$ 的沉降速率为 $0.39 \sim 1.0/h$,PM_{10} 的沉降速率为 $0.65/h$。用公式表示为:

$$I/O = a/(a+k) \qquad (2-2)$$

式中:a 为空气流通速率;k 为沉降速率。

由此可见,在室内不存在污染源的情况下,只要测出空气流通速率和颗粒物的沉降速率,就可以得到 I/O 比值,即可以确定建筑物的密闭性与通风程度。但是,这种理想状况在我国是不存在的,因为我国的生活水平还没有达到全部电气化的程度,依旧使用天然气、煤气、生物秸秆等为烹饪和取暖的燃料,所以室内/外颗粒物的关系的研究比较复杂。

(2)室内/外 PM_{10} 的质量浓度的相关分析

颗粒物对人体健康的负面效应已经众所周知,但由于人们大部分的时间是在室内度过,因此室内/外颗粒物的关系成为目前关注的焦点。本研究应用 Pearson paired t(皮尔森点对点 t 检验法)法对北京市室内/外 PM_{10} 的质量浓度相关关系进行分析研究(图 2-17)。

从图 2-17 可以看出,室内/外 PM_{10} 的质量浓度不存在严格的相关性(显著水平 $\alpha = 0.05$),线性回归系数 R^2 分别为 0.018(图 2-17a)、0.0077(图 2-17b)、0.0495(图 2-17c)、0.0654(图 2-17d)、0.0308(图 2-17e)、0.0127(图 2-17f),说明北京市室内/外 PM_{10} 的相关性普遍很差,甚至不存在相关性,这主要由于室内影响 PM_{10} 浓度的因素较多,不仅有室外的环境,还有室内的人为活动,甚至空调的使用、房间的大小等都会对 PM_{10} 的浓度造成影响。只有在室内没有污染源,并且人为活动较少,室内/外的空气交换比较频繁的情况下,室内/外才可能有较好的相关关系。冬季人们为了室内取暖,一般都把窗户紧闭,而春季和夏季人们可能经常开窗通风,与室内的空气交换比较频繁,而且室内污染源的存在如烹饪、吸烟及人为活动又造成了室内/外 PM$_{10}$不存在相关关系,这与 Chao 等(2002a)、Geller 等(2002)的结论一致。Geller 等(2002)的研究表明加利福尼亚的室内/外粗细颗粒物的相关性很差,可能受室内的污染源和人为活动的影响,但是室内/外的化学元素如 Mg,Al,Si,Ca,Fe,K 等存在良好的相关性。

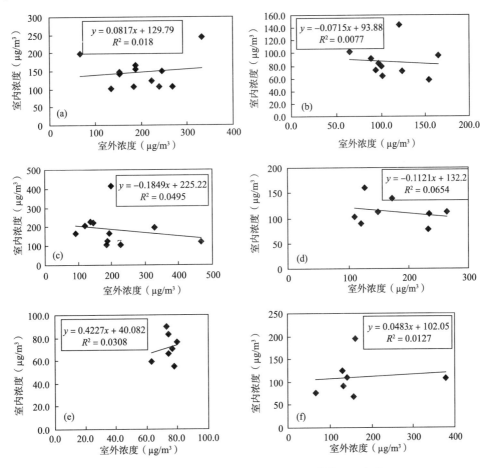

图 2-17　室内/外 PM$_{10}$浓度相关关系图(单位:$\mu g/m^3$)

(a)市区春季室内/外 PM$_{10}$相关分析;(b)市区夏季室内/外 PM$_{10}$相关分析;(c)市区冬季室内/外 PM$_{10}$相关分析;(d)郊区春季室内/外 PM$_{10}$相关分析;(e)郊区夏季室内/外 PM$_{10}$相关分析;(f)郊区冬季室内/外 PM$_{10}$相关分析

Fig. 2-17　Relationship between indoor and outdoor PM$_{10}$ concentrations (unit:$\mu g/m^3$)

(a)indoor vs. outdoor PM$_{10}$ in spring in urban area;(b)indoor vs. outdoor PM$_{10}$ in summer in urban area;(c) indoor vs. outdoor PM$_{10}$ in winter in urban area;(d) indoor vs. outdoor PM$_{10}$ in spring in suburban area;(e) indoor vs. outdoor PM$_{10}$ in summer in suburban area;(f) indoor vs. outdoor PM$_{10}$ in winter in suburban area.

2.2.2.4　影响室内 PM$_{10}$质量浓度的其他因素

室内可吸入颗粒物的影响因素比较复杂,不仅包括室内存在的污染源如吸烟、烹饪,室内环境空气条件(温度、湿度、空气交换率等)、建筑物的材料、人为活动、空调使用与否、房间的大小,还包括室外的影响因素如交通的影响,季节的影响等。在这次研究中由于条件的限制仅考虑了室内主要污染源吸烟、烹饪的影响,及室外大气颗粒物的影响,而对其他的因素没有进行详细的考虑,因此对其他影响因素只进行一般的探讨,以后应更好地研究室内 PM$_{10}$的质量浓度变化。

北京市室内的温度一般为市区冬季：22～25℃，夏季：28～30℃，有空调的 22～25℃；湿度变化较大，一般夏季湿度较大，为 60%～70%，冬季干燥，为 20%～30%；风速基本为 0 m/s，仅夏季或春季开窗时风速略高，但是仪器显示不出来。郊区室内温度偏低，一般冬季家庭式取暖室内 15～20℃，夏季为 22～25℃，而且大部分没有空调；湿度相对于市区偏高，夏季为 70%～90%，冬季寒冷干燥，为 15%～30%；风速基本为 0 m/s。在采样过程中没有考虑 PM_{10} 质量浓度随温度、湿度的变化。

室内 PM_{10} 的其他影响因素如房间的大小、颗粒物的沉降速率、空调的使用频率及室外环境的影响因素如距离交通的远近等，它们对 PM_{10} 的质量浓度变化有重要影响。Brook 等（1997）在纽约州的研究中发现房间的大小也起重要作用，在奥内达加族（北美印第安人）的城市房间体积每增加 28.3 m^3，则 $PM_{2.5}$ 的浓度会降低 1.1 $\mu g/m^3$，而在萨福克，$PM_{2.5}$ 将减少 0.75 $\mu g/m^3$，从而也降低了 PM_{10} 的质量浓度。

2.3　校园公共场所室内 PM_{10} 的污染水平

2005 年 11 月至 2006 年 11 月对大学校园内公共场所室内的 PM_{10} 和 $PM_{2.5}$ 按季节进行了质量浓度监测，每个季节在不同场所连续采样一周，白天和晚上分段进行采集，采集时间为 8～10 小时。为了解同时间段内与相应室外大气浓度的关系，同时对室外 PM_{10} 和 $PM_{2.5}$ 进行浓度监测。并在春季（2006 年 5 月）对图书馆、餐厅和室外三处进行连续三天的同时采样，用于研究相同时间内不同空间可吸入颗粒物的物理化学特征之间的关系。原始监测数据见表 2-8。

表 2-8　不同季节校园图书馆和餐厅室内/外 PM_{10} 和 $PM_{2.5}$ 样品质量浓度信息表

Table 2-8　Mass concentrations of PM_{10} and $PM_{2.5}$ in library and dining-hall in different seasons

序号	采样点	采样日期	室外 PM_{10} 浓度（$\mu g/m^3$）	室外 $PM_{2.5}$ 浓度（$\mu g/m^3$）	室内 PM_{10} 浓度（$\mu g/m^3$）	室内 $PM_{2.5}$ 浓度（$\mu g/m^3$）	室内温度（℃）	室内相对湿度（%）	室内大气压（hPa）
1	冬季图书馆	2005-11-13	417.89	222.37	537.04	403.51	16	54.6	1020.6
2		2005-11-14	220.60	90.10	211.11	133.33	16.3	12.1	1023.9
3		2005-11-15	50.64	26.50	52.38	24.26	20.2	18.4	1024.7
4		2005-11-16	133.62	50.69	77.08	52.78	17.9	23.3	1024.5
5		2005-11-17	272.32	174.15	184.72	132.64	19	24.4	1022.9
6		2005-11-18	95.83	48.19	26.47	12.62	19.3	21.8	1023.4
7	冬季餐厅	2005-11-19	202.03	86.57	133.33	116.67	17	34.3	1021.4
8		2005-11-20	332.04	125.94	269.05	188.89	17.3	42.5	1020.1
9		2005-11-21	210.21	109.89	135.40	105.40	16.55	34.45	1023.2
10		2005-11-22	218.06	70.54	83.33	66.67	16.95	35.2	1023.6
11		2005-11-23	102.17	54.87	76.97	51.85	17.3	35.5	1020.9
12		2005-11-24	166.02	75.62	154.72	113.68	—	—	—
13		2005-11-25	204.23	86.52	167.45	112.68	—	—	—
14		2005-11-26	212.07	90.59	138.70	87.56	—	—	—

序号	采样点	采样日期	室外 PM$_{10}$ 浓度 （μg/m³）	室外 PM$_{2.5}$ 浓度 （μg/m³）	室内 PM$_{10}$ 浓度 （μg/m³）	室内 PM$_{2.5}$ 浓度 （μg/m³）	室内温度 （℃）	室内相对湿度 （%）	室内大气压（hPa）
15	春季图书馆	2006-5-8A	294.61	101.76	200	170.37	22.3	57.4	1004.7
16		2006-5-8B	—	—	44.44	—	21.8	59.6	1007.3
17		2006-5-9A	—	—	129.63	—	21.7	62.3	1007.3
18		2006-5-9B	—	—	111.11	—	21.6	47.8	1011.2
19		2006-5-10A	124.33	9.70	29.63	25.93	22.6	26.3	1013.6
20		2006-5-10B	136.49	51.28	59.26	40.74	21.9	27.8	1017.6
21		2006-5-11A	158.95	38.21	92.6	55.56	22.6	28.6	1017.4
22		2006-5-13A	165.28	31.47	40.74	18.52	22.5	29.5	1008.6
23		2006-5-13B	223.61	73.63	114.82	88.89	21.5	28.6	1007.7
24		2006-5-14A	170.64	56.39	66.67	62.96	22.9	31.3	1003.2
25		2006-5-14B	260.55	70.28	92.6	70.37	22.1	32.6	1001.1
26	春季餐厅	2006-5-19A	228.98	88.6	225	125	24.8	56.5	998.9
27		2006-5-19B	299.83	122.5	141.67	137.5	23.8	53.6	997.6
28		2006-5-20A	213.33	66.82	175	112.5	26.4	46.6	1000.1
29		2006-5-20B	156.65	64.79	75	62.5	24.5	38.3	1004.3
30		2006-5-21A	210.84	86.3	166.67	45.83	25.9	39.3	1004.7
31		2006-5-21B	233.01	166.77	150	133.33	24.6	64.3	1006.9
32		2006-5-22A	56.96	26.31	62.5	41.67	25.3	34.4	999.9
33		2006-5-22B	132.16	51.54	75	50	23.8	45.6	998.2
34		2006-5-23A	153.14	65.29	150	83.33	26.9	42	996.2
35		2006-5-23B	224.04	126.08	125	95.83	25.5	58.7	996.6
36	夏季图书馆	2006-8-16	—	—	74.58	54.37	29.6	55.8	998.2
37		2006-8-17	—	—	145.08	38.72	27.5	64.6	999.8
38		2006-8-18	—	—	123.09	68.03	28.6	62.5	1000.7
39		2006-8-19	—	—	198.29	89.84	28.5	65.3	1003.6
40		2006-8-20	—	—	149.99	81.47	27.9	68.6	1001.8
41		2006-8-21	—	—	65.65	50.99	27.5	46.1	1003.2
42		2006-8-22	—	—	20.81	10.29	25.4	33.3	1008
43		2006-8-23	—	—	25.96	14.38	25.9	28.3	1008.7
44	夏季餐厅	2006-8-24	—	—	127.21	57.14	25.9	40.4	1006.3
45		2006-8-25	—	—	213.30	57.73	27	39.4	999.8
46		2006-8-26	—	—	133.92	42.24	25.8	40.1	1001.4
47		2006-8-27	—	—	92	30.69	25.1	39.4	1000
48		2006-8-28	—	—	37	10.34	24.6	32.1	1008.9
49		2006-8-29	—	—	137.17	37.26	26.6	39.3	1007.7
50		2006-8-30	—	—	112.17	34.25	27.3	39.7	1011

序号	采样点	采样日期	室外 PM$_{10}$ 浓度 ($\mu g/m^3$)	室外 PM$_{2.5}$ 浓度 ($\mu g/m^3$)	室内 PM$_{10}$ 浓度 ($\mu g/m^3$)	室内 PM$_{2.5}$ 浓度 ($\mu g/m^3$)	室内温度 (℃)	室内相对湿度 (%)	室内大气压(hPa)
51		2006-10-4	—	—	96.21	59.26	19.8	31.9	1010.4
52	秋季图书馆	2006-10-5	—	—	338.04	306.61	20.7	48.98	1008.8
53		2006-10-6	—	—	148.13	194.75	20.1	39.95	1010.1
54		2006-10-7	—	—	150.16	134.66	20.6	44.7	1009.2
55		2006-10-8	—	—	132.02	109.29	20.2	45.8	1009.4
56		2006-10-9	—	—	104.01	72.46	22.3	53.8	1005.5
57	秋季餐厅	2006-10-10	—	—	212.03	98.47	23.3	63.3	1005.5
58		2006-10-11	—	—	82.15	40.40	21.4	54.3	1014.8
59		2006-10-12	—	—	96.33	48.75	21.4	63.2	1012.7

注:表中 A 表示样品采集于白天时段,B 表示样品采集于晚上时段。

2.3.1　校园公共场所室内 PM$_{10}$ 和 PM$_{2.5}$ 质量浓度的季节性变化

2.3.1.1　冬季室内 PM$_{10}$ 和 PM$_{2.5}$ 的污染水平

研究者在 2005 年 11 月份,对室内外空气质量进行监测,从室外气象条件看,当月北京市区气温较常年明显偏高,冷空气活动弱,不利于大气中污染物的扩散。11 月上旬,10 天中仅有 1 天空气质量达标,尤其是 2 日至 5 日,高空持续处于暖脊,低空形成深厚的强逆温,污染物在垂直和水平方向的扩散条件均不利,空气质量连续 4 天达到中度重污染以上水平,是当年过程性、积累性污染最严重的一次。冬季气象条件不如其他季节有利,特别是冬季采暖还会加大污染物的排放量(北京市环境保护网)。

图 2-18 是 2005 年冬季采样期间图书馆(11 月 13 日—11 月 18 日)和餐厅(11 月 19 日—11 月 26 日)室内及室外 PM$_{10}$ 和 PM$_{2.5}$ 质量浓度分布图,从图中可以看出,不论是图书馆还是餐厅,室内 PM$_{10}$ 与 PM$_{2.5}$ 浓度变化趋势是一致的,室内 PM$_{10}$ 和 PM$_{2.5}$ 质量浓度主要在 26.47~537.04 $\mu g/m^3$ 和 12.62~403.51 $\mu g/m^3$ 之间,而且室内颗粒物浓度除了随室外颗粒物浓度变化外,其浓度本身波动很大,这可能是由于室内颗粒物污染源的释放通常都是短暂的、间歇性的,所以导致室内颗粒物浓度波动很大(熊志明等 2004)。本次采样期室内 PM$_{10}$ 和 PM$_{2.5}$ 的平均质量浓度分别超过我国室内空气标准的要求(PM$_{10}$<150 $\mu g/m^3$)和美国环保局的室内空气标准(PM$_{2.5}$<65 $\mu g/m^3$),与长沙同期教室内 PM$_{10}$ 浓度相比要高出 2 倍多,与乌鲁木齐同期公共场所室内 PM$_{10}$ 浓度相比也高出 1 倍左右(郑聪等 2005,晓开提等 2005),这说明了北京市大学校园公共场所室内大气污染问题不容忽视。冬季图书馆和餐厅室内污染严重,这与冬季室内通风不良有关,说明图书馆冬季的室内空气质量还有待改善。

由 PM$_{2.5}$/PM$_{10}$ 的比值曲线可以看出冬季室内颗粒物 PM$_{2.5}$/PM$_{10}$ 的值大部分在 60% 以上,甚至达到 90%(2005-11-19),表明冬季室内可吸入颗粒物主要以细颗粒物为主,对人体健康危害更大。

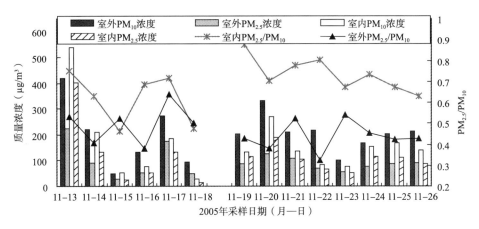

图 2-18 2005 年冬季采样期间图书馆和餐厅室内/外 PM$_{10}$ 和 PM$_{2.5}$ 的质量浓度及 PM$_{2.5}$/PM$_{10}$ 的变化规律

11 月 13 日—11 月 18 日为图书馆数据,11 月 19 日—11 月 26 日为餐厅数据

Fig. 2-18 Variations in mass concentrations of PM$_{10}$ and PM$_{2.5}$ collected in the indoor and outdoor air of library and canteen in winter 2005

冬季采样期间室内/外 PM$_{10}$ 和 PM$_{2.5}$ 的质量浓度及 PM$_{2.5}$/PM$_{10}$ 的变化规律如图 2-18 所示,从图中可看出,室外 PM$_{10}$ 浓度明显大于室内 PM$_{10}$ 的浓度(11—13 除外),而且室内 PM$_{10}$ 浓度和室外 PM$_{10}$ 浓度波动大体一致,这表明室内 PM$_{10}$ 的浓度主要受室外 PM$_{10}$ 浓度的影响。而室内、外 PM$_{2.5}$ 浓度的变化趋势则不同,室内细颗粒物不受室外细颗粒物的影响,而主要是室内自身环境造成的。此外室内 PM$_{10}$ 和 PM$_{2.5}$ 浓度的变化趋势基本上也是一致的,说明室内颗粒物浓度除受室外影响外还受室内各因素的影响,如人活动量、清洁频率、通风量和沉降率等室内环境因素(晓开提等 2005)。从图中室内/外 PM$_{2.5}$/PM$_{10}$ 的变化规律上看,室内 PM$_{2.5}$/PM$_{10}$ 的值在 60%～90% 之间,室外 PM$_{2.5}$/PM$_{10}$ 值则在 33%～55% 之间明显小于室内,室内细颗粒物的浓度比值要远远大于室外,表明室内细颗粒物的主要来源不是室外,而是其室内的自身环境,这与周志平等(2005)和戈鹤山等(2005)关于火车站售票厅和候车室内的研究结论一致。

冬季采样期间图书馆和餐厅室内 PM$_{10}$ 和 PM$_{2.5}$ 的质量浓度平均值都远远高于标准浓度值,如表 2-9 所示,冬季室内的污染比较严重,而且相同季节下图书馆室内可吸入颗粒物浓度要大于餐厅室内,主要是由于图书馆和餐厅建筑方式、作用、室内人员密度,通风系统等因素不同造成的。刘阳生等(2004)对冬季北京大学校园内学生教室和餐馆的监测表明,位于繁华区室内 PM$_{10}$ 和 PM$_{2.5}$ 浓度分别高达 383.6 μg/m^3、168.5 μg/m^3 和 582.8μg/m^3、319.8 μg/m^3,其室外交通繁忙的公路以及旁边的建筑工地是导致室内可吸入粉尘严重超标的主要原因。而处在幽静和远郊的学生教室和餐馆浓度均很低,PM$_{10}$ 和 PM$_{2.5}$ 平均值分别为 103.7 μg/m^3、11.0 μg/m^3 和 66.9 μg/m^3、21.2 μg/m^3。

另外,许多国外学者应用 PM$_{10}$ 和 PM$_{2.5}$ 浓度的 I/O(室内/室外)比值研究室内外颗粒物的关系,若 $I/O \geqslant 1$,则室内颗粒物主要是由室内污染源所引起,如果 $I/O \leqslant 1$,则室内颗粒物主要受室外颗粒物的影响。按此方法,冬季图书馆和餐厅 PM$_{10}$ 的 $I/O<1$,说明室内 PM$_{10}$ 颗粒物主要受室外环境颗粒物影响,这与居室内 PM$_{10}$ 的特性一致(赵厚银等 2004)。而 PM$_{2.5}$ 的 $I/O>1$,说明室内 PM$_{2.5}$ 主要是由室内自身污染源引起的。

表 2-9　冬季图书馆和餐厅室内/外 PM_{10} 与 $PM_{2.5}$ 质量浓度平均值

Table 2-9　Average values of mass concentrations of PM_{10} collected in the indoor and outdoor air of library and canteen in winter

采样点	冬季 PM_{10}			冬季 $PM_{2.5}$		
	质量浓度平均值室内（$\mu g/m^3$）	质量浓度平均值室外（$\mu g/m^3$）	室内/室外比值	质量浓度平均值室内（$\mu g/m^3$）	质量浓度平均值室外（$\mu g/m^3$）	室内/室外比值
图书馆	181.47±77.22	198.48±54.98	0.80±0.15	126.52±59.35	102±32.18	1.05±0.22
餐　厅	144.87±20.99	205.75±22.56	0.71±0.06	105.42±14.58	87.57±7.89	1.18±0.09

2.3.1.2　春季室内 PM_{10} 和 $PM_{2.5}$ 的污染水平

作者 2006 年春季采样时间为 5 月份，当月北京市市区空气质量二级以上的天数为 23 天，是当年达标天气最多的一个月，三级为 5 天，四、五级为 3 天，二级以上天数比 2005 年同期增加 3 天，首要污染物均为可吸入颗粒物。5 月份降水多，冷空气活动频繁，气象条件总体上有利于污染物的扩散。但是比较少见的是，当年 5 月北京市经历了两次沙尘天气过程，5 月 1 日的沙尘天气导致当天的空气质量降为五级重污染；5 月 17 日至 18 日的沙尘天气致使空气质量分别达到了五级和三级。另外一个四级天是由于受到 5 月 19 日华北地区出现的大范围静稳、高湿天气影响（北京环境保护局网）。

图 2-19 是 2006 年春季采样期间图书馆（5 月 8 日—5 月 14 日）和餐厅（5 月 15 日—5 月 29 日）室内及室外 PM_{10} 和 $PM_{2.5}$ 质量浓度分布图（A 代表白天采样，B 为晚上采样），与冬季相似，不论是图书馆还是餐厅室内 PM_{10} 与 $PM_{2.5}$ 浓度变化趋势一致，室内 PM_{10} 和 $PM_{2.5}$ 质量浓度主要在 29.63～225.0 $\mu g/m^3$ 和 25.93～170.37 $\mu g/m^3$ 之间；室内 PM_{10} 的浓度大部分都低于 150 $\mu g/m^3$（我国室内空气标准的要求 $PM_{10}<150$ $\mu g/m^3$），而 $PM_{2.5}$ 则高于美国环保局的室内空气标准（$PM_{2.5}<65$ $\mu g/m^3$），表明春季图书馆和餐厅室内粗颗粒物污染较轻，空气质量较好，这与春季室内良好的通风有关。由 $PM_{2.5}/PM_{10}$ 的比值曲线可以看出春季室内颗粒物

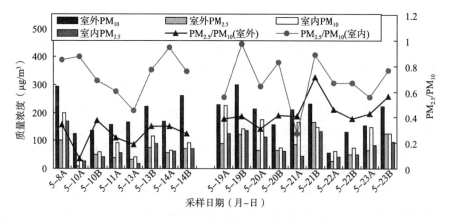

图 2-19　2006 年春季采样期间室内/外 PM_{10} 和 $PM_{2.5}$ 的质量浓度及 $PM_{2.5}/PM_{10}$ 的变化规律

图书馆（5 月 8 日—5 月 14 日）和餐厅（5 月 15 日—5 月 29 日）；A 为白天，B 为晚上

Fig. 2-19　Variations in mass concentrations of PM_{10} and $PM_{2.5}$ collected in the indoor and outdoor air of library and canteen in spring 2006

$PM_{2.5}/PM_{10}$ 的比值大部分在 50％以上，甚至达到 1(2006-5-19 晚上)，表明春季室内可吸入颗粒物与冬季室内一样也主要以细颗粒物污染为主，但比冬季细颗粒物占的比例要小，说明春季室内大气颗粒物质量较冬季室内好(刘阳生等 2004，张永等 2005)。

通过春季采样期间室内/外 $PM_{2.5}$ 与 PM_{10} 浓度的变化曲线(图 2-19)可以看出，室内、外 PM_{10} 浓度变化趋势一致，而室内、外 $PM_{2.5}$ 浓度的变化趋势则有所不同。室外可吸入颗粒物浓度明显大于室内可吸入颗粒物的浓度，而且室内可吸入颗粒物浓度和室外可吸入颗粒物浓度波动大体一致，这表明室内可吸入颗粒物的浓度主要受室外可吸入颗粒物浓度的影响，并随室外颗粒物浓度变化而变化(Martin 1996)。更细致的研究还表明室内颗粒物浓度随室外颗粒物浓度波动，但在时间上存在一定程度的滞后(Li 1994，Ando 等 1996，刘阳生等 2004)。室外 PM_{10} 和 $PM_{2.5}$ 浓度的变化趋势也一致，它们的最大值分别为 299.83 $\mu g/m^3$ 和 166.77 $\mu g/m^3$；最小值分别为 45.05 $\mu g/m^3$，9.70 $\mu g/m^3$；室外 $PM_{2.5}/PM_{10}$ 的值一般在 30％～60％之间。而室内 $PM_{2.5}$ 还与室内 PM_{10} 浓度变化趋势基本一致(室内自身因素和室外共同作用的结果)，室内 $PM_{2.5}/PM_{10}$ 的值在 50％～85％之间。从室内和室外 $PM_{2.5}/PM_{10}$ 值的比较可以得出，春季图书馆和餐厅室内与冬季一样可吸入颗粒物主要以细颗粒物($PM_{2.5}$)为主，而且细颗粒物的浓度要远远大于室外，这说明室内细颗粒物的来源不是来自室外，而主要来自于室内自身环境。

由表 2-10 可见，春季采样期间图书馆和餐厅室内 PM_{10} 的质量浓度平均值低于国家标准浓度值(150 $\mu g/m^3$)，而 $PM_{2.5}$ 的平均值则高于 65 $\mu g/m^3$，室内 PM_{10} 浓度的平均值小于室外，而室内 $PM_{2.5}$ 平均浓度值则高于室外。虽然室内 PM_{10} 浓度未超标，但是由于 $PM_{2.5}$ 主要含有各种燃烧过程产生的颗粒物以及大气中各种化学反应产生的二次颗粒物(secondary particulates，如酸性冷凝物、硫酸盐、硝酸盐等)，而且 $PM_{2.5}$ 还含有高浓度的多环芳烃(PAH)和诱变剂，这些细小的颗粒物还是潜在的过敏源的携带者，由于它们更容易深入到呼吸道的里面，很容易引起呼吸疾病，因此，同 PM_{10} 中的粗颗粒部分 $PM_{10\sim2.5}$ 相比，$PM_{2.5}$ 更容易对人体健康造成危害(杨复沫等 2000，李红等 2002，赵厚银等 2003)。

表 2-10　春季图书馆和餐厅室内/外 PM_{10} 和 $PM_{2.5}$ 的质量浓度分析结果

Table 2-10　Mass concentrations of PM_{10} and $PM_{2.5}$ collected in the indoor and outdoor air of library and canteen in spring

采样点	春季 PM_{10}			春季 $PM_{2.5}$		
	质量浓度室内平均值($\mu g/m^3$)	质量浓度室外平均值($\mu g/m^3$)	室内/室外比值	质量浓度室内平均值($\mu g/m^3$)	质量浓度室外平均值($\mu g/m^3$)	室内/室外比值
图书馆	87.57±11.73	179.78±21.45	0.52±0.07	68.69±12.22	54.22±7.93	1.31±0.23
餐　厅	134.58±16.25	190.90±21.36	0.74±0.07	88.75±11.82	86.50±13.11	1.11±0.12

春季图书馆和餐厅 PM_{10} 的浓度值 $I/O<1$，$PM_{2.5}$ 的浓度 $I/O>1$，说明春季室内 PM_{10} 颗粒物主要受室外环境颗粒物影响，室内 $PM_{2.5}$ 主要是由室内自身污染源引起的，特性与冬季一致。在室外浓度相差不大的情况下，春季室内可吸入颗粒物的浓度要远远低于冬季室内。这说明室内污染浓度的高低，除受室外大气环境的影响外，还与建筑物的密闭程度、室内小气候状况、空调使用等多种因素有关。

2.3.1.3　夏季室内 PM$_{10}$ 的污染水平

根据中国环境监测网(http://www.cnemc.cn)公布的结果,2006 年 8 月份北京的降雨次数虽然少于 7 月,但多于 2005 年同期,降雨经常洗刷着大气中的污染物;此外,频繁活动的冷空气形成空气对流,带来了地面风,吹走了大气中的污染物,受良好的气象条件影响,成为自 1998 年北京市大规模开展防治大气污染工作以来达标天数最多的月份。从作者采样期间可吸入颗粒物浓度也可以看出,除 8 月 19 日和 25 日这两天浓度值在 200 μg/m^3 左右外,其余都低于 150 μg/m^3(国家二级标准),与冬、春季相比室外污染相对较轻。

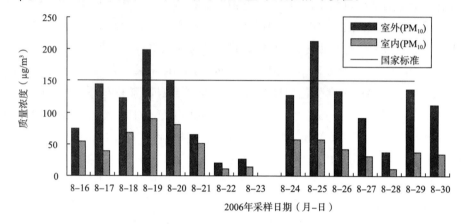

图 2-20　2006 年夏季采样期间图书馆和餐厅室内外大气 PM$_{10}$ 的质量浓度

8 月 16 日—8 月 23 日为图书馆数据,8 月 24 日—8 月 30 日为餐厅

Fig. 2-20　Variations in mass concentrations of PM$_{10}$ collected in the indoor and outdoor air of library and canteen in summer 2006

在夏季采样期间(图 2-20),图书馆和餐厅室内样品采集分别在 2006 年 8 月 16 日—8 月 23 日和 8 月 24 日—8 月 30 日,图书馆和餐厅室内可吸入颗粒物的浓度均小于 100 μg/m^3,虽然与室外 PM$_{10}$ 的浓度在总体趋势上一致,但是室内大气 PM$_{10}$ 的波动不是很大,主要在 50 μg/m^3 上下浮动,除与室外空气质量有关外,还与夏季室内采用中央空调系统,可引进新风,改善室内空气品质,室内空气分布合理,温度均匀,所以波动也小。与冬、春季节相比,室内大气颗粒物质量浓度比较稳定,空气质量也相对较好。

表 2-11 关于夏季图书馆和餐厅室内质量浓度分析结果显示,夏季图书馆和餐厅室内颗粒物的质量浓度受室外影响不大,特别是当室外质量浓度达 121.8 μg/m^3 时,图书馆室内 PM$_{10}$ 质量浓度只有 38.5 μg/m^3,而室外浓度为 100 μg/m^3 时,餐厅室内 PM$_{10}$ 质量浓度为 51 μg/m^3,反而较图书馆室内的大,这说明夏季图书馆室内空气质量比餐厅室内好。可能是

表 2-11　夏季图书馆和餐厅室内/外 PM$_{10}$ 的质量浓度分析结果

Table 2-11　Mass concentrations of PM$_{10}$ collected indoors and outdoors in summer

采样点	夏季 PM$_{10}$		
	室内质量浓度平均值(μg/m^3)	室外质量浓度平均值(μg/m^3)	室内/室外
图书馆	38.52±6.18	121.82±20.09	0.55±0.05
餐　厅	51.01±10.25	100.43±22.48	0.32±0.02

因为餐厅室内门窗敞开,而且使用排风扇和电风扇,室内/室外的值在 0.3 左右,说明受室外影响较大,而图书馆夏季封闭性好,并使用中央空调系统可以改善室内空气质量。

2.3.1.4 秋季室内 PM$_{10}$ 的污染水平

根据中国环境监测网(http://www.cnemc.cn)公布的结果,2006 年金秋期间,受冷暖空气交替影响,北京市呈现出比较明显的换季气候特点,中高空气温偏高,昼夜温差加大,夜间常有逆温出现,低空无风或风力较小,天气比较稳定,大气中的污染物易积累不易扩散,达标天最多连续 5 天,不达标天数持续不超过 3 天。10 月份共有 9 次冷空气经过北京,与常年同期相比,冷空气虽然来得较多,但每次强度都不大,平均气温明显偏高,平均风力偏小,导致有利于污染物扩散的天气持续时间较短,总体扩散条件一般。

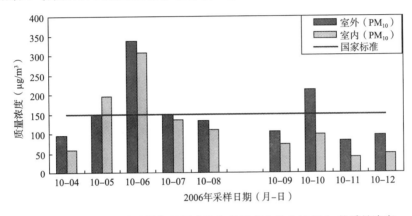

图 2-21　2006 年秋季采样期间图书馆和餐厅室内外大气 PM$_{10}$ 的质量浓度

Fig. 2-21　Variations in mass concentrations of PM$_{10}$ collected in the indoor and outdoor air of library and canteen in autumn 2006

从图 2-21 秋季图书馆(10 月 4 日—10 月 8 日)和餐厅(10 月 9 日—10 月 12 日)室内外大气 PM$_{10}$ 的质量浓度图可以看出,图书馆室内 PM$_{10}$ 质量浓度在 60～310.0 μg/m^3 之间;波动比较大,这可能是受室外 PM$_{10}$ 浓度的影响(熊志明等 2004),也可能是由于室内颗粒物污染源的释放通常都是短暂的、间歇性的,所以导致室内颗粒物浓度波动很大,餐厅室内 PM$_{10}$ 的质量浓度则相对较低,在 45～130 μg/m^3 之间,主要受室外空气的影响,空气质量比图书馆的好。

表 2-12 关于秋季图书馆和餐厅室内质量浓度分析结果显示,秋季室内 PM$_{10}$ 质量浓度受室外影响比夏季大,特别是图书馆室内当室外质量浓度达 172.8 μg/m^3 时,室内 PM$_{10}$ 质量浓度也很高,为 160.9 μg/m^3,而餐厅室内与图书馆相比受室外影响大,室外浓度为 123.5 μg/m^3 时,其室内 PM$_{10}$ 质量浓度为 60.2 μg/m^3,这说明秋季餐厅室内颗粒物主要来自室外,空气质

表 2-12　秋季采样期间图书馆和餐厅室内/外 PM$_{10}$ 质量浓度分析结果

Table 2-11　Mass concentrations of PM$_{10}$ collected in the indoor and outdoor air of library and canteen in autumn

采样点	秋季 PM$_{10}$		
	室内质量浓度平均值(μg/m^3)	室外质量浓度平均值(μg/m^3)	室内/室外
图书馆	160.91±42.46	172.8±42.42	0.91±0.11
餐　厅	60.02±15.80	123.5±29.85	0.54±0.05

量比图书馆室内好。这与室内自身原因有关,如渗透率、清洁条件以及通风条件等。

2.3.1.5　不同季节室内 PM_{10} 的污染水平比较

由以上对不同季节质量浓度分析比较可知,校园公共场所室内大气 PM_{10} 的污染水平具有明显的季节性和空间变化规律:图书馆室内 PM_{10} 质量浓度冬季>秋季>春季>夏季,餐厅室内则是冬季>春季>秋季>夏季。冬季和春季 PM_{10} 和 $PM_{2.5}$ 室内污染水平较高,特别是冬季图书馆 PM_{10} 和 $PM_{2.5}$ 超标率分别达 21% 和 93%,明显高于夏季和秋季,在冬秋季节图书馆室内污染水平明显高于餐厅,而春季和夏季则相反。

室内 PM_{10} 与 $PM_{2.5}$ 及相应室外 PM_{10} 浓度变化趋势基本一致,说明室内可吸入颗粒物的质量浓度除与室外环境因素有关外,还与室内建筑结构、通风量、渗透率和人活动量等因素有很大关系。

2.3.2　校园室内昼夜 PM_{10} 和 $PM_{2.5}$ 质量浓度的对比

2.3.2.1　采暖期室内 PM_{10} 和 $PM_{2.5}$ 质量浓度白天与晚上的对比

对室内空气质量的监测不但要考虑季节变化,还要考虑到不同时间段人活动量的多少对质量浓度的影响。作者为对比室内有人和无人活动,对大气颗粒物的质量浓度变化情况进行了监测。冬季采暖期室内密封比较好,室内空气流通不畅导致大气颗粒物不易扩散,如图2-22和图2-23分别是采暖期图书馆(11月9日—11月18日)和餐厅(11月19日—11月26日)白天和晚上室内 PM_{10} 和 $PM_{2.5}$ 质量浓度变化图,可以看出室内白天和晚上 PM_{10} 和 $PM_{2.5}$ 的质量浓度值呈很好的相关性;图书馆和餐厅室内 PM_{10} 和 $PM_{2.5}$ 的浓度波动很大,图书馆室内 PM_{10} 和 $PM_{2.5}$ 质量浓度分别在 $50\sim550$ $\mu g/m^3$ 和 $10.6\sim400$ $\mu g/m^3$ 之间;而餐厅室内质量浓度比图书馆室内质量浓度稍小,PM_{10} 和 $PM_{2.5}$ 分别在 $50\sim300$ $\mu g/m^3$ 和 $50\sim200$ $\mu g/m^3$。对于餐厅室内来说,白天室内 PM_{10} 和 $PM_{2.5}$ 的质量浓度都大于晚上,这主要是白天餐厅人活动量大,而且在关门之前工作人员要进行全面清洁,洒水,可以避免二次扬尘,所以采暖期餐厅室内晚上的空气质量与白天相比较好。虽然有研究表明,人的活动会大大增加室内粗颗粒物的浓度

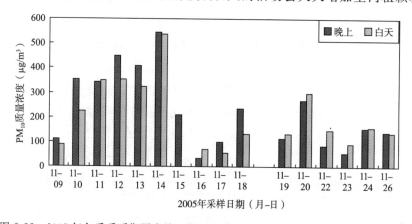

图 2-22　2005 年冬季采暖期图书馆和餐厅室内白天与晚上 PM_{10} 的质量浓度对比图

Fig. 2-22　The comparison of the indoor PM_{10} concentrations of daytime and nighttime in the library and canteen during the heating period of winter 2005

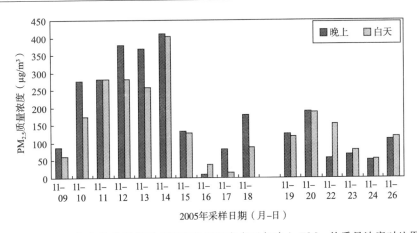

图 2-23　2005 年冬季采暖期图书馆和餐厅室内白天与晚上 PM$_{2.5}$ 的质量浓度对比图

Fig. 2-23　The comparison of the indoor PM$_{2.5}$ concentrations of daytime and nighttime in the library and canteen during the heating period of winter 2005

（熊志明等 2004，刘阳生等 2004，Markku 等 1999），但是采样期间图书馆室内 PM$_{10}$ 和 PM$_{2.5}$ 晚上的质量浓度要大于白天的，这可能是由于图书馆内白天使用空气转换装置的缘故，有研究表明颗粒物浓度与通风量成负相关关系（White 2005）；而且白天定时进行清洁，这些都可以改善室内空气质量，Markku 等（1999）在研究室内浓度的影响因素中也得出同样的结论。

2.3.2.2　非采暖期室内 PM$_{10}$ 和 PM$_{2.5}$ 质量浓度白天与晚上的对比

在非采暖期，图书馆（5 月 8 日—5 月 14 日）和餐厅（5 月 22 日—5 月 29 日）采集样品期间门窗都是敞开的，易于室内外空气流通，所以无论白天和晚上室内大气颗粒物的质量浓度都主要受室外环境的影响，从图 2-24 和图 2-25 可以看出非采暖期图书馆和餐厅室内大气 PM$_{10}$ 和 PM$_{2.5}$ 质量浓度白天与晚上也有一定的相关性（特殊天气除外）；不论是餐厅还是图书馆，对于 PM$_{10}$，白天的质量浓度普遍大于晚上的，而 PM$_{2.5}$ 的质量浓度则相反，白天室内人的活动量大，粗颗粒物多，夜间粗颗粒物则容易沉降下来造成细颗粒物较多。这与采暖期不同，采暖期餐厅室内白天 PM$_{10}$ 和 PM$_{2.5}$ 的质量浓度都大于晚上的，而图书馆室内的则相反。

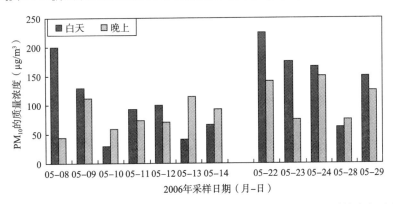

图 2-24　2006 年春季非采暖期图书馆和餐厅室内白天与晚上 PM$_{10}$ 的质量浓度对比图

Fig. 2-24　The comparison of the indoor PM$_{10}$ concentrations of daytime and nighttime in the library and canteen during non-heating period in spring 2006

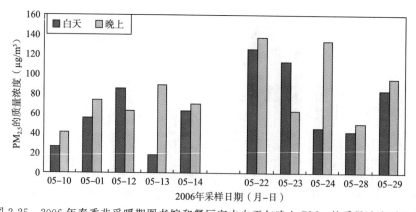

图 2-25　2006 年春季非采暖期图书馆和餐厅室内白天与晚上 $PM_{2.5}$ 的质量浓度对比图

Fig. 2-25　The comparison of the indoor $PM_{2.5}$ concentrations of daytime and nighttime in the library and canteen during non-heating period in spring 2006

2.3.3　校园室内 PM_{10} 的质量浓度与气象条件之间的关系

影响现代建筑物室内空气质量的原因有很多,室外大气污染物、通风空调系统、建筑和装饰材料、办公设备和家电、室内人员自身行为 5 个方面,所以分析影响室内空气质量的因素应根据其具体功能和所处地理位置,以及室内自身的建筑结构特点出发,这些因素很难把握,但它们导致的影响最终还是归根于室内温度、相对湿度和大气压强的区别上(蔡治平等 1999)。

2.3.3.1　冬季室内 PM_{10} 的质量浓度与气象条件之间的关系

冬季图书馆(11 月 13 日—11 月 18 日)和餐厅(11 月 19 日—11 月 23 日)室内大气 PM_{10} 的质量浓度与室内温度、相对湿度和压强之间的关系如图 2-26、图 2-27 和图 2-28 所示。可以看出,冬季采样期室内大气 PM_{10} 和 $PM_{2.5}$ 的质量浓度与相对湿度成正相关性,即相对湿度越大,大气 PM_{10} 的质量浓度越高,空气中湿度越大,颗粒物越不容易扩散,从而导致大气 PM_{10} 的污染水平越大;与压强成明显的负相关关系,即室内压强越大,大气 PM_{10} 的质量浓度越低;而

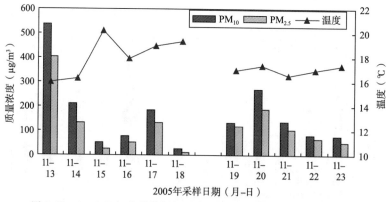

图 2-26　2005 年冬季采样期间图书馆和餐厅室内不同时间段大气

PM_{10} 和 $PM_{2.5}$ 的质量浓度与温度之间的关系

Fig. 2-26　Mass concentrations of PM_{10} and $PM_{2.5}$ in indoor air of library and canteen from Nov. 13rd to 23rd, 2005 and their relationships with temperature

与温度则没有明显的相关性,这是由于冬季室内温度变化不大的原因。在与气象条件之间的
关系上,室内和室外的影响因素还是有很大差别的,有研究表明室外大气颗粒物浓度受风速和
相对湿度的影响很大(杨书申等 2005)。

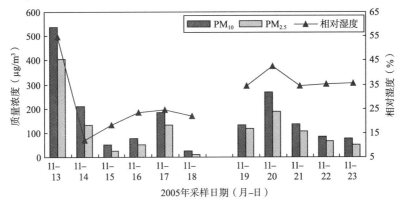

图 2-27　2005 年冬季采样期间图书馆和餐厅室内不同时间段
大气 PM$_{10}$ 和 PM$_{2.5}$ 的质量浓度与相对湿度之间的关系

Fig. 2-27　Mass concentrations of PM$_{10}$ and PM$_{2.5}$ in indoor air from Nov. 13th to
23rd,2005 and their relationship with relative humidity

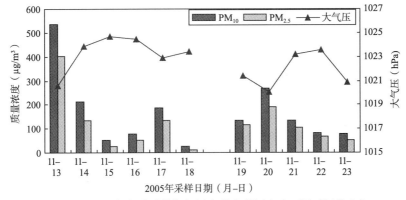

图 2-28　2005 年冬季采样期间图书馆和餐厅室内不同时间段大气
PM$_{10}$ 和 PM$_{2.5}$ 的质量浓度与压强之间的关系

Fig. 2-28　Mass concentrations of PM$_{10}$ and PM$_{2.5}$ in indoor air from Nov. 13th to 23rd,
2005 and their relationship with atmospheric pressure in winter

2.3.3.2　春季室内 PM$_{10}$ 的质量浓度与气象条件之间的关系

春季图书馆(2006 年 5 月 8 日—5 月 14 日)和餐厅(2006 年 5 月 19 日—5 月 23 日)室内
大气 PM$_{10}$ 和 PM$_{2.5}$ 的质量浓度与室内温度、相对湿度和压强之间的关系如图 2-29、图 2-30 和
图 2-31 所示(A 代表白天,B 代表晚上)。可以看出,春季采样期图书馆和餐厅室内大气 PM$_{10}$
和 PM$_{2.5}$ 的质量浓度与相对湿度和压强都有相关性,图书馆和餐厅室内大气 PM$_{10}$ 和 PM$_{2.5}$ 的
质量浓度与其室内相对湿度都成正相关性,即相对湿度越高,大气 PM$_{10}$ 的质量浓度越高,相对
湿度越大,颗粒物就越不容易扩散,从而导致大气 PM$_{10}$ 的污染水平越大;与压强成明显的负相
关关系,即室内压强越大,大气 PM$_{10}$ 的质量浓度越低。与冬季相同,春季图书馆室内大气
PM$_{10}$ 和 PM$_{2.5}$ 的质量浓度与温度没有明显的相关性,原因有待进一步研究。

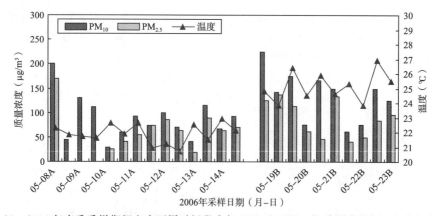

图 2-29　2006 年春季采样期间室内不同时间段大气 PM$_{10}$ 和 PM$_{2.5}$ 的质量浓度与温度之间的关系

Fig. 2-29　Mass concentrations of PM$_{10}$ and PM$_{2.5}$ in indoor air from May 8th to 23rd，2006 and their relationship with temperature

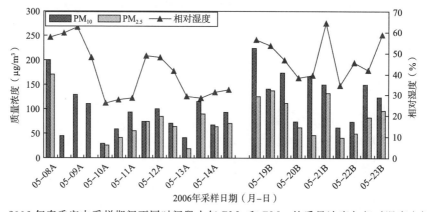

图 2-30　2006 年春季室内采样期间不同时间段大气 PM$_{10}$ 和 PM$_{2.5}$ 的质量浓度与相对湿度之间的关系

Fig. 2-30　Mass concentrations of PM$_{10}$ and PM$_{2.5}$ in indoor air from May 8th to 23rd，2006 and their relationship with relative humidity

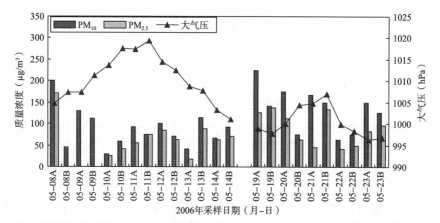

图 2-31　2006 年春季室内采样期间不同时间段大气 PM$_{10}$ 和 PM$_{2.5}$ 的质量浓度与室内压强之间的关系

Fig. 2-31　Mass concentrations of PM$_{10}$ indoors and their relationship with atmospheric pressure in spring

2.3.3.3　夏季室内 PM₁₀ 的质量浓度与气象条件之间的关系

夏季图书馆(2006 年 8 月 16 日—8 月 23 日)和餐厅(2006 年 8 月 24 日—8 月 30 日)室内大气 PM₁₀ 的质量浓度与室内温度、相对湿度和压强之间的关系如图 2-32、图 2-33 和图 2-34 所示。可以看出,夏季图书馆和餐厅室内大气 PM₁₀ 的质量浓度与室内温度、相对湿度和压强都有很强相关性。图书馆和餐厅室内大气 PM₁₀ 的质量浓度与其室内温度和相对湿度有很明显的正相关性,即温度和相对湿度越高,大气 PM₁₀ 的质量浓度越高;与压强呈明显的负相关关系,即室内压强越大,大气 PM₁₀ 的质量浓度越低。在监测中夏季图书馆和餐厅室内温度在 23~28℃符合国家室内标准(夏季空调 22~28℃),相对湿度在 30%~70%(国家标准 40%~80%);而冬季采暖期室内温度在 16~20℃(国家标准在 16~24℃),湿度在 20%~40%(国标 30%~60%)。可以看出,夏季图书馆和餐厅室内空气质量较冬季好。

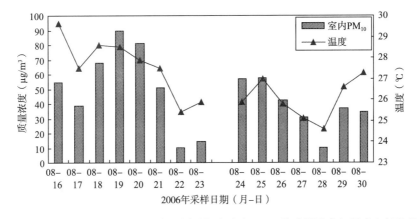

图 2-32　2006 年夏季采样期间室内不同时间段大气 PM₁₀ 的质量浓度与温度之间的关系

Fig. 2-32　Mass concentrations of PM₁₀ in indoor air from May 8th to 23rd, 2006 and their relationship with temperature

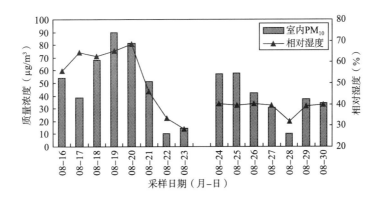

图 2-33　2006 年夏季室内采样期间不同时间段大气 PM₁₀ 的质量浓度与相对湿度之间的关系

Fig. 2-33　Mass concentrations of PM₁₀ in indoor air from May 8th to 23rd, 2006 and their relationship with relative humidity

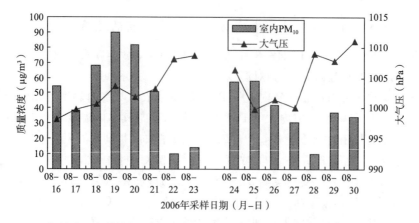

图 2-34　2006 年夏季室内采样期间不同时间段大气 PM$_{10}$ 的质量浓度与室内大气压之间的关系

Fig. 2-34　Mass concentrations of PM$_{10}$ indoors and their relationship with atmospheric pressure in summer

2.3.3.4　秋季室内 PM$_{10}$ 的质量浓度与气象条件之间的关系

对于秋季图书馆(2006 年 10 月 4 日—10 月 8 日)和餐厅(2006 年 10 月 9 日—10 月 12 日)室内在不同时间段大气 PM$_{10}$ 的质量浓度与室内温度、相对湿度和压强之间的关系如图 2-35 所示。

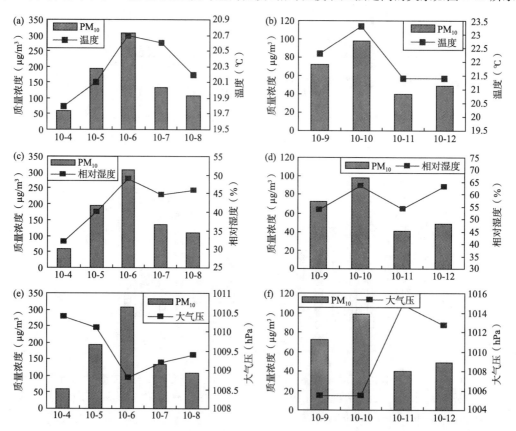

图 2-35　秋季采样期间图书馆(a,c,e)和餐厅(b,d,f)室内 PM$_{10}$ 的质量浓度与温度、相对湿度和大气压之间的关系

Fig. 2-35　Mass concentrations of PM$_{10}$ and their relationship with temperature, humidity and atmospheric pressure in the library (a, c, e) and canteen (b, d, f) indoors during the autumn sampling period.

　　因为秋季图书馆和餐厅室内条件相差很大,所以把图书馆和餐厅室内 PM_{10} 的质量浓度和气象条件之间的关系分别来对比,可以明显地看出,秋季采样期图书馆和餐厅室内大气 PM_{10} 和 $PM_{2.5}$ 的质量浓度与温度、相对湿度和压强都有很明显的相关性,与夏季相同。秋季图书馆和餐厅室内大气 PM_{10} 的质量浓度与其室内温度和相对湿度都呈明显的正相关性,室内温度和相对湿度越高时,大气 PM_{10} 的质量浓度越高,与压强成明显的负相关关系,即室内压强越大,大气 PM_{10} 的质量浓度越低。

　　总的来说,本次研究中不同季节公共场所室内 PM_{10} 和 $PM_{2.5}$ 的质量浓度与其室内温度、相对湿度和压强都有一定的相关性,一般与相对湿度呈正相关关系,与压强呈负相关关系;夏秋季节室内 PM_{10} 与温度有明显的正相关关系,春冬季节则不明显。

2.4　小结及建议

2.4.1　小结

　　(1)北京市室外 PM_{10} 的质量浓度变化有一定的规律。北京市市区大气 PM_{10} 的浓度高于郊区 PM_{10} 的浓度;冬季和春季大气 PM_{10} 的浓度高于夏季 PM_{10} 的浓度;

　　(2)北京市室内 PM_{10} 质量浓度变化具有一定的规律性。一般室内 PM_{10} 的浓度低于室外;市区室内 PM_{10} 的质量浓度高于郊区室内 PM_{10} 的质量浓度;冬季和春季室内 PM_{10} 浓度明显高于夏季室内 PM_{10} 的浓度;吸烟室内的 PM_{10} 的浓度高于无吸烟室内。

　　(3)受室外大气环境的影响,北京市室内/外 PM_{10} 的 $I/O \leqslant 1$,平均 $0.6 \sim 0.9$,这与亚洲地区严重的室外环境污染密切相关;吸烟室内的 I/O 高于无吸烟室内的 I/O;厨房内 I/O 变化很大。I/O 的影响因素较多,因此 I/O 的值的变化范围较大。

　　(4)北京市室内污染情况还比较严重,不仅包括室内污染源吸烟、烹饪,而且室外大气环境 PM_{10} 对室内也起重要作用。

　　(5)由于影响室内 PM_{10} 浓度的影响因素较多,因此北京市室内和室外 PM_{10} 的相关性很差($R^2 \leqslant 0.04$)。但是,在室内没有明显的污染源的情况下,其相关性良好。

　　(6)校园公共场所室内 PM_{10} 的污染水平具有明显的季节性变化:图书馆室内 PM_{10} 质量浓度冬季>秋季>春季>夏季,餐厅则是冬季>春季>秋季>夏季;冬春季 PM_{10} 和 $PM_{2.5}$ 室内污染水平较高,明显高于夏季和秋季;在冬秋季节图书馆室内污染水平明显高于餐厅,而春夏季节则相反。

　　(7)采暖期餐厅室内白天 PM_{10} 和 $PM_{2.5}$ 的质量浓度都大于晚上,而图书馆室内则相反;非采暖期图书馆和餐厅室内 PM_{10} 的质量浓度白天一般大于晚上,而 $PM_{2.5}$ 则相反。

　　(8)校园公共场所室内可吸入颗粒物的质量浓度除与室外环境因素有关外,还与室内自身环境有很大关系。

　　(9)校园公共场所室内 PM_{10} 和 $PM_{2.5}$ 的质量浓度与室内相对湿度呈明显的正相关关系,与压强呈明显的负相关性;夏秋季节室内 PM_{10} 与温度有明显的正相关关系,春冬季则不明显。

2.4.2　控制室内 PM_{10} 污染的建议

　　降低室内 PM_{10} 的浓度必须从以下几方面做起:

(1)使用清洁燃料,减少烹饪油烟和能源消耗,降低颗粒物污染。生物质、煤、煤气是目前我国烹饪、取暖的主要燃料。其中,天然气相对来说是一种较为洁净燃料,燃烧后产生污染物较少;而煤气又次于天然气而优于煤和生物质。

(2)降低吸烟数量,建立吸烟有害健康的理念。在我国有 70%～80% 的成年男性吸烟,吸烟者及周围的人,每天主动或被动地吸入大量烟雾,对人体造成极大危害。因此,应建立吸烟有害健康的理念,提倡创建无烟城市。

(3)切断室外颗粒物污染源。如消烟除尘、发展天然气燃料、减少汽车尾气排放、建筑工地强化管理、防止扬尘等。

(4)减少室内卫生扬尘,保持室内通风。

(5)种植绿色植物。种植植物不仅可以降低 PM_{10} 的浓度,还可以改善室内景观。

3　居室及公共场所室内 PM₁₀ 的微观形貌及来源分析

大气颗粒物是多相聚集不均匀结构的混合物,它是由许多不同化学组成的单个颗粒物集合而成的总体。多年来大量大气颗粒物的表征都用总体(bulk)颗粒样品,它只能代表总体样品中组分的平均水平。大气颗粒物的化学组成不恒定,甚至同一排放源的总体颗粒样品的组成也不完全均一;但是由同一源排放的单个颗粒其化学组成大多具有特定均一的组成,更能反映该排放源的特征,用它来进行表征、污染源识别或研究颗粒物的形成机制、生态效应等都具有独特的信息特征和正确性。因此,近年来单颗粒分析已经成为大气颗粒物研究的一个前沿领域。

单颗粒分析能够提供全样分析方法所无法提供的大量信息,它提供了关于颗粒物的粒度分布、大小、来源、成分及化学变化等,而且单个颗粒物分析的数据可以用来作为自然源或人为源的"指纹"(Ma 等 2001)。光学显微镜和电子显微镜是分析颗粒物显微特征的重要工具,电子显微镜包括扫描电镜(SEM)、透射电镜(TEM)、场发射扫描电镜(FESEM)以及环境扫描电镜(ESEM)等,其中扫描电镜和场发射扫描电镜是分析单颗粒物表征的理想工具,而且结合 X 射线能谱,可以同时观测到颗粒物的形貌、化学成分及粒度分布等特征(BéruBé 等 1997,1999a,1999b;Ma 等 2001),这一技术的最大优势是可以同时提供颗粒物的形貌和成分的信息。SEM/EDX 不仅可以观察颗粒物的形貌特征,而且能够测定颗粒物表面的化学成分,而 TEM 则可以分析颗粒物的内部化学元素组成。ESEM 和 FESEM 的应用,极大地提高了颗粒物的图像分辨率,为研究超细颗粒物(UFP)提供了有效手段;"窄视窗"或"无视窗"探测器使得对 C、N、O 等元素的探测成为可能,增加了电子显微镜的应用范围,因此,扫描电镜在未来的一段时间内仍将是研究大气单颗粒物的有力工具。

国外学者对单颗粒物的形貌特征和化学成分研究已经取得重要进展(Iwasaka 1988,Conner 等 2001),而我国在这方面的研究还很少,特别是室内 PM₁₀ 单颗粒形貌特征的研究还不多。因此,作者应用扫描电镜和场发射扫描电镜研究了北京市室内可吸入颗粒物的形貌特征和化学成分,并进行了室内/外颗粒物的形貌对比,为图像分析提供了基础资料。

3.1　扫描电镜工作原理及在大气颗粒物研究中的应用

3.1.1　扫描电镜及 X 射线能谱仪的结构与原理

3.1.1.1　扫描电镜的结构与原理

扫描电子显微镜/X 射线能谱(Scanning Electron Microscope/Energy Dispersive X-ray Spectrometer,SEM/EDX)是以电子束为照明源,把聚焦得很细的电子束以光栅状扫描方式照射到试样上,产生各种与试样性质有关的信息,然后加以收集和处理,从而获得微观形貌放大像的一种显微镜。它主要由电子光学系统、信息检测系统、扫描系统、真空系统和电源系统等组成(图 3-1)(梁汉东 2002,张慧等 2003)。电子光学系统由电子枪(一般为热钨丝)、电磁透镜、扫描线圈、样品室组成;信息检测系统由各种类型的探测器、放大器、电信息处理单元、显示器及相应的记录设备组成;扫描系统由扫描信号发生器、扫描放大器组成,这三个系统共同完成扫描电镜的成像过程。真空系统由机械泵、油扩散泵、各种真空阀和真空检测单元组成,电源系统由一系列变压器、稳压器及相应的安全控制线路组成,这两个系统是实现扫描电镜功能的基本环境要求。

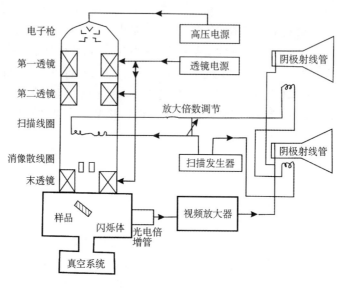

图 3-1　扫描电镜示意图(据张慧等 2003)

Fig. 3-1　Frame schematic diagram of scan electron microscope (adapted from Zhang *et al*, 2003)

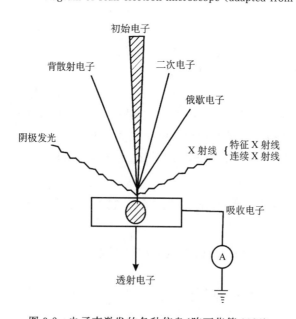

图 3-2　电子束激发的各种信息(陈丽华等 1986)

Fig. 3-2　Signals excited by electron beam (adapted from Chen *et al*, 1986)

当给电子枪一定的电压和电流时，便由灯丝发射出直径为 50 μm 一束电子，在加速电压（1~50 kV）的作用下，形成直径为 5 nm 左右的高能入射电子束。具有一定能量的入射电子束直接轰击固体样品表面时，从样品中激发出二次电子、背散射电子、特征 X 射线等电子信息（陈丽华等 1986）（图 3-2）。这些信息分别被检测系统和扫描系统收集、处理，使其转变为各种图像，并输送到显示器（荧光屏）上，以供观察、分析、照相等。

与其他电子图像相比（表 3-1），二次电子图像的空间分辨率为 5~6 nm，是扫描电子图像中分辨率最高、立体感最强的图像。它能够真实而清晰地反映样品表面形貌，并能使粗糙的表面，甚至空洞中的细微结构显示出来，因此常用来做图像分析。

表 3-1 电子束激发的各种信息的功能和应用

Table 3-1 Signals excited by electron beam and their basic properties and uses

信　息	能量(eV)	发射深度(nm)	图像分辨率(nm)	用　途
二次电子	0~50	5±	5~6	研究表面形貌
背散射电子	接近入射电子	较小	50~200	研究表面形貌和成分
吸收电子	低		100~1000	研究表面形貌和成分
俄歇电子	10~3000	1±	数千	研究微区轻元素和化学键
特征 X 射线	取决于原子序数	3000±	数千	研究微区成分
阴极发光	1.7~3.1	变化范围大	1000±	研究发光微粒、晶格缺陷
透射电子	接近入射电子	超薄样品	0.25	研究微粒和晶格结构

3.1.1.2 X 射线能谱分析的结构与组成

特征 X 射线主要用于微区成分分析（Microanalysis），即进行元素鉴定和组成分析。样品中的每一种元素均产生具有特征能量和波长的 X 射线，因此可以使用 X 射线能谱仪（EDX）和 X 射线波谱仪（WDX）进行探测。WDX 是指通过检测电子轰击样品后发出的特征 X 射线的波长而进行样品中元素的定性和定量分析。EDX 是指通过检测电子轰击样品后发出的特征 X 射线的能量而进行样品中元素的定性和定量分析。与 WDX 相比，EDX 分析速度快，检测效率高，操作简单，但是只能分析原子序数大于 11(Na)的元素（廖乾初等 1990）。

X 射线能谱分析法的特点是直接对从样品中所激发出来的特征 X 射线进行定量分析，X 射线能谱分析系统主要由 Si(Li)检测系统、主放大器、多道脉冲分析器和计算机系统四部分组成（图 3-3）。其中 Si(Li)检测系统通过液氮系统冷冻，保持在低温 100K 左右。

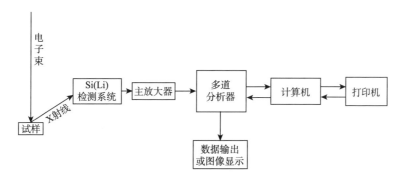

图 3-3 X 射线能谱分析系统的工作原理图（廖乾初等 1990）

Fig. 3-3 Schematic diagram of Energy Dispersive X-ray Spectrometer (adapted from Liao *et al*, 1990)

3.1.2　扫描电镜在大气颗粒物研究中的应用

扫描电镜已经被成功地应用于大气颗粒物的研究,并取得了大量关于颗粒物的形貌、大小、粒度分布、成分、来源、气溶胶化学等方面的成果。

在国外,英国 Cardiff 大学的 BéruBé 等(1999b)及 Richards(2001)利用 SEM/EDX 和透射电镜研究了英国室内可吸入颗粒物的形貌和成分,取得很大的成功;BéruBé 等(1999a)使用 TEM 和 FESEM 研究了机动车尾气颗粒物(DEP)的微观形貌特征,并且把 DEP 分为 3 种类型;Piña 等(2002)使用 SEM 和 TEM 对墨西哥 San Luis Potosi 大气中的含铅颗粒进行研究,并提供了高分辨率的显微图像;德国 Leipzig 大学 Franck 等(2003)利用 SEM/EDX、FESEM、EPMA(电子探针显微分析)等手段对室内 PM_{10}、PM_1 和 UFP(超细颗粒物)的形貌和成分进行了研究,并且详细地确认了不同粒级的颗粒物对人体呼吸系统的影响。在国内,汪安璞等(1996)利用 SEM/EDX 分析了北京市单颗粒物的形貌和元素成分;张代洲等(1998)对单个硫酸盐颗粒和沙尘粒子分别做了 X 射线能谱分析,并利用扫描电镜对各颗粒物的形貌做了初步的分类;董树屏等(2001)使用 SEM/EDX 识别出广州大气颗粒物的主要类型;邵龙义等(2003)使用扫描电镜和图像分析技术测量大气颗粒物的数量-粒度和体积-粒度分布。

应用单颗粒表征的方法不仅可以获得颗粒物的微观形貌特征,而且可以通过对环境大气中大量颗粒(几千到几万个)的统计分析得出了定量或半定量的源解析结果。Anderson 等(1988)基于对美国亚利桑那州钱德勒市单个颗粒物的成分研究结果把颗粒物分为含铅颗粒、含铜颗粒、含锌颗粒、含磷颗粒和含硫颗粒;Ro 等(2000)依据单个颗粒物的化学成分将颗粒物分为五类,即碳质颗粒、土壤来源颗粒、硝酸盐颗粒、硫酸盐颗粒和铁氧化物颗粒;Katrinak 等(1995)将大气颗粒物分为矿物颗粒、富金属元素颗粒、富硫颗粒、海盐颗粒和零计数颗粒(未探测到的元素)。在国内也取得一定的进展。刘咸德等(1994)将青岛大气颗粒物分为:土壤扬尘、燃煤飞灰、硫酸钙、二次颗粒物、有机质颗粒物、天然海盐、工业钡盐和其他类型工业排放等;时宗波(2003)根据形貌特征将北京市的大气 PM_{10} 分为烟尘集合体、燃煤飞灰、矿物颗粒、生物颗粒、超细颗粒、煤屑、残碳和海盐 8 类颗粒。

环境颗粒物的电镜研究已经取得重大成果,但是存在一些问题。这主要包括:滤膜的选择,聚碳酸酯滤膜是一种理想的单颗粒物形貌分析的滤膜;单颗粒物分析的样品制备问题,这主要涉及如何提高分辨率以及如何防止改变颗粒物原始状态等;单颗粒的 X 射线定量分析的准确度和精确度在很大程度上依赖于颗粒的形态、大小和成分,目前还没有标准方法,而且 EDX 对于挥发性和半挥发性成分的测量以及单颗粒物中的微量重金属元素的测量还很困难;有些污染源排放的颗粒物具有类似的特征,所以电镜下难以区分它们,如燃煤排放的碳质颗粒和汽车尾气中的碳质颗粒物目前还难以区分。虽然存在上述问题,但电子显微镜仍是唯一能够同时提供大气颗粒物的形貌和成分的工具。

3.2　居室室内及公共场所室内 PM_{10} 的微观形貌

3.2.1　样品制备

为获得高清晰度图像,采用如下的制样方法:

(1)小块的聚碳酸酯滤膜难以平坦地放置在传统的 SEM 针脚式桩上,因为用于固定滤膜的导电胶(环氧树脂,Araldite)在毛细管效应的作用下会通过滤膜孔,从而改变滤膜表面和颗粒物的形态(图 3-4)。为了解决这个问题,需要将滤膜和导电胶隔离开来,这样做的目的是保证滤膜上的颗粒物不会变形,同时还可以保证电子通道的存在,防止样品的"荷电作用"(邵龙义等 2006)。

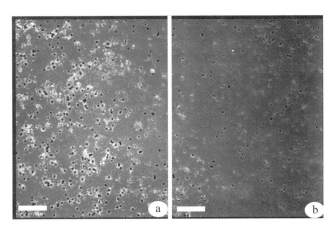

图 3-4　环氧树脂对滤膜孔的毛细作用,比例尺 10 μm(BéruBé 等 1997)

(a)滤膜孔未受到影响;(b)滤膜受到树脂的毛细作用,图像比较模糊,分辨不清

Fig. 3-4　Capillary action on the filter pores by Araldite, scale bar 10 μm (adapted from BéruBé *et al*, 1997)

(a) no destruction on filter pores; (b) destruction via capillary action of resin through filter pores

(2)将内径为 4 mm 的铜垫圈通过环氧树脂安装在铝制针脚桩上。两小时以后,再将一小滴环氧树脂滴在垫圈的一侧,从而在垫圈的上表面和 SEM 桩之间形成一个导电"桥"。

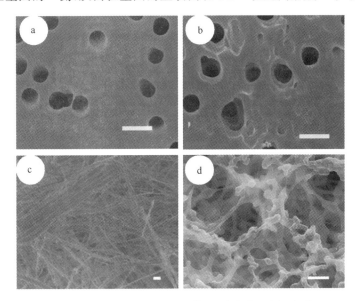

图 3-5　不同类型滤膜的 FESEM 图像(图中白色比例尺长为 1 μm)

(a)聚碳酸酯滤膜的正面;(b)聚碳酸酯滤膜的反面;(c)玻璃纤维滤膜;(b)赛璐珞滤膜

Fig. 3-5　FESEM images of filters(scale bar 1 μm)

(a) front of polycarbonate filters; (b) back of polycarbonate filters; (c) glass fiber filters; (d) celluloid filters

（3）在垫圈上三个位置分别滴三滴环氧树脂。剪下一个直径 5 mm 的采集有颗粒物样品的滤膜，平整地放置于垫圈上，用镊子轻压滤膜，形成一个"鼓状"结构。若获得更清晰的图像，在电镜分析之前，应将样品镀上厚度为 20 nm 的金（Cressington 208 HR）；若进行除了 C 以外的单颗粒成分分析，则可对样品镀碳。

在滤膜选择上，作者比较不同材质的滤膜产生的图像效果（图 3-5）。从图中可以看出，聚碳酸酯滤膜（图 3-5 a）表面比较光滑；玻璃纤维滤膜（图 3-5c）和赛璐珞滤膜（图 3-5d）的表面十分不平整，滤膜本身存在纤维状和链状结构，会对颗粒物的观察产生干扰，特别是在进行图像分析的时候，影响颗粒物形貌的观察，不适合于颗粒物微观形貌的分析。因此，本次研究选择聚碳酸酯滤膜进行扫描电镜分析。但是，聚碳酸酯滤膜的正面（图 3-5 a）和反面（图 3-5b）相差很大，正面光滑，而反面很不平整，在采样时应该注意将正面（光面）朝着进气方向。图 3-5 a 中的滤膜孔，孔径为 0.67 μm。

3.2.2　居室室内及公共场所室内 PM_{10} 的主要单颗粒类型

3.2.2.1　烟尘集合体

烟尘集合体是城市环境颗粒物污染的主要类型之一，也是室内颗粒物的主要类型。BéruBé 等（1999b）研究发现，烟尘集合体是英国室内颗粒物的主要类型。烟尘主要由燃烧源排放，包括燃煤、汽车尾气、吸烟及生物质燃烧等产生（Li 等 2003，李金娟等 2006）。X 射线能谱（EDX）表明，烟尘集合体的主要成分是 C，有时也有少量的 O、S 等。烟尘集合体的特征比较明显一般呈链状（图 3-6）。从图 3-6 可以看出烟尘集合体由粒径较小的超细颗粒物（a）发展到单链状（b、c、d），然后聚集形成蓬松状（图 3-6e、f、g、h）。一般烟尘集合体由于含有硫元素，容易被吸湿（图 3-6d）（赵厚银 2004，杨书申 2006）。烟尘集合体由超细颗粒物组成，在高分辨率场发射扫描电镜和高放大倍数下，可观察到单个颗粒物的形态，基本上呈球形和多面体（图 3-7），粒度很小在 20～50 nm 左右。

不同类型的燃烧源排放的颗粒物中烟尘集合体的形貌是不同的（图 3-8）。燃柴的烟尘集合体呈现"葡萄状"（图 3-8a）；燃煤的烟尘集合体呈链状（图 3-8b），与时宗波（2003）的室外燃煤烟尘集合体类似；天然气燃烧产生的烟尘集合体主要由细颗粒物组成（图 3-8c），由于条件所限，无法探测其成分。其中燃煤的烟尘集合体和机动车尾气的烟尘集合体形貌比较类似，但柴油机动车尾气颗粒物（DEP）（图 3-8d）的粒径一般为 10～50 nm。吸烟和无吸烟室内的烟尘集合体的形貌也是不同的（图 3-8e、f），其中无吸烟室内烟尘集合体呈蓬松状，但吸烟室内的烟尘集合体凝结在一起呈花絮状。

3.2.2.2　球形颗粒

主要指电子显微镜下看到的球形、椭球形的颗粒，主要是燃煤飞灰，但也有二次粒子呈球形和椭球形。其粒度变化范围很大，从几百纳米到几微米。燃煤飞灰一般呈球形（图 3-9a、b），表面光滑，但也有部分飞灰表面被超细颗粒物或其他的颗粒物或烟尘集合体等覆盖（图 3-9c、d），可能是燃煤时排放的超细颗粒物或烟尘集合体被吸附在表面（孙俊民 1999），其 X 射线能谱（EDX）显示的主要元素为 Si、Al，有时其成分全部为 C，主要由燃煤或其他生物质燃烧排放（汤达祯等 2000）。有的燃煤飞灰因为某种原因变形（图 3-9b、d、e），呈椭球形、桃形或表面缺陷。图 3-9b、d、e 显示的是在燃煤附近采集的燃煤飞灰，它们的形状各异，可能在空

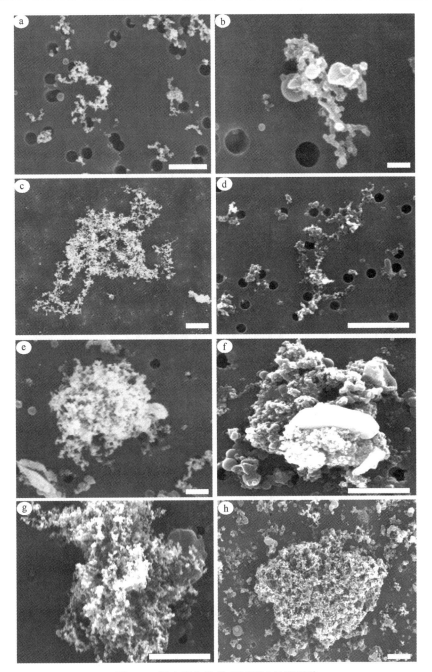

图 3-6　烟尘集合体的 FESEM 显微形貌

(a)少数超细颗粒物组成烟尘集合体(白色比例尺长 5 μm);(b)单个链状烟尘集合体(白色比例尺长 1 μm);(c)多个链状烟尘集合体(白色比例尺长 20 μm);(d)吸湿的烟尘集合体(白色比例尺长 5 μm);(e)密集的烟尘集合体(白色比例尺长 5 μm);(f)附有矿物的烟尘集合体(白色比例尺长 2 μm);(g)多个链状组成的烟尘集合体(白色比例尺长 2 μm);(h)"蓬松状"烟尘集合体(白色比例尺长 5 μm)

Fig. 3-6　FESEM image of soot aggregates

(a) soot aggregates formed by few ultra particles(scale bar 5 μm); (b) individual chain soot aggregates(scale bar 1 μm); (c) soot aggregates composed of chain aggregates(scale bar 20 μm); (d) wet aggregates(scale bar 5 μm); (e) compact soot aggregates (scale bar 5 μm); (f) soot aggregates with minerals (scale bar 2 μm); (g) soot aggregates composed of much chain aggregates(scale bar 2 μm); (h) fluffy soot aggregates(scale bar 5 μm)

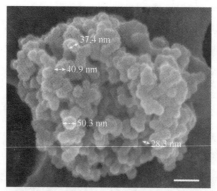

图 3-7　FESEM 高倍放大后烟尘集合体的形貌特征(白色比例尺长 100 nm)

Fig. 3-7　FESEM images of soot aggregates under higher magnification(scale bar 100 nm)

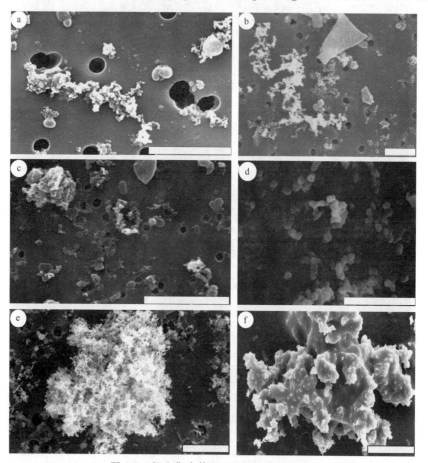

图 3-8　烟尘集合体的 FESEM 显微形貌

(a)燃柴源附近采集的烟尘集合体(白色比例尺长 2 μm);(b)燃煤源附近采集的烟尘集合体(白色比例尺长5 μm);(c)燃天然气附近采集的烟尘集合体(白色比例尺长5 μm);(d)柴油机动车尾气颗粒物(白色比例尺长200 nm)(Richards2001);(e)无吸烟室内采集的烟尘集合体(白色比例尺长2 μm);(f)吸烟室内采集的烟尘集合体(白色比例尺长2 μm)

Fig. 3-8　FESEM images of soot aggregates

(a) soot aggregates collected near biomass burning sources(scale bar 2 μm); (b) soot aggregates collected near coal burning sources(scale bar 5 μm); (c) soot aggregates collected near natural gas burning sources(scale bar 5 μm); (d) diesel exhaust particles(scale bar 200nm)(Richards, 2001); (e) soot aggregates collected from non-smokers' homes (scale bar 2 μm); (f) soot aggregates collected from smokers' homes(scale bar 2 μm).

气中发生了某些化学反应或者是燃煤炉的变化,改变了燃煤飞灰的形状。BéruBé 等(1999b)在室内还发现了有孔的燃煤飞灰,但是在此研究中没有出现。在北京市,燃煤飞灰主要出现在市区的冬季和郊区。市区由于部分采暖还以燃煤为主,而郊区还有很多家庭使用煤作为烹饪、取暖的材料,燃煤飞灰出现的几率相对较高。有些成分以硫酸盐或硝酸盐为主要成分的椭球形的颗粒,一般为在空气中大气化学反应形成的二次粒子。

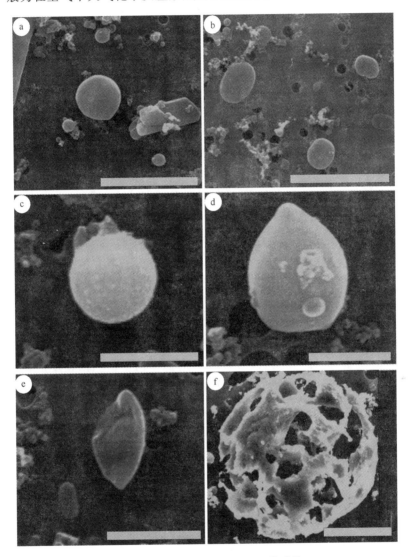

图 3-9　球形颗粒的 FESEM 显微形貌

(a)表面平滑的燃煤飞灰(白色比例尺长 5 μm);(b)变形的燃煤飞灰(白色比例尺长 5 μm);(c)表面有超细颗粒物的燃煤飞灰(白色比例尺长 5 μm);(d)变形的燃煤飞灰(白色比例尺长 1 μm);(e)变形的燃煤飞灰(白色比例尺长 5 μm);(f)多孔的燃煤飞灰(白色比例尺长 2 μm)(BéruBé 等 1999b)

Fig. 3-9　FESEM images of spherical particles

(a) coal fly ash with smooth surface(scale bar 5 μm); (b) deformed coal fly ash(scale bar 5 μm); (c) coal fly ash with ultra fine particles(scale bar 5 μm); (d) deformed coal fly ash(scale bar 1 μm); (e) deformed coal fly ash(scale bar 5 μm); (f) coal fly ash with pores(scale bar 2 μm)(BéruBé *et al*, 1999)

3.2.2.3　矿物颗粒

矿物颗粒是室外大气 PM_{10} 中的主要组分之一,特别是沙尘暴期间(吕森林等 2005)。室内矿物颗粒出现的几率也比较高,其主要来源是室外进入室内的颗粒物,二次扬尘、磨损以及墙壁剥落产生的矿物灰尘等。室外的矿物颗粒通过室内/外空气交换进入室内,一般包括建筑扬尘、风起表土尘、道路扬尘和工业扬尘等(贺小春等 2005),它们一般为不规则状,进入室内后在大气中发生二次化学反应生成矿物颗粒(新生矿物),新生矿物通常具有规则、完整的晶形。Conner 等(2001)对巴尔的摩养老院的研究发现,室内的矿物颗粒可能由化妆品如粉、染色剂等所产生。

室内的矿物颗粒一般为规则的长条状、长方体状结晶形貌(图 3-10)或不规则形状(图 3-11),其中长条状的石膏出现的频率较高(图 3-10a～c,图 3-10e～g)。BéruBé 等(1999b)对英国室内颗粒物的研究发现,矿物颗粒为正方形海盐颗粒(图 3-10d),由于靠近海边的缘故出现频率很高,但在本次研究中没有发现海盐颗粒。时宗波(2003)对北京市大气颗粒物的研究中,发现海盐颗粒出现的频率很低。

不规则形状的矿物也是室内可吸入颗粒物的主要组成部分,它们的形貌差异很大(图3-11),主要成分为 Al、Fe、Ca、Mg 等元素,可能为黏土矿物颗粒、伊利石、绿泥石等矿物(赵厚银 2004)。图 3-11e 和 f 显示的矿物是春季郊区无吸烟室内特有的,在矿物的表面黏附石膏颗粒,在其他地方没有发现。

矿物颗粒的单颗粒形貌特征比较简单,按其形貌特点可以分为单个矿物(图 3-10 中 b)和矿物集合体(图 3-10 中 a)两类,本次研究中室内矿物主要以单个矿物为主,因为室内粗颗粒物浓度较室外小,颗粒物聚集机会少(室外矿物主要以集合体形式存在)。矿物的表面常黏有一些烟尘、飞灰和超细颗粒物。规则矿物主要为多边体(图 3-10 中 c)、长条状(图 3-10 中 c)、柱状及溶蚀状(图 3-10 中 e、f、g)和簇状(图 3-10 中 f)。室内矿物颗粒成分非常复杂,而且无论在室内还是室外对体积-粒度,进而对质量-粒度的贡献很大(见第 4 章),必须进一步加强矿物颗粒的研究。

3.2.2.4　生物质颗粒

生物质颗粒具有特殊的形貌特征,比较明显的有花状、孢子状、蘑菇状和半壳状(图 3-12 a～d,图 3-13)。图 3-12 a 和 c 显示的孢粉颗粒,同 BéruBé 等(1999b)在英国室内采集的孢粉颗粒相似(图 3-12e),但图 3-12f 的真菌孢子没有在北京的居室室内发现。图 3-12 a～d 显示的生物颗粒都是采于郊区春夏季室内,这些生物质颗粒在市区很少见到,这是由于郊区室外的树木、花草比较多的缘故。生物颗粒不仅来源于室内/外的自然源如植物花粉、孢子等,还有人为源如人的毛发、皮屑等。通常包括真菌、细菌和病毒等(罗晓熹等 2005,贡建伟等 2005,段学军等 2005)。生物质颗粒的主要成分是 C,可能还含有 S,K,Al,Si,Na 等特征元素(赵厚银 2004)。

图 3-10　规则矿物的 FESEM 显微形貌

(a)长条矿物(白色比例尺长 5 μm);(b)长方体矿物(白色比例尺长 2 μm);(c)长条矿物(白色比例尺长 5 μm);(d)海盐(白色比例尺长 2 μm)(BéruBé 等 1999b);(e)长条矿物,表面被烟尘集合体覆盖(白色比例尺长 2 μm);(f)石膏(白色比例尺长 1 μm)(BéruBé 等 1999b);(g)长条矿物,表面附有另一种矿物(白色比例尺长 1 μm);(h)簇状矿物(白色比例尺长 1 μm)

Fig. 3-10　FESEM images of regular mineral particles

(a) long-axis mineral(scale bar 5 μm); (b) cuboid mineral(scale bar 2 μm); (c) long-axis mineral(scale bar 5 μm); (d) sea salt(scale bar 2 μm)(BéruBé, 1999b); (e) cuboid mineral, coated with soot aggregates (scale bar 2 μm);(f) gypsum(scale bar 1 μm)(BéruBé, 1999b); (g) long-axis mineral, coated with another minerals(scale bar 1 μm); (h) cluster mineral(scale bar 1 μm).

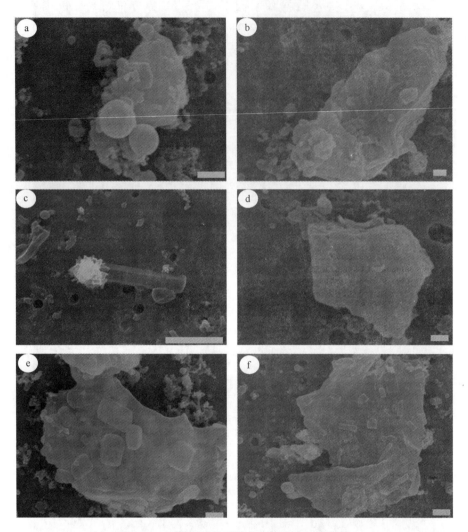

图 3-11　不规则矿物颗粒的 FESEM 显微形貌

(a)不规则矿物,附有燃煤飞灰(白色比例尺长 1 μm);(b)矿物集合体(白色比例尺长 1 μm);(c)长条矿物和发射状矿物(白色比例尺长 5 μm);(d)块状矿物(白色比例尺长 1 μm);(e)不规则矿物(白色比例尺长 2 μm);(f)不规则矿物(白色比例尺长 2 μm)

Fig. 3-11　FESEM images of irregular mineral particles

(a) irregular mineral, coated with fly ash(scale bar 1 μm); (b) minerals(scale bar 1 μm); (c) long-axis mineral and emissive minerals(scale bar 5 μm); (d) block mineral(scale bar 1 μm); (e) irregular mineral (scale bar 2 μm); (f) irregular mineral(scale bar 2 μm)

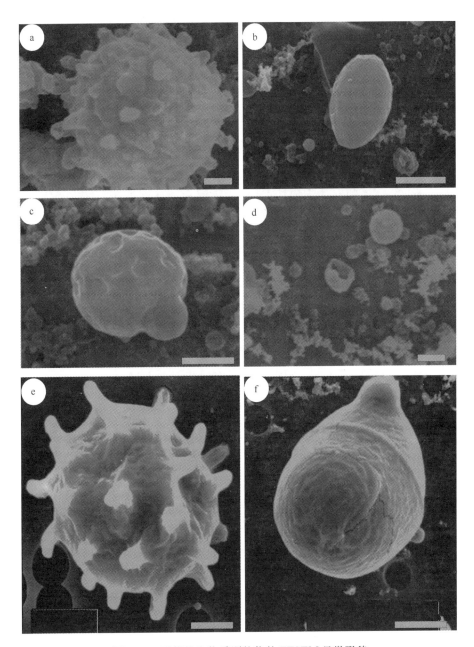

图 3-12 可能的生物质颗粒物的 FESEM 显微形貌

(a)孢粉(白色比例尺长 1 μm);(b)孢子(白色比例尺长 5 μm);(c)孢粉(白色比例尺长 1 μm);(d)生物颗粒物(白色比例尺长 5 μm);(e)真菌(白色比例尺长 1 μm)(BéruBé 等 1999b);(f)真菌(白色比例尺长 2 μm)(BéruBé 等 1999b)

Fig. 3-12 FESEM images of biological particles

(a) pollen(scale bar 1 μm);(b) spore(scale bar 5 μm);(c) pollen(scale bar 1 μm);(d) biological particle(scale bar 5 μm);(e) fungal particle(scale bar 1 μm)(BéruBé, 1999b);(f) fungal particle(scale bar 2 μm)(BéruBé , 1999b).

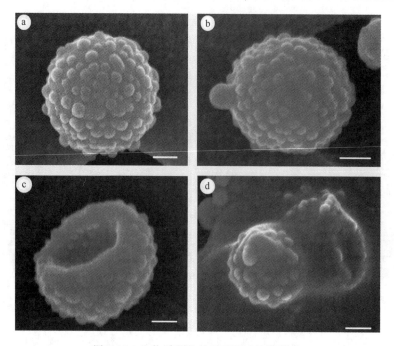

图 3-13　生物质颗粒的 FESEM 显微形貌

(a)植物花粉(白色比例尺长 100 nm);(b)植物花粉(白色比例尺长 100 nm);(c)植物花粉(白色比例尺长 100 nm);(d)植物花粉(白色比例尺长 100 nm)

Fig. 3-13　FESEM images of biological particles

(a) pollen of plants(scale bar 100 nm); (b) pollen of plants(scale bar 100 nm);

(c) pollen of plants(scale bar 100 nm); (d) pollen of plants(scale bar 100 nm)

3.2.2.5　超细未知颗粒物(<100 nm)

有一些颗粒物,它们的粒径非常小,如图 3-14 所标示的部分,即使在放大一万倍的 FESEM 下,其微观形貌特征也难以辨认,同时也难以检测其成分,我们将其归为超细未知颗粒,超细未知颗粒物主要是燃烧过程中的产物(如汽车尾气、天然气、煤炭或化工石油燃烧)以及大气中各种化学反应产生的二次颗粒物(如酸性冷凝物、硫酸盐、硝酸盐等)、人的活动(如吸烟等)等产生的粒径比较小的颗粒物或超细颗粒物,超细颗粒物中还含有高浓度的多环芳烃(PAH)和诱变剂(Ando 等 1994)。天然气燃烧产生的超细颗粒物聚集在一起就形成了比较散乱的烟尘集合体(图 3-15),有的分离,有的凝聚在一起成为小的烟尘集合体。图 3-16 显示的是在市区吸烟的室内夏季采集的 PM_{10} 样品,其中包括很多未知颗粒物(圈中所标)。吸烟的烟草烟雾主要由超细颗粒物、焦油尼古丁等组成,对人体健康造成极大危害。Simoni 等(2002)对意大利 421 个家庭关于室内污染对急性呼吸道疾病影响的调查研究表明,吸烟的室内 $PM_{2.5}$ 的浓度比无吸烟的高得多,而且冬季成人急性呼吸道疾病和 NO_2、$PM_{2.5}$ 有关,而支气管炎或哮喘病仅与 $PM_{2.5}$ 相关。这些细小的颗粒物还是潜在的过敏源的携带者,由于它们更容易深入到呼吸系统的里面,很容易引起呼吸疾病(Heidi 等 1997)。因此,同 PM_{10} 中的粗颗粒部分相比,超细颗粒物更容易对人体健康造成危害(刘阳生等 2003)

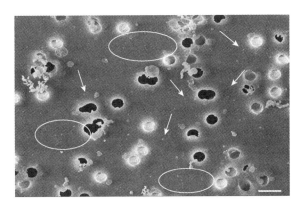

图 3-14 大气 PM$_{10}$中的超细未知颗粒物的微观形貌图(白色比例尺长 1 μm)

Fig. 3-14 FESEM images of unknown fine particles in PM$_{10}$(scale bar 1 μm)

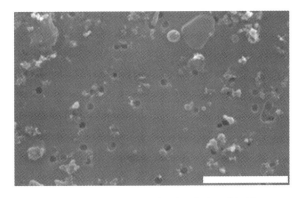

图 3-15 天然气产生的未知颗粒物(白色比例尺长 5 μm)

Fig. 3-15 Unknown particles from natural gas(scale bar 5 μm)

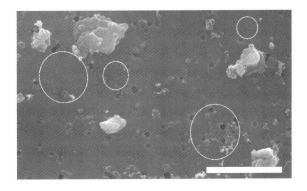

图 3-16 吸烟烟草烟雾在室内的未知颗粒物(白色比例尺长 5 μm)

Fig. 3-16 Unknown particles from environmental tobacco smoking homes(scale bar 5 μm)

3.2.2.6 其他

除了以上 5 种主要的颗粒物的类型以外,在北京市室内还发现一些形貌比较特殊的颗粒物,如纤维、煤屑及未识别形貌和成分的颗粒物(图 3-17),其中也发现了极少数残炭和煤屑

（图 3-17c、d），与时宗波（2003）研究的颗粒物的形貌特征类似。在研究的过程中还发现少量纤维（图 3-17b），这与 BéruBé 等（1999b）在英国室内颗粒物的显微形貌中发现的纤维相似（3-17f）。

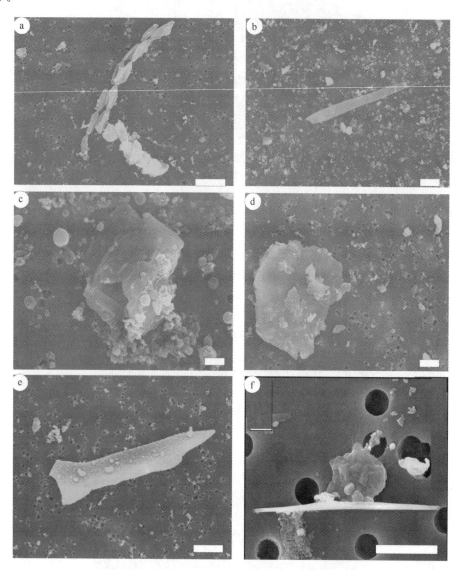

图 3-17　其他类型颗粒物的 FESEM 显微形貌

（a）未识别颗粒物（白色比例尺长 10 μm）；（b）纤维（白色比例尺长 10 μm）；（c）残炭（白色比例尺长 2 μm）；（d）煤屑（白色比例尺长 5 μm）；（e）未识别颗粒物（白色比例尺长 10 μm）；（f）纤维（白色比例尺长 20 μm）（BéruBé 等 1999b）

Fig. 3-17　FESEM images of other types of particles

（a）unrecognized particles（scale bar 10 μm）；（b）fibre（scale bar 10 μm）；（c）char（scale bar 2 μm）；（d）coal debris（scale bar 5 μm）；（e）unrecognized particles（scale bar 10 μm）；（f）fibre（scale bar 2 μm）（BéruBé *et al*, 1999b）

3.3　北京市不同地区、不同时间居室室内/外 PM_{10} 的显微形貌对比

3.3.1　郊区吸烟和无吸烟室内/外 PM_{10} 的显微形貌对比

从图 3-18a～f 可以看出郊区冬季室内和室外颗粒物的数量（图 3-18a、c、e）都比夏季（图 3-18b、d、f）多。从图 3-18e 可以看出郊区冬季室外主要由球形颗粒、矿物和烟尘集合体组成；夏季主要由烟尘集合体、矿物颗粒、生物质和球形颗粒组成，其中球形颗粒的数量降低而生物颗粒的数量增加，这是由于冬季郊区主要以燃煤取暖，释放大量的球形燃煤飞灰，而夏季郊区生物比较繁茂，生物颗粒相对增多，与时宗波（2003）的结果基本一致。从室内颗粒物的形貌特征看，吸烟的室内（图 3-18a、c）比无吸烟的室内（图 3-18b、d）的颗粒物多。图 3-18a、b 显示

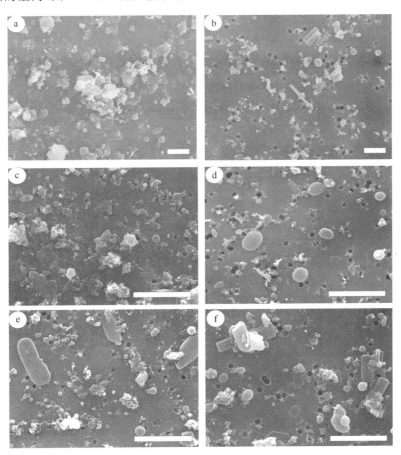

图 3-18　郊区吸烟和无吸烟室内/外 PM_{10} 的 FESEM 显微形貌（白色比例尺长 5 μm）

(a)冬季吸烟室内 PM_{10}；(b)冬季无吸烟室内 PM_{10}；(c)夏季吸烟室内 PM_{10}；(d)夏季无吸烟室内 PM_{10}；(e)冬季室外 PM_{10}；(f)夏季室外 PM_{10}

Fig. 3-18　FESEM images of indoor PM_{10} in smokers' and non-smokers' homes and outdoor PM_{10} in suburban(scale bar 5 μm)

(a)PM_{10} of smokers' home in winter；(b)PM_{10} of non-smokers' home in winter；(c)PM_{10} of smokers' home in summer；(d)PM_{10} of non-smokers' home in summer；(e)outdoor PM_{10} in winter；(f)outdoor PM_{10} in summer

郑区冬季室内的球形燃煤飞灰较多,与室外的相对应,而且吸烟的室内颗粒物的形貌比较复杂,还有许多不可识别的颗粒;无吸烟室内主要由球形颗粒、烟尘集合体和矿物颗粒组成。从图 3-18c、d 可以看出夏季室内的球形颗粒明显减少,而烟尘集合体和生物质、矿物颗粒明显增多,与室外的显微形貌(图 3-18f)相对应。从图 3-18 可以看出烟尘集合体在室内/外颗粒物的数量上都占很大比重。

3.3.2　市区吸烟和无吸烟室内/外 PM_{10} 的显微形貌对比

从图 3-19 可以看出无论在室内还是在室外,市区春季样品的颗粒物比夏季多。从市区室

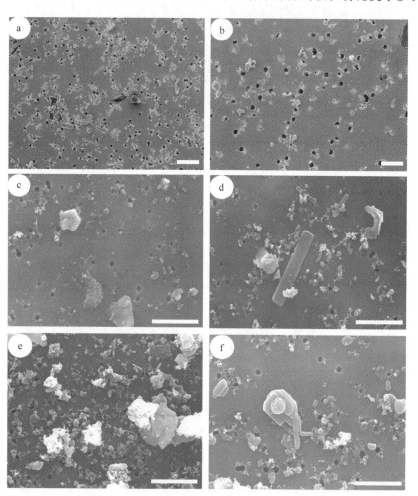

图 3-19　市区吸烟和无吸烟室内/外 PM_{10} 的 FESEM 显微形貌

(a)春季吸烟室内 PM_{10}(白色比例尺长 1 μm);(b)春季无吸烟室内 PM_{10}(白色比例尺长 1 μm);(c)夏季吸烟室内 PM_{10}(白色比例尺长 5 μm);(d)夏季无吸烟室内 PM_{10}(白色比例尺长 5 μm);(e)春季室外 PM_{10}(白色比例尺长 5 μm);(f)夏季室外 PM_{10}(白色比例尺长 5 μm)

Fig. 3-19　FESEM images of indoor PM_{10} in smokers' and non-smokers' homes and outdoor PM_{10} in urban

(a)PM_{10} of smokers' home in spring(scale bar 1 μm); (b)PM_{10} of non-smokers' home in spring(scale bar 1 μm); (c)PM_{10} of smokers' home in summer(scale bar 5 μm); (d)PM_{10} of non-smokers' home in summer(scale bar 5 μm); (e)outdoor PM_{10} in spring(scale bar 5 μm); (f)outdoor PM_{10} in summer(scale bar 5 μm)

外(图 3-19e、f)颗粒物的形貌可以看出春季室外主要以烟尘集合体和矿物为主,而夏季颗粒物的数量明显减少,但还是以烟尘集合体和矿物为主。室外由于夏季温度较高,同时随着降雨的增多抑制二次扬尘的发生,室外颗粒物较春季明显减少。同样,由于夏季人们开窗的频率增大,室外环境对室内颗粒物的影响明显增大。从图 3-19a～d 可以看出室内的颗粒物主要以烟尘集合体和矿物为主,而且吸烟室内(图 3-19a、c)的颗粒物的面积密度明显比无吸烟室内大。可见,不论春季还是夏季市区室内都以烟尘集合体为主,这是由于市区的机动车比较多,排放的机动车尾气颗粒物也较多的缘故,这是市区颗粒物的特征。研究表明机动车尾气颗粒物是大气颗粒物的主要来源之一,其对 PM₁₀ 的贡献达 40％～50％(张晶等 1998)。BéruBé 等(1999a)研究发现,机动车尾气颗粒物是英国大气 PM₁₀ 的首要来源,其中烟尘集合体是主要类型。

3.3.3　同一家庭厨房、客厅的 PM₁₀ 的显微形貌对比

同一家庭的不同居室间的质量浓度有一定的变化,反映在颗粒物的数量上也有一定的变化,但是颗粒物的种类基本相同(图 3-20a～d)。从图 3-20a、b 可以看出冬季厨房和客厅内都由球形颗粒、烟尘集合体、生物质、超细颗粒物和矿物组成,而春季市区客厅和厨房内的颗粒物的类型基本相同(图 3-20c、d),但是厨房内的颗粒物的数量相对较多,这将在下一章详细讨论。

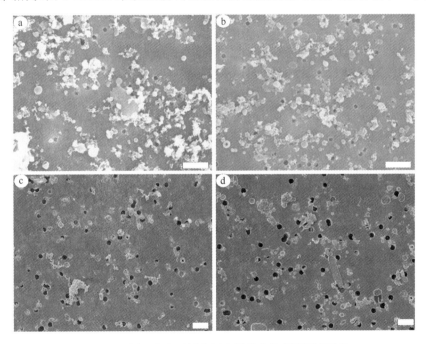

图 3-20　同一家庭不同房间内颗粒物的 FESEM 形貌

(a)郊区冬季无吸烟室内客厅的显微形貌(白色比例尺长 5 μm);(b)厨房内颗粒物的显微形貌(白色比例尺长 5 μm);(c)市区春季吸烟室内客厅内颗粒物的显微形貌(白色比例尺长 1 μm);(d)厨房内颗粒物的显微形貌(白色比例尺长 1 μm)

Fig. 3-20　FESEM images of different rooms in the home

(a)FESEM images of living room in the suburban non-smokers' home in winter(scale bar 5 μm);(b)FESEM images of kitchen(scale bar 5 μm);(c)FESEM images of living room in the urban smokers' home in spring(scale bar 1 μm);(d)FESEM images of kitchen(scale bar 1 μm)

3.3.4　不同燃料燃烧产生的 PM_{10} 的微观形貌对比

　　不同的燃料燃烧时产生的颗粒物含量不同,即使相同的燃料,燃烧方式不同,产生颗粒物的含量也不相同(曹守仁等 1992)。作者于 2002 年冬季在郊区不同燃料的厨房内采集了不同燃料燃烧的样品,包含室外大气进入室内的颗粒物(图 3-21a～c)。由于影响颗粒物的分布的因素很多,如房间的大小,室内外空气交换的速率等,因此,我们虽然无法判断颗粒物的数量,但是从图 3-21 中可以看出不同燃料燃烧产生的颗粒物的形貌特征还是不同的。其中,燃柴样品(a)主要以烟尘集合体为主;燃煤样品(b)中以燃煤飞灰、矿物颗粒和少量的烟尘集合体组成;而燃气样品(c)由烟尘集合体、超细颗粒物和矿物颗粒组成。不同粒径组成的颗粒物对人体健康的影响也是不同的,颗粒物的粒径越小,比表面积越大,对人体的危害也越大。

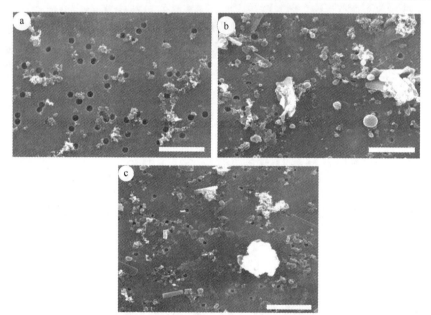

图 3-21　不同燃料燃烧源附近采集 PM_{10} 的 FESEM 显微形貌(白色比例尺长 5 μm)
(a)燃柴源附近采集的样品;(b)燃煤源附近采集的样品;(c)燃天然气附近采集的样品
Fig. 3-21　FESEM images collected from different fuel burning(scale bar 5 μm)
(a)PM_{10} collected from biomass burning;(b)PM_{10} collected from coal burning;(c)PM_{10} collected from natural gas burning

3.4　校园公共场所室内 PM_{10} 微观形貌的时空变化及来源分析

　　利用场发射扫描电镜(FESEM)获得样品中颗粒物清晰的二次电子图片,根据颗粒物形貌特征,校园公共场所室内 PM_{10} 可区分为烟尘(soot)、球形颗粒(spherical particles)、矿物颗粒(mineral)、生物质颗粒和超细未知颗粒五大类。利用图像分析(IA)系统可统计不同类型颗粒物的数量和体积百分比。

3.4.1　图书馆室内 PM₁₀ 微观形貌的季节变化及来源分析

图 3-22 和图 3-23 分别是图书馆室内四个季节 PM₁₀ 的显微图像和不同类型颗粒物的数量百分比,可以看出图书馆室内颗粒物主要由烟尘集合体、球形颗粒、矿物、未知颗粒和生物质颗粒五种类型组成,且它们的数量百分比有明显的季节性变化。图 3-24 所示图书馆室内颗粒物在体积上以烟尘集合体和超细颗粒物为主,占总数量的 60% 以上,说明颗粒物主要来自于汽车尾气、垃圾燃烧和人活动等。春秋季节矿物颗粒的数量百分比明显比其他季节高,约占15%,这是由于春秋季节图书馆室内门窗一般是敞开的,室外风沙较大,通过空气交换,室外地壳的颗粒物容易进入室内,而夏冬季节图书馆密封性好,室外粗颗粒物不容易进入室内;此外,室内二次矿物颗粒明显较室外多(图 3-22、图 3-23 和图 3-24),这是因为室内矿物颗粒主要是由室外长期搬运进入室内且长时间滞留发生二次化学反应的结果,其中夏季和秋季二次矿物占总矿物的 60% 以上,这与夏秋季气温高,湿度大,颗粒物在空气中容易发生化学反应有关。冬季和夏季飞灰颗粒出现频率明显较春秋季节多,约占总数量的 28%。室外的球形颗粒明显多于室内,这说明室内的飞灰颗粒可能来自于室外燃煤及其他物质燃烧(邵龙义等 2003)。夏季飞灰颗粒的粒径相对较大(图 3-22c),这可能与气象条件、燃煤燃油以及室内工作条件有关;春季生物质颗粒明显比其他季节多(图 3-23),约占总数量的 8%,这是由于采样期间正值春季春暖花开,一些植物的花粉和孢子进入大气中而产生的。

图 3-23 和图 3-24 显示,图书馆室内颗粒物中烟尘集合体不论是数量还是体积上都处于优势,而超细颗粒物虽然在数量上占比例较大,但是其颗粒物粒径都很小,所以在体积上还未

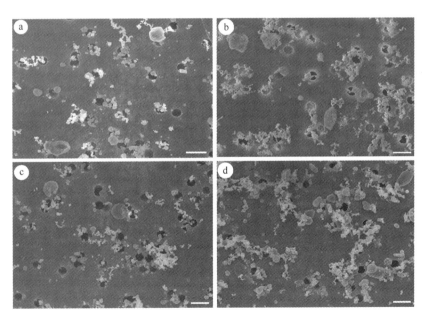

图 3-22　图书馆四个季节 PM₁₀ 的 FESEM 图像(白色比例尺长 1 μm)

(a)2005-11-06 夜间冬季图书馆室内采样 7 小时;(b)2006-05-10 夜间春季图书馆室内采样 9 小时;(c)2006-08-29 夜间夏季图书馆采样 10 小时;(d)2005-10-31 白天秋季图书馆室内采样 12 小时

Fig. 3-22　FESEM images of PM₁₀ in the library of different season(scale bar 1 μm)

(a)7h PM₁₀ in winter library; (b)9h PM₁₀ in spring library; (c)10h PM₁₀ in summer library; (d)12h PM₁₀ in autumn library

达到 0.1%,对于矿物颗粒来说,虽然数量上比例很小只有 10% 左右,但是由于颗粒物较粗,所以对体积的贡献比较大,约为 40%。

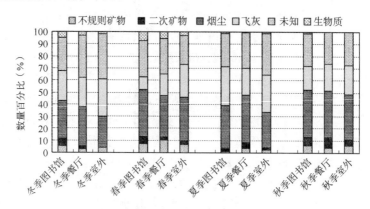

图 3-23　不同季节图书馆和餐厅室内外 PM$_{10}$ 中不同类型颗粒物的数量百分比

Fig. 3-23　The number percentages of different morphological particle types in the indoor/outdoor PM$_{10}$ of different seasons

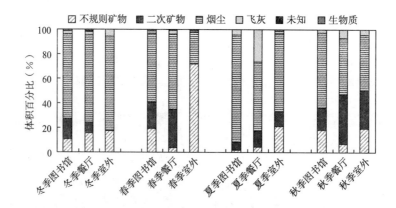

图 3-24　不同季节图书馆和餐厅室内外 PM$_{10}$ 中不同类型颗粒物的体积百分比

Fig. 3-24　The volume percentages of different morphological particle types in the indoor/outdoor PM$_{10}$ of different seasons

3.4.2　餐厅室内 PM$_{10}$ 微观形貌的季节变化及来源分析

图 3-25 和图 3-23 分别显示了餐厅室内四个季节 PM$_{10}$ 的 FESEM 的显微图像和不同类型的数量百分比,与图书馆室内相似,餐厅室内颗粒物也是由烟尘集合体、球形颗粒、矿物、未知颗粒和生物质颗粒五种类型组成,以烟尘集合体为主,其次是超细未知颗粒物,另外球形颗粒也占有相当大的比例。餐厅室内生物质颗粒在春季出现的频率多于其他季节,占总数量的6%,比图书馆稍小。图 3-25 中的 c 与 d 和图 3-23 可以看出对于餐厅,室内夏季和秋季烟尘及其集合体明显多于其他季节,占总数量的 39%,而春季餐厅室内烟尘主要以集合体和链状出现(图 3-25b)。

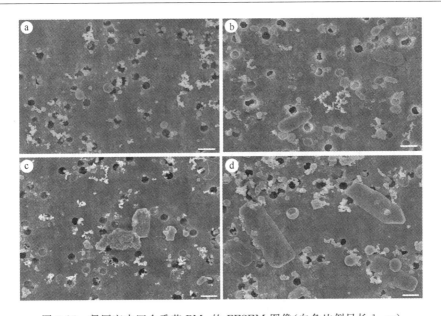

图 3-25　餐厅室内四个季节 PM₁₀ 的 FESEM 图像(白色比例尺长 1 μm)

(a)2005-11-21 白天冬季餐厅室内采样 6 小时,;(b)2006-05-23 白天春季餐厅室内采样 8 小时;(c)2006-08-26 夜间夏季餐厅采样 9.4 小时;(d)2006-10-10 白天秋季餐厅室内采样 5.5 小时

Fig. 3-25　FESEM images of PM₁₀ in the canteen of different season(scale bar 1 μm)

(a)6h PM₁₀ in winter; (b)8h PM₁₀ in spring; (c)9.4h PM₁₀ in summer; (d)5.5h PM₁₀ in autumn

　　由图 3-23 知,冬季餐厅室内矿物颗粒数量百分比为 5.4％,明显比同季节图书馆矿物的数量百分比 11％要低;夏季餐厅室内的矿物颗粒比图书馆的含量要高,达 8.85％,因为图书馆夏季使用空调系统,窗户紧闭,而餐厅使用的是风扇,容易使地面尘土悬浮在空气中,而且门窗也是开着的,所以矿物颗粒要比同季节图书馆室内的多。春季图书馆室内球形颗粒数量百分比明显小于餐厅室内的;而对于餐厅室内生物质颗粒的数量百分比都比同季节图书馆室内的少。图书馆和餐厅室内 PM₁₀ 的体积百分比如图 3-24 所示,夏季图书馆室内烟尘颗粒的体积百分比高达 88％,要远远大于餐厅室内烟尘颗粒的体积百分比 35％;在数量百分比相差不大的情况下,说明夏季图书馆室内的烟尘主要以集合体形式存在。而夏季餐厅室内矿物颗粒的体积百分比 18％要远大于图书馆室内的 8％,而其他季节的矿物体积百分比都远远大于夏季的,春季图书馆高达 60％。冬季图书馆室内的矿物颗粒物数量上占 12％左右,而体积占总体积的 28％左右,与图书馆室内相比,餐厅室内的矿物颗粒虽然数量上只占总数的 5％,而体积则占总数的 24％,说明餐厅室内的矿物颗粒物的粒径要比图书馆室内的矿物颗粒大,这与室外环境和室内自身条件有关。

　　图 3-26 是室外四个季节 PM₁₀ 的 FESEM 图像,可以看出春季和秋季采样期间室外矿物颗粒数量明显比其他季节多,这也是同季节室内矿物颗粒较多的原因,吕森林等(2005)关于北京城区 PM₁₀ 的矿物学研究中也得出北京 PM₁₀ 中矿物组分存在明显的季节变化的结论。春季矿物种类最多,由于春秋季采样期间室外多风沙和扬尘从而影响室内颗粒物的形态。冬夏季节室外 PM₁₀ 中的矿物颗粒相对较少,其原因是年平均风速较低,地表中较粗的矿物颗粒难以吹到大气中。与室外相比,室内矿物颗粒主要以二次生成矿物为主,因为矿物颗粒从室外到室内运送过程中在空气中发生化学反应所致。春季和秋季室内矿物颗粒的数量百分比最大,而

对于同一季节来说,餐厅室内的矿物颗粒的数量百分比稍大于图书馆室内的矿物颗粒,因为春秋季节采样期间图书馆和餐厅门窗是开着的,受室外风沙影响比较大。冬季室内球形颗粒较其他季节要多,而且室外的球形颗粒明显多于室内,冬季是采暖期,以煤和石油产品等做燃料供暖是球形颗粒增多的主要原因,室内球形颗粒主要来自室外。夏季飞灰颗粒的粒径相对较大,可能与气象条件、燃煤燃油以及工作条件等有关。春季室内的生物质颗粒明显比其他季节多,主要来自一些植物的花粉和孢子等。与室外相比,室内烟尘以聚集形式存在,且粒径较大,可能由于室内风速小,颗粒物不易扩散,容易使细颗粒物聚集在一起或发生大气化学反应,根据颗粒物类型来源可知主要来自室外汽车尾气、燃料燃烧和室内人活动等。此外室内颗粒物类型变化还与其自身环境特点,室内空气交换装置和人活动等因素(人流量、清洁频率等)有关。

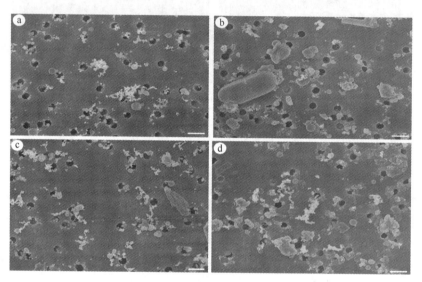

图 3-26　室外四个季节 PM_{10} 的 FESEM 图像(白色比例尺长 1 μm)

(a)2005-11-03 冬季室外采样 4 小时;(b)2006-05-04 春季室外采样 4 小时;(c)2006-08-17 夏季室外采样 4 小时;(d)2005-09-05 秋季室外采样 4 小时

Fig. 3-26　FESEM images of outdoor PM_{10} in different seasons(scale bar 1 μm)

(a)4h PM_{10} in winter;(b)4h PM_{10} in spring;(c)4h PM_{10} in summer;(d)4h PM_{10} in autumn

3.4.3　白天和晚上室内 PM_{10} 微观形貌类型及变化规律

为了比较室内白天和晚上 PM_{10} 的物理化学特性,作者分别对白天和晚上两个时间段进行采样比较。图 3-27 和图 3-28 是图书馆和餐厅室内白天和晚上的微观形貌变化图和不同类型颗粒物的数量和体积百分比。从图中可以看出图书馆和餐厅室内由烟尘集合体、矿物颗粒、飞灰颗粒和超细颗粒物组成。烟尘及烟尘集合体的数量百分比晚上为 44.26%,比白天烟尘集合体的数量百分比 32.58% 高,而矿物颗粒则相反,这可能与白天室内通风较晚上好有关,还有研究表明室内人活动量大,则容易产生二次扬尘(邹庐泉 2000,熊志明 2004),细小颗粒难以聚集,而晚上室内静风,大矿物颗粒容易下沉,烟尘颗粒容易聚集和吸附一些细小颗粒。根据图 3-27 关于白天和晚上的微观形貌也可以看出烟尘颗粒数量和体积上晚上都高于白天,而其他类型的颗粒物的数量百分比都是白天的大于晚上的,白天图书馆室内的超细颗粒、矿物颗粒、飞灰颗粒和生物质颗粒的数量百分比分别为 33.21％、15.02％、11.33％和 7.89％；晚上的分别为 27.03％、12.42％、9.084％和 7.20％。餐厅室内不同类型颗粒物的数量百分比也有与此类似规律。

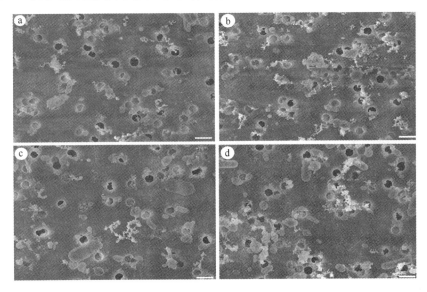

图 3-27　白天和晚上室内 PM_{10} 的 FESEM 图像（白色比例尺长 1 μm）

(a)2006-05-14 白天图书馆室内采样 9 小时；(b)2006-05-14 晚上图书馆室内采样 9 小时；(c)2006-05-23 白天餐厅室内采样 8 小时；(d)2006-05-23 晚上餐厅室内采样 8 小时

Fig. 3-27　FESEM images of PM_{10} in daytime and at night(scale bar 1 μm)

(a)9h PM_{10} of library in daytime；(b)9h PM_{10} of library at night；(c)8h PM_{10} of canteen in daytime；(d) 8h PM_{10} of canteen at night

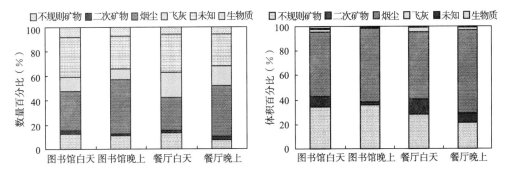

图 3-28　白天和晚上室内 PM_{10} 不同类型颗粒物的数量和体积百分比

Fig. 3-28　The volume and size percentages of different morphological particle types in the indoor PM_{10} in daytime and night

3.5　PM_{10} 中典型单颗粒的微区成分分析

3.5.1　实验设备的选择与样品的制备

应用高分辨率的环境扫描电镜(ESEM)所获得图像可以清晰地显示亚微米级的颗粒,而 X

射线能谱(EDX)可以对样品中的元素进行定性、定量分析,尽管能谱只能分析原子序数大于11(Na)的元素,但是它能为我们鉴别颗粒类型提供重要证据。因此,作者使用了FESEM/EDX对北京市室内可吸入颗粒物中典型的单颗粒成分进行了分析,获得了颗粒物的特征谱图。

样品的制备如下:将采集的聚碳酸酯滤膜裁下约1 cm²,用两层双面胶带贴在2.5 mm×2.5 mm载玻片上,用导电胶布使之与样品台连接。实验所用扫描电镜为英国产LEO453VP环境扫描电镜,配有Link ISIS能谱分析系统;所用电压20 keV,电流600 pA;电子束斑直径为1 μm;电子束的穿透能力为5 μm,信号采集时间为100 s,使总计数值超过100000;X-射线的出射角(Ψ)大于30°,实验选用超薄视窗(Si-Li)探头,这样可以检测到碳元素以后(Z>6)的所有元素。实验选择Co作为标样进行定量数据校正。

3.5.2　烟尘集合体的微区成分

烟尘集合体具有特殊的结构特征,其主要成分是C,有时也有少量的O,S等。大部分的烟尘集合体中含有微量的S(图3-29),Al,Si,K,Ca等(图3-30),但是在本次实验中由于识别烟尘集合体还是需要结合形貌而且烟尘集合体的形貌特征比较明显,所以没有进行太多的烟尘集合体单颗粒能谱分析。

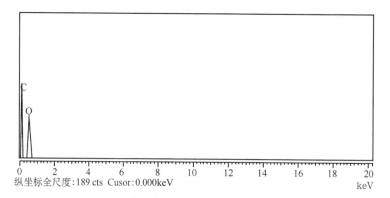

图 3-29　烟尘集合体的典型能谱图

Fig. 3-29　Typical EDX spectrum of soot aggregates

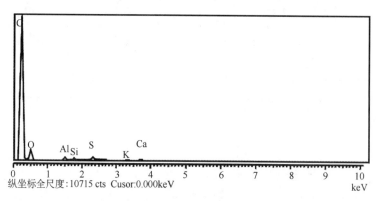

图 3-30　烟尘集合体的典型能谱图,含有微量的 Al,Si,S,K,Ca 等元素(时宗波 2003)

Fig. 3-30　Typical EDX spectrum of soot aggregates, Aluminum, Silicon, Potassium and Calcium are presented (adapted from Shi, 2003)

3.5.3　球形颗粒的微区成分

　　球形颗粒有些是二次粒子,也有些是燃煤飞灰,化学成分以 S 或 N 为主时,多为二次粒子(图 3-31),燃煤飞灰化学成分以 Si 和 Al 等为主,还含有 Ti,Fe,K,Ca 等(图 3-32)。燃煤飞灰是高温燃烧下的产物,因此其主要成分反映其源成分谱的特征。我们识别球形颗粒时不仅要结合形貌特征,而且要结合能谱特征。

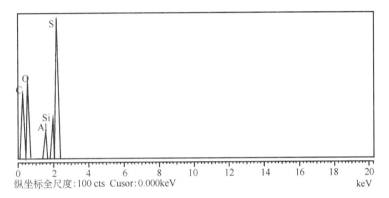

纵坐标全尺度:100 cts Cursor:0.000keV

图 3-31　球形颗粒的典型能谱图,含有 S,Si,Al 等

Fig. 3-31　Typical EDX spectrum of coal fly ash, S, Si and Al are presented

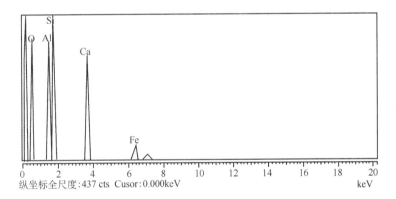

纵坐标全尺度:437 cts Cursor:0.000keV

图 3-32　球形颗粒的典型能谱图,含有 Al,Si,Ca,Fe 等

Fig. 3-32　Typical EDX spectrum of coal fly ash, Al, Si and Fe are presented

3.5.4　矿物颗粒的微区成分

　　矿物颗粒物一般为晶状或不规则的矿物,主要成分为 Ca,K,S,Al,Si,Fe,Ti,Mg 等,主要为石膏、硫酸钾和硅酸盐等。矿物颗粒不仅是室外大气颗粒物的主要组成部分,而且也是室内颗粒物的主要组成部分。矿物颗粒有规则的长条状的结晶体,常含有 Ca 和 S,有时还有 K,一般认为是 Ca 和 K 的硫酸盐混合物(图 3-33)。不规则矿物不仅形状各异,而且其成分也比较复杂,根据图 3-34 显示的能谱特征,该颗粒物可能是蒙脱石矿物;图 3-35 的矿物成分为 Al,Si,K,Fe 等元素,据能谱特征可能是伊利石矿物颗粒;而图 3-36 显示的矿物的成分比较复杂,不仅含有最常见的地壳元素 Si,Al,Fe,Ca,Mg 等,还有元素 Mn,但根据能谱显示的可能是硅灰石矿物(吕森林 2003)。室内颗粒物的成分比较复杂,其来源也比较复杂,有的来自室外,有

的可能来自地壳,而 Conner 等(2001)的研究认为 Ti,Fe,Mg 元素可能由化妆品如粉、染色剂等所产生,因此也不排除含这些元素的小颗粒在空气中飘浮,最后附着在膜上的可能性。

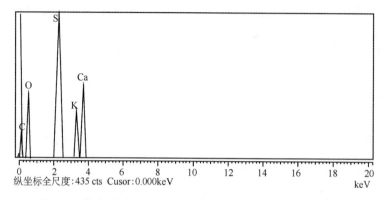

图 3-33　长条形硫酸盐矿物的能谱特征,以 Ca,S 为主,还含 K

Fig. 3-33　EDX spectrum of elongated sulfates, mainly composed of Ca and S, including K.

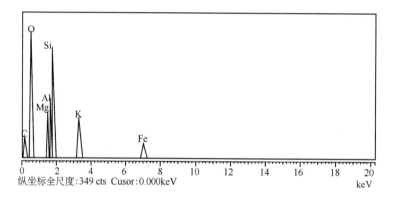

图 3-34　蒙脱石矿物能谱图

Fig. 3-34　EDX spectrum of smectite

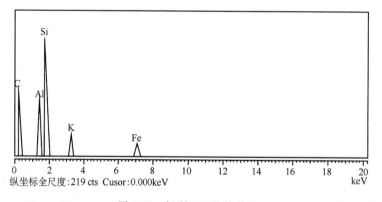

图 3-35　伊利石矿物能谱图

Fig. 3-35　EDX spectrum of illite

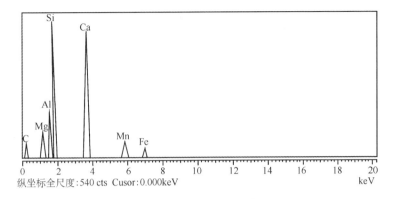

图 3-36　硅灰石矿物能谱图

Fig. 3-36　EDX spectrum of wollastonite minerals

3.5.5　生物质颗粒的微区成分

生物质颗粒一般是生物花粉、孢子、人们的毛发、皮屑等，其主要成分是碳，还有少量的 S、K、Na 等（图 3-37）。

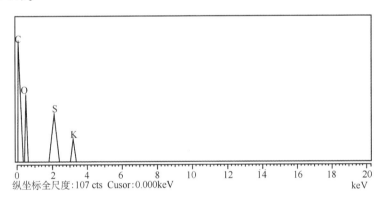

图 3-37　生物质颗粒的能谱特征，主要为 C，含少量的 S,K

Fig. 3-37　EDX spectrum of biological particles, mainly carbon with trace S and K

3.5.6　不可识别的颗粒的微区成分

不可识别的颗粒的成分比较复杂，而且由于其粒径较小，由于条件限制无法进行详细的研究。但研究表明不可识别的颗粒主要是硫酸盐和硝酸盐的混合物。

3.6　小结

（1）北京市室内颗粒物的 FESEM 形貌类型主要是烟尘集合体、球形颗粒、矿物颗粒、生物质颗粒和未知的颗粒 5 类。烟尘集合体既来自室外机动车尾气，还可能来自室内燃柴、燃煤、燃气或者吸烟。球形颗粒（燃煤飞灰）主要来自煤燃烧，不仅有室外污染源，而且有室内的污染源。未知的颗粒主要来自燃气、燃煤及吸烟等产生的超细颗粒物。矿物颗粒主要来源于室外和室内的可能污染源——墙壁等。生物质颗粒既可来源室外的植物或细菌，也可来源于室内的人的头发、头皮屑等。

（2）北京市室内颗粒物的形貌有明显变化。在吸烟的室内，颗粒物不仅具有特殊的形貌，而且颗粒物的种类和数量都较无吸烟的室内高，特别是超细颗粒物的出现，大大增加了颗粒物的数量浓度。

（3）燃柴产生的颗粒物主要包括烟尘集合体、细粒子；燃煤产生的颗粒物主要包括燃煤飞灰和细颗粒物；而燃气产生的颗粒物主要包括超细颗粒物和烟尘集合体。

（4）不同类型的颗粒物的微区成分也有很大差别。烟尘集合体形貌比较特殊，其主要成分是 C，有时也有少量的 O，S 等；球形颗粒（燃煤飞灰）主要为圆球和椭球形，主要成分为 C，Si，Al 等，有时还含有 Ti，Fe，K，Ca，Mg 等，含 S 和 N 的球形颗粒多为二次粒子；矿物颗粒物一般为晶状或不规则的矿物，主要成分为 Ca，K，S，Al，Si，Fe，Ti，Mg 等，室内矿物颗粒多为规则形状；生物质颗粒的主要成分是碳，还有少量的 S，K，Na 等；未知的颗粒可能是硫酸盐或硝酸盐的混合物。

（5）在数量上，室内烟尘集合体和超细颗粒占优势，图书馆室内 PM_{10} 超细颗粒物较多，餐厅室内烟尘集合体较多；而在体积上，烟尘集合体和矿物颗粒占优势，餐厅室内矿物颗粒和烟尘颗粒体积百分比明显较图书馆大。

（6）冬夏季室内球形颗粒、超细颗粒物和烟尘集合体的数量百分比明显高于其他季节；春秋季室内矿物颗粒明显高于其他季节；而春季生物质颗粒含量较其他季节高。

（7）室内 PM_{10} 中烟尘集合体的数量百分比晚上明显高于白天，而飞灰、矿物和超细颗粒物的数量百分比则白天高于晚上。烟尘颗粒的体积百分比晚上大于白天，矿物颗粒的体积百分比则相反。

（8）室内超细颗粒物和二次生成矿物数量百分含量较室外多。

4　居室及校园公共场所室内 PM₁₀的粒度分布特征

　　研究表明仅有颗粒物的质量浓度($\mu g/m^3$)的数据不能预测其在呼吸道的沉降情况,就颗粒物在肺部的沉降而言,最重要的是空气动力学直径的频率分布。应用粒径大小、沉积部位、化学成分和毒性间的密切关系,能更科学地对颗粒物的潜在危害进行可吸入性卫生评价和吸入量的估算评价,而且颗粒物的粒度分布对于识别和解析颗粒物的来源有重要作用。因此,越来越多的学者更加关注颗粒物的粒度分布。粒度分布是指某一粒子群中不同粒径的粒子所占的比例。事实上,颗粒物的粒径与其物理化学性质、在呼吸道内沉积、滞留和清除相关(邵龙义等 2000,车凤翔 1999,杨复沫等 2000),它不仅决定了颗粒物是否能够进入人体及进入人体器官的位置,而且还决定了在人体内的沉积作用。一般说来,颗粒物的粒径越小,就越易滞留在人体内,滞留的时间越长,所需的清除时间也就越长,越易使毒性物质转移到身体的其他部位,而且粒径越小的颗粒物,其比表面积越大,富集对人体健康有害的成分也越多,对人体的健康危害也就越大。因此,对可吸入颗粒物粒度分布的研究已成为必然趋势。

　　颗粒物的数量-粒度反映了不同粒径的颗粒物出现的频率及所占的百分比,体积-粒度分布在一定程度上反映了颗粒物的质量-粒度分布。国外学者对室内/外可吸入颗粒物的数量-粒度和体积-粒度分布进行了大量的研究(Halek 等 1990,Lange 等 1995,McMurry 2000,Ando 等 1996)。我国虽然对于室外颗粒物的粒度分布也取得一定的成果(张仁健等 2000a,2000b;王玮等 2001;庄国顺等 2001),但对室内颗粒物的粒径的研究还比较少(Chao 等 2001,亢燕铭等 2003,邵龙义等 2005b,Ando 等 1996),特别是进行分类别的颗粒物的粒度分布研究还比较少,除本课题组外,还未见有其他学者进行过。目前,对于公共场所室内大气 PM₁₀的数量-粒度和体积-粒度分布的研究还很少,特别是对学生这个特殊群体活动环境的研究更少。因此对北京市室内颗粒物的粒径分布,特别是不同类型颗粒物的粒径分布的研究是一项极为迫切的任务。

　　颗粒物的粒径分布可以通过使用分级采样器或者通过图像分析技术获得。应用图像分析技术进行颗粒物的粒径分析是近年来刚刚兴起的技术(Whittaker 等 2002,邵龙义等 2005b,Kasparisan 等 1998),它可以提供不同类型颗粒物的数量-粒度分布、体积-粒度分布和颗粒物数量浓度等源分析数据,这些数据是评价颗粒物健康效应、进行源解析的基础。本工作使用图像分析技术研究了北京市市区和郊区吸烟和非吸烟的居室室内的颗粒物及大学校园公共场所室内大气颗粒物的数量-粒度和体积-粒度分布,以及不同源排放颗粒物的数量-粒度和体积-粒度分布。

4.1　大气颗粒物粒度分布分析

4.1.1　样品信息

为研究居室及校园公共场所室内可吸入颗粒物随季节及白天和晚上的变化情况,作者选择了室内有代表性的样品分析其微观图像,居室和校园公共场所室内颗粒物样品采样条件和样品信息分别显示于表 4-1、表 4-2。

表 4-1　居室室内颗粒物微观形貌图像分析的样品信息

Table 4-1　Information of airborne particle samples for image analysis

样品序号	样品编号	样品类型	采样日期	采样时间(min)	采样浓度($\mu g/m^3$)	采样地点
1	3-12	燃柴	2003-03-27	300	91.15	郊区厨房
2	3-3	燃煤	2003-03-23	300	69.35	郊区厨房
3	3-34	燃气	2003-03-18	720	71.6	郊区厨房
4	3-31	市区吸烟	2003-03-02(冬季)	240	60.9	市区客厅
5	7-25	市区吸烟	2003-07-30(夏季)	240	51.1	市区客厅
6	3-17	市区非吸烟	2003-03-09(冬季)	480	74.3	市区客厅
7	7-18	市区非吸烟	2003-07-23(夏季)	480	29.3	市区客厅
8	3-19	市区室外	2003-03-08(冬季)	480	99.6	市区室外
9	7-6	市区室外	2003-07-26(夏季)	720	38.8	市区室外
10	3-7	郊区吸烟	2003-03-22(冬季)	480	79.5	郊区客厅
11	7-10	郊区吸烟	2003-07-15(夏季)	480	73.5	郊区客厅
12	3-1	郊区非吸烟	2003-03-18(冬季)	480	60.2	郊区客厅
13	7-14	郊区非吸烟	2003-07-17(夏季)	480	41.6	郊区客厅
15	3-5	郊区室外	2003-03-12(冬季)	480	39.8	郊区室外
14	7-26	郊区室外	2003-07-16(夏季)	480	51.5	郊区室外

表 4-2　校园室内颗粒物微观形貌图像分析的样品信息

Table 4-2　Information of PM samples for image analysis

样品序号	样品编号	采样地点	样品类型	采样日期	采样时间(h)	质量浓度($\mu g/m^3$)
1	05-10-31-B	图书馆	PM_{10}	2005-11-13	8	54.2
2	05-11-5B	图书馆	PM_{10}	2005-11-14	10	33.3
3	2005-11-6B	图书馆	PM_{10}	2005-11-15	7	71.4
4	2005-11-20A	餐厅	PM_{10}	2005-11-20	2.1	322.2
5	2005-11-21B	餐厅	PM_{10}	2005-11-21	10	153.3
6	2005-11-22B	餐厅	PM_{10}	2005-11-22	10	77.8
7	2005-11-1	室外	PM_{10}	2005-11-15	4	—
8	2005-11-3	室外	PM_{10}	2005-11-18	4	—
9	2006-5-9A	图书馆	PM_{10}	2006-05-09	9	129.6
10	2006-5-9B	图书馆	PM_{10}	2006-05-09	9	111.1

样品序号	样品编号	采样地点	样品类型	采样日期	采样时间(h)	质量浓度(μg/m³)
11	2006-5-10A	图书馆	PM$_{10}$	2006-05-10	9	29.6
12	2006-5-10B	图书馆	PM$_{10}$	2006-05-10	9	59.2
13	2006-5-14A	图书馆	PM$_{10}$	2006-05-14	9	66.7
14	2006-5-14B	图书馆	PM$_{10}$	2006-05-14	9	92.6
15	2006-5-20A	餐厅	PM$_{10}$	2006-05-20	8	175
16	2006-5-20B	餐厅	PM$_{10}$	2006-05-20	8	75
17	2006-5-22A	餐厅	PM$_{10}$	2006-05-22	8	62.5
18	2006-5-22B	餐厅	PM$_{10}$	2006-05-22	8	75
19	2006-5-23A	餐厅	PM$_{10}$	2006-05-23	8	150
20	2006-5-23B	餐厅	PM$_{10}$	2006-05-23	8	125
21	2006-4-E	室外	PM$_{10}$	2006-04-28	4	—
22	2006-4-K	室外	PM$_{10}$	2006-05-04	4	—
23	2006-8-28B	图书馆	PM$_{10}$	2006-08-16	10	10.3
24	2006-8-29A	图书馆	PM$_{10}$	2006-08-18	10	30.7
25	2006-8-29B	图书馆	PM$_{10}$	2006-08-18	10	37.3
26	2006-8-30A	图书馆	PM$_{10}$	2006-08-19	9.7	34.2
27	2006-8-25A	餐厅	PM$_{10}$	2006-08-26	8	68
28	2006-8-25B	餐厅	PM$_{10}$	2006-08-26	12	89.8
29	2006-8-26A	餐厅	PM$_{10}$	2006-08-27	10	81.4
30	2006-8-26B	餐厅	PM$_{10}$	2006-08-27	9.4	51
31	2006-6-G	室外	PM$_{10}$	2006-08-16	4	—
32	2006-6-I	室外	PM$_{10}$	2006-08-17	4	—
33	2006-10-1A	图书馆	PM$_{10}$	2006-10-04	5	59.3
34	2006-10-2B	图书馆	PM$_{10}$	2006-10-05	12	306.6
35	2006-10-3A	图书馆	PM$_{10}$	2006-10-06	8.5	134.7
36	2006-10-3B	图书馆	PM$_{10}$	2006-10-06	4	109.3
37	2006-10-4A	图书馆	PM$_{10}$	2006-10-07	12	88.9
38	2006-9-1A	餐厅	PM$_{10}$	2006-10-08	4.6	72.5
39	2006-10-9A	餐厅	PM$_{10}$	2006-10-09	4.8	98.5
40	2006-10-10A	餐厅	PM$_{10}$	2006-10-10	5.5	40.4
41	2006-10-11A	餐厅	PM$_{10}$	2006-10-11	5.7	48.8
42	2006-9-5	室外	PM$_{10}$	2006-09-28	4	—
43	2006-9-6	室外	PM$_{10}$	2006-09-29	4	—
44	2005-11-19	餐厅	PM$_{2.5}$	2005-11-19	10	116.7
45	2005-11-20A	餐厅	PM$_{2.5}$	2005-11-20	3	322.2
46	2005-11-24A	餐厅	PM$_{2.5}$	2005-11-24	10	112.7

4.1.2 大气颗粒物图像分析基本步骤

微观图像分析技术应用于大气颗粒物研究,是近年来刚刚兴起的技术,可以提供颗粒物的数量-粒度分布和颗粒物数量浓度等源解析数据。这些数据是评价颗粒物健康效应、进行源解析的基础。Kasparisan 等(1998)、BéruBé 等(1999a)、Whittaker(2003)、邵龙义等(2003)都曾使用图像分析技术获得了大气颗粒物的数量-粒度和体积-粒度分布。

　　本次实验是在中国矿业大学(北京)煤炭资源与安全开采国家重点实验室(环境与健康实验室)的显微数字图像工作站上完成的。

　　实验样品中根据颗粒物形貌特征,区分为烟尘(soot)、球形颗粒(spherical particles)、矿物颗粒(mineral)、生物质颗粒和超细未知颗粒五大类。由于小于 0.1 μm 的超细颗粒在图像中无法从形貌上区分颗粒的类型,这部分颗粒暂定为超细未知细颗粒(unknown fine particle)。

　　对颗粒物进行数字化的具体步骤如下:

　　(1)进入工作管理菜单→打开要处理的一个图像;

　　(2)进入图像菜单→调入图像数据;

　　(3)进入测量菜单→坐标设定→重新确定比例尺;

　　(4)进入测量菜单→分别对矿物颗粒、烟尘集合体、球形颗粒、未知超细颗粒物等不同类型颗粒物进行周长测量、面积测量(图 4-1);

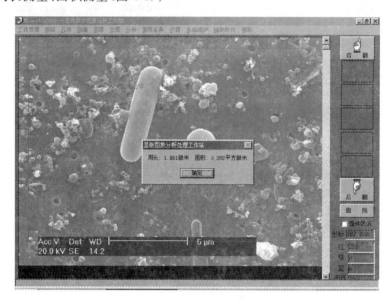

图 4-1　图像分析软件

Fig. 4-1　Images by the software

　　(5)进入分析菜单→以 Excel5.0[XLS]的格式保存分析结果;

　　(6)如此循环,直到处理完一个样品的 10 张图像;

　　(7)对不同类别的颗粒物,重复上述步骤。

　　根据颗粒物的等效直径分类,<1 μm 部分的为细颗粒部分,>1 μm 的部分为粗颗粒部分。在每一张照片中,由于颗粒物数量主要集中在细颗粒物部分,所以间隔定为 0.1 μm (<0.1、0.1~0.2、0.2~0.3、0.3~0.4、0.4~0.5、0.5~0.6、0.6~0.7、0.7~0.8、0.8~0.9、0.9~1.0),粗颗粒物部分数量比较少,间隔相对比较大一些,如 1.0~2.5、2.5~5.0 和> 5.0 μm,从而计算出各种颗粒物在各粒度范围内的出现频率。根据 10 张图片得出的结果可以计算出不同类型颗粒物在不同粒度范围内出现的频率和标准偏差。根据颗粒物的等效直径 (Equivalent Sphere Diameter,ESD)还可以计算每个颗粒物的等效球体体积,并据此计算该类型颗粒物的体积-粒度分布。

4.2 不同燃料燃烧排放室内 PM_{10} 的粒度分布特征

4.2.1 燃柴、燃煤、燃气排放室内 PM_{10} 的数量-粒度分布

不同的燃烧源产生的颗粒物的粒径分布是不同的。作者对不同燃烧源产生的室内 PM_{10} 采样，进行颗粒物的数量-粒度分析。

虽然北京市市区大部分家庭已经使用煤气或天然气，但是郊区的部分家庭还以生物秸秆、柴或煤等为烹饪的主要燃料。由于条件所限，不能进行单独采样，所以不排除其他环境影响因素，如室外污染源、室内人类活动引起的二次扬尘等影响，作者在燃柴、燃煤和燃气附近室内分别进行 PM_{10} 的采样。从表 4-3 可以看出燃柴附近室内采集的 PM_{10} 主要由烟尘集合体、矿物颗粒、生物质颗粒、球形颗粒组成。其中烟尘集合体不仅在面积上占优势，而且在数量上也占主导地位，分别为 75%、73%；球形颗粒在面积和数量上所占比例都非常小，分别为 1% 和 5%；矿物颗粒的面积和数量贡献分别为 23% 和 17%。可见，烟尘集合体对燃柴产生的颗粒物的贡献比较大。燃煤附近室内采集的颗粒物主要由球形燃煤飞灰、烟尘集合体、矿物颗粒和生物质颗粒组成。其中，燃煤飞灰（球形颗粒）在数量上对颗粒物总数量的最大贡献为 41%，但面积百分比仅为 5%，说明燃煤飞灰的粒径较小。矿物颗粒对总颗粒物的面积贡献最大，达 55%，但数量百分比为 28%，说明存在粗粒的不规则矿物颗粒；烟尘集合体对颗粒物总数量和面积的贡献分别为 39% 和 30%。燃气附近室内采集的颗粒物主要由烟尘集合体、矿物颗粒、球形颗粒和未知物颗粒组成。其中，烟尘集合体在数量上的贡献最大，约 41%；矿物颗粒的面积贡献最大，达 61%，数量贡献为 35%；在燃气的颗粒物样品中出现未知颗粒，虽然对数量的贡献为 8%，但对面积贡献仅为 1%。

表 4-3　不同类型燃料燃烧产生室内 PM_{10} 的数量和面积百分比　　　单位：%

Table 4-3　Number and area percentages of PM_{10} from different fuels　　　unit：%

样品	样品类型	烟尘集合体		球形颗粒		矿物		生物质		未知物	
		面积	数量	面积	数量	面积	数量	面积	数量	面积	数量
1	燃柴	75	73	1	5	23	17	1	5	0	0
2	燃煤	39	30	5	41	55	28	1	1	0	0
3	燃气	36	41	2	16	61	35	0	0	1	8

注：数量百分比指某种类型的颗粒物占所有分析颗粒物的百分比；面积百分比指某种类型的颗粒物在滤膜上的总面积占所有分析的颗粒物在滤膜上的总面积的比例。

不同燃料燃烧产生的室内颗粒物的粒度分布是不同的。从图 4-2 可以看出，燃柴附近室内采集的颗粒物的数量-粒度分布的峰值在 $0.3 \sim 0.7~\mu m$ 和 $1 \sim 2.5~\mu m$ 范围内；燃煤附近室内采集的颗粒物的数量-粒度分布的峰值在 $0.1 \sim 0.5~\mu m$ 和 $1 \sim 2.5~\mu m$ 范围内；燃气附近室内采集的颗粒物的数量-粒度分布的峰值在 $0.2 \sim 0.8~\mu m$ 和 $1 \sim 2.5~\mu m$ 范围内。可见，三种不同燃烧源排放的室内颗粒物的粒径都分布在小于 $2.5~\mu m$ 范围，为细粒子，与许多研究的结论一致（Chao 等 2001，Jones 等 2000a，Lee 等 2001），下面分别论述不同类型的颗粒物的数量-粒度分布。

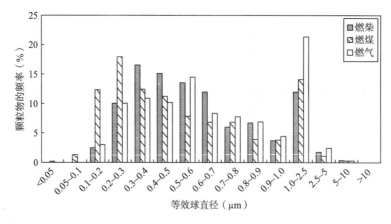

图 4-2　不同燃料燃烧排放的 PM$_{10}$ 的数量-粒度分布

Fig. 4-2　Number-size distribution of PM$_{10}$ from combustion of different fuels

从图 4-3 可以看出,燃柴产生的烟尘集合体的数量-粒度呈双峰分布,峰值在 0.3~0.7 μm 和 1.0~2.5 μm 范围,其中在 0.3~0.7 μm 范围内烟尘集合体占 61%,而 1.0~2.5 μm 范围 内仅为 12%。球形颗粒(燃煤飞灰)的粒度分布呈单峰分布,峰值在 0.1~0.4 μm 范围,其中 0.1~0.4 μm 范围内出现的频率占 92%。矿物颗粒的数量-粒度分布呈双峰分布,峰值在 0.2~0.6 μm 和 1.0~2.5 μm,其中 1.0~2.5 μm 范围内出现的频率为 18%。由此可见,燃柴 附近采集的颗粒物主要为细颗粒。

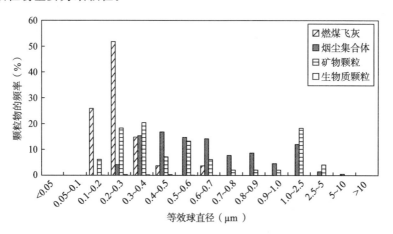

图 4-3　燃柴附近 PM$_{10}$ 的数量-粒度分布(No. 1)

Fig. 4-3　Number-size distribution of PM$_{10}$ collected near biomass burning (No. 1)

从图 4-4 可以看出,燃煤附近采集的球形燃煤飞灰的数量-粒度呈单峰分布,峰值在0.1~ 0.4 μm 范围,占总数量 84%,这与时宗波(2003)的结论一致,即燃煤飞灰的数量-粒度分布在 小于 1 μm 范围。烟尘集合体的数量-粒度呈双峰分布,峰值在 0.3~0.8 μm 和 1~2.5 μm 范 围,其中 0.3~0.8 μm 范围内出现的频率占 56%。矿物颗粒呈双峰分布,峰值在 0.4~ 0.8 μm和 1~2.5 μm 范围;生物质颗粒出现的频率较少。

从图 4-5 可以看出,燃气附近采集的烟尘集合体的数量-粒度呈双峰分布,峰值分别在 0.5~0.9 μm 和 1~2.5 μm 范围内,其中 0.5~0.9 μm 范围内出现的频率占 52%。球形颗粒的数量-粒度分布呈单峰分布,峰值在 0.1~0.5 μm 范围,出现的频率约 89%。由于采样期间部分地区仍采用燃煤供暖,所以室内的球形颗粒数量比较多。

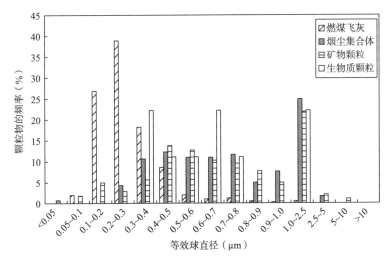

图 4-4　燃煤附近采集 PM$_{10}$ 的数量-粒度分布(No.2)

Fig. 4-4　Number-size distribution of PM$_{10}$ collected near coal burning (No.2)

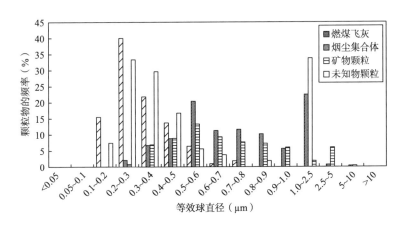

图 4-5　燃气附近采集 PM$_{10}$ 的数量-粒度分布(No.3)

Fig. 4-5　Number-size distribution of PM$_{10}$ collected near natural gas burning (No.3)

4.2.2　燃柴、燃煤、燃气排放室内 PM$_{10}$ 的体积-粒度分布

颗粒物的体积-粒度分布在一定程度上反映了颗粒物的质量-粒度分布。与数量-粒度分布特征不同,无论是在燃柴附近采集的颗粒物,还是在燃煤附近和燃气附近采集的颗粒物,其体积-粒度分布呈单峰分布(图 4-6、图 4-7 和图 4-8),并且峰值在大于 2.5 μm 的范围内;其中燃柴附近的 PM$_{10}$ 的峰值在 2.5~5 μm 范围;燃煤的颗粒物峰值为 5~10 μm 范围;燃气颗粒物的峰值在 2.5~5 μm 范围。

从图 4-3 和 4-6 可以看出,燃柴产生的 PM$_{10}$ 的数量-粒度分布中,小于 1 μm 的颗粒物在数量上占 85%,但只占体积的 9%(图 4-6);而粒径为 1~2.5 μm 范围的颗粒物在数量上占 11%,却占体积的 17%;而大于 2.5 μm 的颗粒物在数量上仅占 1.7%,但是占体积的 47%。

从燃煤产生的颗粒物的数量-粒度分布上也可以看出小于 1 μm 的颗粒物在数量上占 84.48%（图 4-4），但仅占体积的 5%（图 4-7），粒径为 1～2.5 μm 的颗粒物在数量上占 14%，而在体积上占 20%，粒径大于 2.5 μm 的颗粒物在数量上 1.3%，体积上却占 73%。从燃气产生的颗粒物可以看出同样的变化（图 4-5、图 4-8）。

　　由此可以看出，粒径较大的颗粒物主要由矿物颗粒组成，但是这些数量较少的粗矿物颗粒对 PM_{10} 的体积贡献较大。这一结果同室外 PM_{10} 的数量-粒度和体积-粒度的结果相似（Kasparisan 等 1998，时宗波 2003）。Kasparisan 等（1998）对法国里昂的颗粒物的粒度分布研究表明，<1 μm 的颗粒物在数量上占 80%，但是对 PM_{10} 质量的贡献仅为 5.6%。因此，少量的粗颗粒物影响了颗粒物的质量-粒度分布，进而有可能影响颗粒物的毒理学的研究分析。

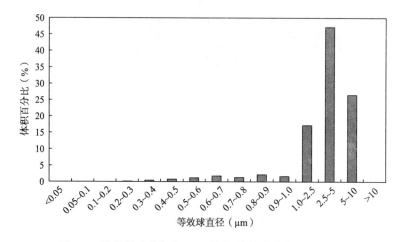

图 4-6　燃柴附近采集的 PM_{10} 的体积-粒度分布（No. 1）

Fig. 4-6　Volume-size distribution of PM_{10} collected near biomass burning（No. 1）

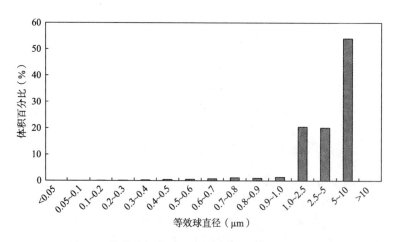

图 4-7　燃煤附近采集 PM_{10} 的体积-粒度分布（No. 2）

Fig. 4-7　Volume-size distribution of PM_{10} collected near coal burning（No. 2）

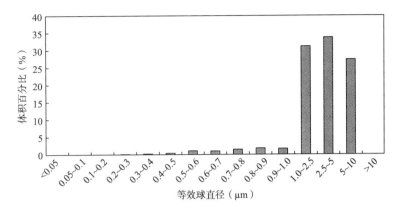

图 4-8　燃气附近采集 PM₁₀ 的体积-粒度分布（No. 3）

Fig. 4-8　Volume-size distribution of PM₁₀ collected near natural gas burning（No. 3）

4.3　居室室内 PM₁₀ 的粒度分布

4.3.1　市区居室室内/外冬季和夏季 PM₁₀ 的数量-粒度分布

作者于 2003 年 3 月和 7 月在市区吸烟和非吸烟室内外进行了 PM₁₀ 采样,由于采样时间长不利于颗粒物的形貌特征分析,因此缩短采样时间。从中选择有代表性的样品进行 FESEM 和图像分析。

不同季节、不同地点的室内外各种类型的颗粒物对 PM₁₀ 的数量贡献是不同的。在市区室内/外烟尘集合体在数量上都占优势(图 4-9)。

吸烟的室内颗粒物的组成比较复杂,冬季室内主要由烟尘集合体、矿物颗粒、球形颗粒和未知的颗粒组成(图 4-9a),对 PM₁₀ 的数量贡献分别为 54%、21%、13% 和 12%,而夏季烟尘集合体、矿物颗粒、未知颗粒、生物质颗粒和球形颗粒的数量百分比分别为 55%、17%、19% 和 5%(图 4-9b)。其中夏季室内生物质颗粒的数量增大,这可能由于夏季植物生长比较繁茂,而且附近有石榴树、丝瓜藤和葡萄藤等,它们通过室内外空气交换进入室内。在吸烟的室内未知颗粒对数量贡献也相当大,冬季和夏季分别占 12% 和 18%。这是吸烟产生许多超细颗粒物,对人体造成极大危害。

在非吸烟的室内 PM₁₀ 的组成相对简单,主要由烟尘集合体、矿物颗粒、球形颗粒等组成(图 4-9c、d)。在非吸烟的室内由于比较靠近交通干线,室内烟尘集合体对颗粒物的数量贡献较大,冬季和夏季分别为 63% 和 65%。非吸烟室内的矿物颗粒对数量的贡献在冬季为 13%,而夏季增加到了 28%,与室外夏季矿物颗粒所占的比重一致。

从图 4-9e、f 可以看出市区冬季室外 PM₁₀ 主要由烟尘集合体、球形颗粒和矿物颗粒组成。烟尘集合体对颗粒物的数量贡献在冬季为 62%,夏季增加到 73%;球形颗粒对总数量的贡献从冬季 24% 下降到夏季的 6%,这是由于北京市冬季有部分家庭使用燃煤取暖,造成室内外大量的燃煤飞灰。矿物颗粒对 PM₁₀ 的数量贡献在冬季为 14%,而到夏季增加了 7%,这由于夏季温度升高有利于各种化学反应的发生。

与室外颗粒物的分布相对应,室内的球形颗粒从冬季到夏季也明显减少(图 4-9a~d)。冬季在吸烟的室内球形颗粒的数量百分比为 13%，到夏季下降了 8%。非吸烟的室内冬季球形颗粒占 24%，而在夏季降低了 17%。虽然吸烟和非吸烟的室内冬季和夏季都没有燃煤，但由于室外的影响，特别是夏季，室外的颗粒物通过室内外空气交换进入室内。

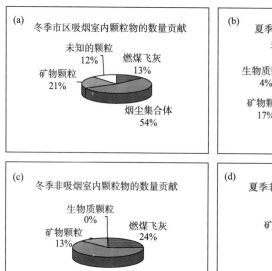
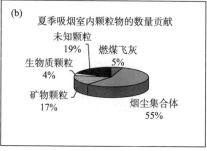
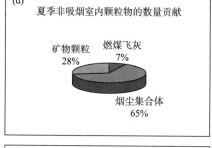
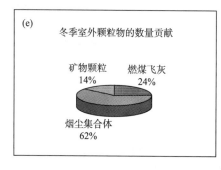
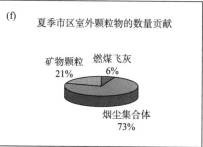

图 4-9　市区冬季和夏季室内外不同类型的颗粒物对 PM₁₀ 的数量贡献

Fig. 4-9　Contribution of each particle type to PM$_{10}$ in winter and summer in the urban area

同一家庭居室内不同类型的颗粒物的粒径分布是不同的。从图 4-10、4-11 可以看出冬季吸烟和非吸烟的室内烟尘集合体的数量-粒度都呈双峰分布，峰值分别在 $0.3\sim0.6\ \mu m$ 和 $1\sim2.5\ \mu m$ 及 $0.2\sim0.7\ \mu m$ 和 $1\sim2.5\ \mu m$ 范围，但是吸烟室内的小于 $1\ \mu m$ 的颗粒出现的频率为 82%，而非吸烟室内为 77%，可见，吸烟室内粒径小的烟尘集合体出现的频率较非吸烟室内多。吸烟和非吸烟室内的球形颗粒的数量-粒度分别都呈单峰分布，峰值都在 $0.2\sim0.5\ \mu m$ 范围，出现的频率分别占 78% 和 79%。吸烟室内的矿物颗粒的数量-粒度呈双峰分布，峰值在 $0.5\sim1.0\ \mu m$ 和 $1\sim2.5\ \mu m$ 范围，对数量的贡献分别为 41% 和 40%；而非吸烟的室内的矿物颗粒的峰值在 $0.4\sim0.9\ \mu m$ 和 $1\sim2.5\ \mu m$ 范围，对数量的贡献分别为 52% 和 23%。在吸烟的室内还有许多粒径较小的颗粒物，峰值在 $0.1\sim0.3\ \mu m$ 范围，出现的频率为 33%。从以上可以看出，市区室内 PM₁₀ 的组成主要为细颗粒物，与 Liu 等（2004）的结论基本一致。Liu 等

(2004)对北京市公共场所室内 PM_{10}、$PM_{2.5}$ 和 PM_1 的研究发现小于 2.5 μm 的颗粒物对 PM_{10} 的贡献可达 45%。

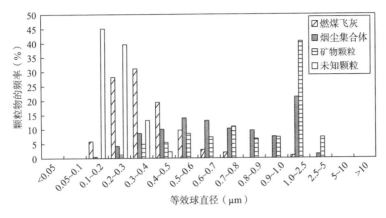

图 4-10 冬季市区吸烟室内 PM_{10} 的数量-粒度分布

Fig. 4-10 Number-size distribution of PM_{10} sample collected in the smokers' home in winter

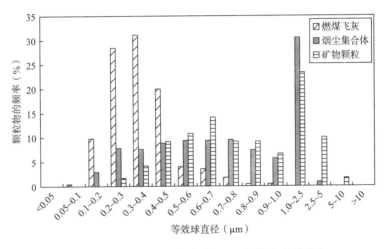

图 4-11 冬季市区非吸烟室内 PM_{10} 的数量-粒度分布

Fig. 4-11 Number-size distribution of PM_{10} sample collected in the non-smokers' home in winter

从图 4-12 可以看出,冬季市区室外 PM_{10} 的数量-粒度分布在<2.5 μm 范围,即细粒子。其中球形颗粒的数量-粒度分布在 0.2~0.5 μm 范围,与室内球形颗粒的数量-粒度分布一致。室外烟尘集合体的数量-粒度呈双峰分布,峰值在 0.3~0.7 μm 和 1~2.5 μm 范围,与时宗波 (2003)的结论一致。矿物颗粒的数量-粒度呈单峰分布,峰值在 1~2.5 μm 范围,可见矿物颗粒在粗颗粒范围内出现的频率大。

从图 4-13 和图 4-14 可以看出,市区夏季吸烟室内的烟尘集合体的数量-粒度分布呈单峰分布,峰值在 0.3~0.5 μm 范围,对数量的贡献为 64%;而非吸烟室内的烟尘集合体的数量-粒度分布在 0.4~0.8 μm 和 1~2.5 μm 范围,对数量的贡献分别为 28% 和 40%,可见相对吸烟室内的烟尘集合体在粒径小的范围出现的频率高。在夏季室外球形颗粒不是 PM_{10} 的主要组分,因此受室外的影响,室内的球形颗粒与室外的球形颗粒粒径分布一致。夏季吸烟的室内的矿物颗粒出现的频率明显增加(图 4-9),在吸烟和非吸烟的室内,其数量-粒度都呈双峰分布,峰值都在 $0.3\sim0.9\ \mu m$ 和 $1\sim2.5\ \mu m$ 范围。但夏季室内生物质颗粒出现的频率较高(图 4-9),其数量-粒度分布在 $0.2\sim0.6\ \mu m$ 范围,但是在非吸烟的室内及室外都没有出现生物质颗粒(图 4-14 和 4-15)。图 4-15 显示了市区夏季室外 PM_{10} 的数量-分布粒度,从图中可以看出烟尘集合体的数量-粒度呈双峰分布;矿物颗粒在 $1\sim2.5\ \mu m$ 的范围内出现主峰,在 $0.4\sim0.6\ \mu m$ 的范围内出现次峰,与时宗波(2003)的大气环境的研究结果一致。球形颗粒的数量-粒度呈单峰分布,峰值在 $0.1\sim0.3$ 范围。

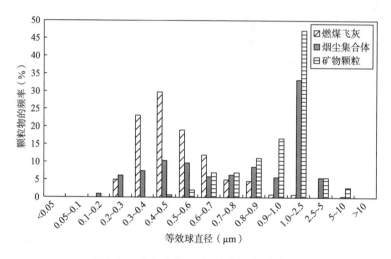

图 4-12　冬季室外 PM_{10} 的数量-粒度分布

Fig. 4-12　Number-size distribution of PM_{10} sample collected outdoors in winter

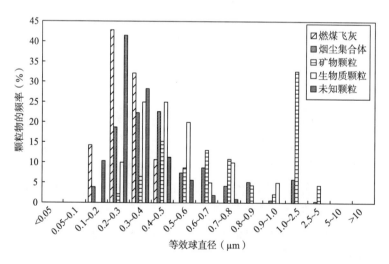

图 4-13　市区夏季吸烟室内 PM_{10} 的数量-粒度分布

Fig. 4-13　Number-size distribution of PM_{10} sample collected in smokers' home in summer

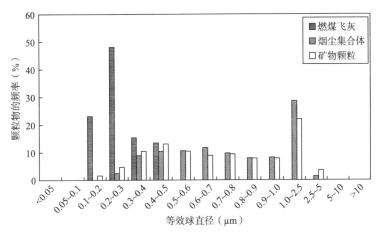

图 4-14   市区夏季非吸烟室内 PM$_{10}$ 的数量-粒度分布

Fig. 4-14   Number-size distribution of PM$_{10}$ sample collected in non-smokers' home in summer

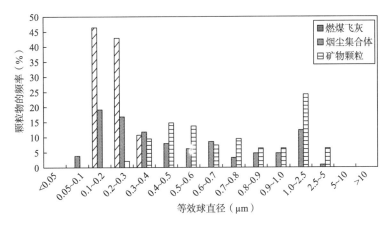

图 4-15   市区夏季室外 PM$_{10}$ 的数量-粒度分布

Fig. 4-15   Number-size distribution of PM$_{10}$ sample collected from outdoor air in summer

4.3.2 市区居室室内/外冬季和夏季 PM$_{10}$ 的体积-粒度分布

与粒度分布不同,无论在室内还是室外颗粒物的体积-粒度分布都呈单峰分布,并且主要分布在峰值大于 2.5 μm 的粒度范围(图 4-16a~f)。以冬季吸烟室内 PM$_{10}$ 样品为例(图 4-10 和 4-16a),从图 4-10 可以看出,冬季吸烟室内小于 1 μm 的颗粒在数量上占 82%,但只占体积的 11.34%,而 1~2.5 μm 范围的颗粒在数量上占 16%,却占体积的 44%,而大于 2.5 μm 的颗粒(矿物颗粒)在数量上占 2%,在体积上却占 43%。可见,数量较少的粗矿物颗粒对体积-粒度分布有很大的影响,进而对质量-粒度也有很大的影响。从图 4-14 可以看出夏季市区非吸烟室内小于 1 μm 的颗粒物的数量百分比约为 81%,而体积百分比仅为 13%(图 5-16d),1~2.5 μm 范围内颗粒物(烟尘集合体和矿物颗粒)对数量的贡献为 17%,而对体积的贡献达 54%,5~2.5 μm 范围内颗粒物(矿物颗粒)对数量的贡献仅为 1.7%,但对体积的贡献达到 33%。可见,在室内对颗粒物的数量贡献大的烟尘集合体对体积的贡献很小,而对数量贡献不大的矿物颗粒对体积的贡献很大。从图 4-15 和 4-16f 我们可以看出室外颗粒物的数量-粒度和体积-粒度分布有相似的规律。可见粗矿物颗粒对 PM_{10} 的体积-粒度分布有很大影响。

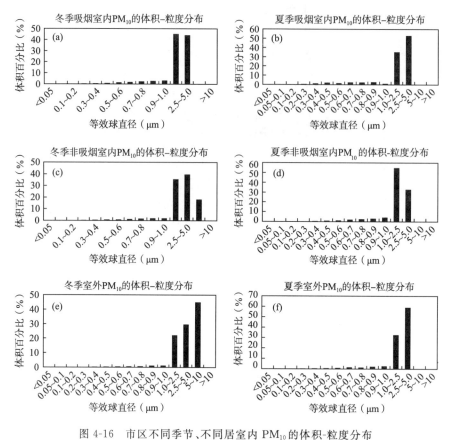

图 4-16　市区不同季节、不同居室内 PM_{10} 的体积-粒度分布

Fig. 4-16　Volume-size distribution of PM_{10} collected from different homes in different seasons in the urban area

4.3.3　郊区居室室内/外 PM_{10} 的数量-粒度和体积-粒度分布

作者在郊区的采暖期(3 月)和夏季(7 月)分别对郊区吸烟和非吸烟的室内外进行了 PM_{10} 采样,并进行了 FESEM 和图像分析。从图 4-17 可以看出不同类型的颗粒物对室内 PM_{10} 的数量贡献是不同的。无论室内和室外烟尘集合体对 PM_{10} 的数量贡献都较大。

从图 4-17a、b 可以看出,冬季吸烟室内 PM_{10} 主要由烟尘集合体、球形颗粒、矿物颗粒、未知颗粒等组成,其中烟尘集合体对数量的贡献为 34%,夏季增加到 46%,它不仅包括来自室内的烟尘集合体,还包括来自室外的烟尘集合体。球形颗粒对数量的贡献从冬季的 38% 下降到夏季的 6%,与市区相比,下降较多,说明了郊区冬季燃煤取暖中燃煤飞灰较多。未知颗粒对数量的贡献从冬季 12% 增加到夏季 15%。由于夏季高温,适宜于各种反应,矿物颗粒对数量的贡献也较冬季大,而且生物质颗粒出现的频率较高。

非吸烟室内的烟尘集合体对数量的贡献也增加(图 4-17c、d),但是球形颗粒出现频率较吸烟室内多,在夏季仅降低了 7%。夏季生物质颗粒出现的频率比较高,这是由于在非吸烟的室内有盆景如杜鹃、金橘等,夏季室外植物茂盛。另外,夏季矿物颗粒对数量的贡献增大了 2%。

从图 4-17e、f 还可以看出,冬季郊区室外颗粒物主要由烟尘集合体、球形颗粒和矿物颗粒组成,其中由于冬季燃煤取暖,球形颗粒对数量的贡献较大,达 37%,烟尘集合体对数量的贡献为 44%。夏季室外 PM$_{10}$ 主要由烟尘集合体、球形颗粒、矿物颗粒和生物质颗粒组成,其中生物质颗粒出现的频率增多了,反映了郊区的植物比较茂盛,而球形颗粒出现的频率降低。烟尘集合体、矿物颗粒物在夏季出现的频率都较冬季多,与室内的变化相应。

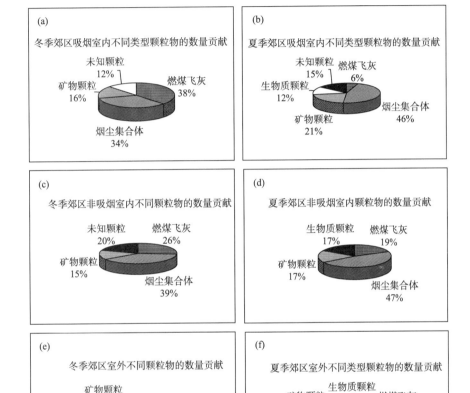

图 4-17　郊区室内/外不同类型颗粒物对 PM$_{10}$ 的数量贡献

Fig. 4-17　Contribution of each particle type to indoor/outdoor PM$_{10}$ composition during winter and summer in suburban area

从图 4-18 可以看出,郊区室内外 PM$_{10}$ 的数量-粒度分布主要在小于 2.5 μm 范围。冬季在吸烟室内(图 4-18a),烟尘集合体、球形颗粒呈双峰分布,峰值分别在都在 0.6~1.0 μm 和 1~2.5 μm 范围及 0.3~0.7 μm 和 1~2.5 μm 范围,矿物颗粒和未知颗粒的数量-粒度都呈单峰分布,峰值分别在 1~2.5 μm 和 0.2~0.5 μm 范围,但是在夏季(图 4-18b)球形颗粒和未知颗粒的数量-粒度呈单峰分布,峰值在 0.1~0.5 μm 范围,而烟尘集合体、矿物颗粒及新增的生物质颗粒的数量-粒度呈双峰分布,峰值在小于 1 μm 和 1~2.5 μm 范围。但是总体上吸烟室内的颗粒物在粒径小于 2.5 μm 的范围内出现的频率较高。

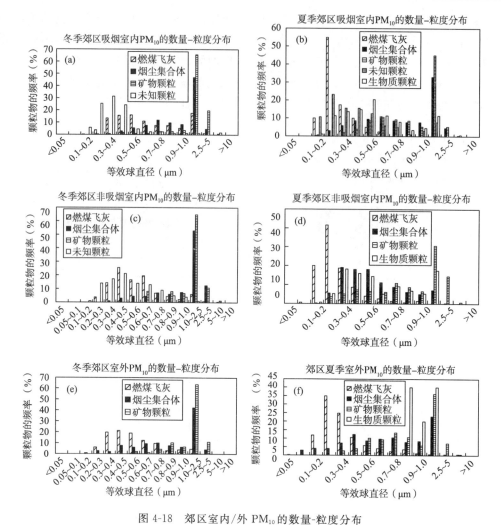

图 4-18　郊区室内/外 PM$_{10}$ 的数量-粒度分布

Fig. 4-18　Number-size distribution of PM$_{10}$ collected indoors and outdoors in the suburban area

　　在郊区非吸烟室内冬季烟尘集合体、球形燃煤飞灰、矿物颗粒和未知颗粒的数量-粒度都呈单峰分布(图 4-18c、d),其中燃煤飞灰和未知颗粒的峰值都在 0.3～0.7 μm 范围,而烟尘集合体和矿物颗粒的峰值在 1～2.5 μm 范围。夏季烟尘集合体、燃煤飞灰呈单峰分布,对应峰值在小于 0.6 μm 粒度范围内,这可能是冬季烟尘集合体聚集在一起形成大的簇状或长链状的烟尘集合体,而夏季由于室内外空气交换速率比较大,很难使烟尘集合体聚集,因此其粒径都比较小,而且呈单峰分布。矿物颗粒和少量的生物质颗粒呈双峰分布。

　　在郊区室外(图 4-18e)冬季燃煤飞灰呈单峰分布,峰值在 0.3～0.7 μm 范围,而烟尘集合体呈双峰分布,峰值分别在 0.4～1.0 μm 和 1～2.5 μm 范围,矿物颗粒呈单峰分布,峰值在 1～2.5 μm 范围。夏季(图 4-18 f)燃煤飞灰仍然呈单峰分布,并且粒径在 0.1～0.5 μm 范围,而烟尘集合体、矿物颗粒和生物质颗粒都成双峰分布,其对应峰值为小于 1 μm 和 1～2.5 μm,同时反映了室内的烟尘集合体、矿物颗粒和生物质颗粒的粒径分布。

　　与颗粒物的数量-粒度分布不同,郊区室内/外 PM$_{10}$ 的体积-粒度都呈单峰分布,并且峰值在 1～2.5 μm 或 2.5～5 μm(图 4-19a～f)。从图 4-19a 可以看出冬季吸烟室内的 PM$_{10}$ 的体积-粒度分布主要在大于 1 μm 的粒度范围内。从图 4-18a 可以看出,小于 1 μm 的颗粒物在数量上约占 60%,对应图 4-19a 可以看出,其只占体积的 3%;而 1~2.5 μm 范围内的颗粒物在数量上占 33%,体积占 21%;2.5~5 μm 范围内的颗粒物(烟尘集合体和矿物颗粒)在数量上仅占 5%,体积却占 29%;大于 5 μm 的颗粒(矿物)在数量上仅占 0.5%,但在体积上却占 46%,这说明数量很少的粗矿物颗粒对体积-粒度分布有很大影响。

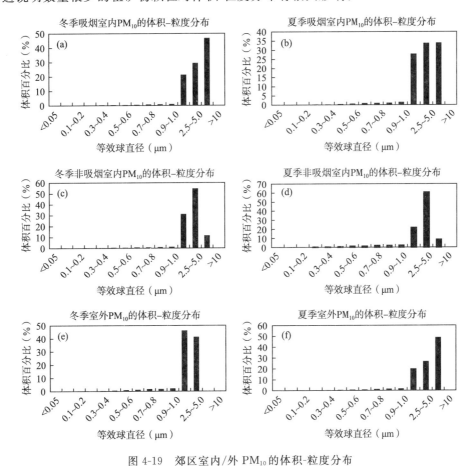

图 4-19　郊区室内/外 PM$_{10}$ 的体积-粒度分布

Fig. 4-19　Volume-size distribution of PM$_{10}$ collected indoors and outdoors in the suburban area

　　从郊区非吸烟室内夏季 PM$_{10}$ 的体积-粒度分布(图 4-19d)可以看出,PM$_{10}$ 的体积-粒度分布主要在粒径 2.5~5 μm 范围内,但是从图 4-18d 可以看出小于 1 μm 的颗粒物在数量上占 82.2%,但在体积上仅占 9.2%(图 4-19d);1~2.5 μm 范围内的颗粒物在数量上占 13%,体积上却占 21%;2.5~5 μm 范围的颗粒物(矿物颗粒)在数量上仅占 3.7%,体积上却占 60%,5~10 μm 范围的颗粒物在数量上仅占 0.18%,体积上却占 8.6%。由此也可以看出少量的粗矿物颗粒对体积-粒度分布有很大影响,同市区室内颗粒物的体积-粒度变化一致。从图 4-19e、4-19f 可以看出室外 PM$_{10}$ 的体积-粒度分布有相同的规律。

4.3.4　市区和郊区居室室内/外 PM$_{10}$ 的数量-粒度及体积-粒度分布对比

　　从以上分析可以看出,无论在市区和郊区室内和室外,烟尘集合体对 PM$_{10}$ 的数量贡献很大,而且烟尘集合体的数量-粒度分布在 $0.2 \sim 1.0~\mu m$ 和 $1.0 \sim 2.5~\mu m$ 范围内。在市区室内/外烟尘集合体的数量百分比超过 50%,比郊区室内外烟尘集合体的数量百分比高,这可能是由于市区的机动车较多而引起的,同时说明市区的污染比较严重。

在市区球形颗粒对 PM_{10} 的数量贡献也占一定比例,特别是在冬季,无论室内还是室外都相对较高,但是夏季明显降低 10% 左右,而室内降低更多,仅 $5\% \sim 7\%$,这是由于市区冬季有的地方还是燃煤取暖为主,而夏季明显降低。但是在郊区球形燃煤飞灰的数量百分比一直居高不下,室外燃煤飞灰的数量百分比达 22%,冬季为 37%,而夏季吸烟室内的燃煤飞灰的数量百分比为 6%,这说明郊区以煤为燃料烹饪的现象还比较多。但是所有的研究中发现燃煤飞灰的粒径一般均为 $0.2 \sim 0.6~\mu m$,可见燃煤产生的颗粒物一般为细粒子。

矿物颗粒对颗粒物数量的贡献变化很大。在市区吸烟室内冬季矿物颗粒的数量百分比高于夏季,但是在非吸烟室内和室外矿物颗粒的数量百分比在夏季都高于冬季,在郊区也出现同样的现象,可能由于各种气象条件等影响。但是夏季矿物的数量百分比高于冬季是毋庸置疑的,因为夏季温度高,增大了各种颗粒物间的化学反应。矿物颗粒的粒径变化范围很大,但普遍在 $1 \sim 2.5~\mu m$ 范围内,结合数量-粒度分布,矿物颗粒对 PM_{10} 的质量浓度的贡献比较大。

生物质颗粒在市区出现的频率较少,特别在室外更少。而室内由于室内花草或人的头皮屑、细菌等微生物的出现使得其数量百分比增高。但在郊区,特别是夏季由于植被繁茂,造成室内/外孢粉、植物碎屑等的增加。

未知颗粒主要由吸烟产生,由于粒径细小,或者特别的形状不可识别,因此在吸烟室内出现的频率较高。

4.4　校园公共场所室内 PM_{10} 的粒度分布特征

4.4.1　冬季校园公共场所室内 PM_{10} 的粒度分布

4.4.1.1　冬季图书馆室内 PM_{10} 的数量-粒度和体积-粒度分布

冬季图书馆(样品信息见表 4-2)室内大气 PM_{10} 的数量-粒度和体积-粒度总分布结果如图 4-20 所示,图中数据均是冬季图书馆室内样品粒径分布的平均值。图 4-20 可以看出 PM_{10} 主要分布在粒径小于 $0.3~\mu m$ 的范围内,占统计颗粒物数量的 66%,其中粒径 $<0.2~\mu m$ 的颗粒物占 52%。粒径小于 $2.5~\mu m$ 的颗粒物占总颗粒物数量的 99% 以上,冬季图书馆室内大气 PM_{10} 基本上由细颗粒组成,大部分颗粒物可进入人体的肺部组织中,直接进入血液循环。更重要的是,由于颗粒物本身含有许多有毒有害物质,同时还是其他有毒物质的载体,颗粒物越小,比表面积越大,更容易吸附有害的重金属和有机物,引起慢性呼吸系统疾病、高血压、动脉硬化、心脏病、甚至死亡(Dockery 等 1994,Pope 等 1995,张元勋等 2005)。从这一点看,冬季图书馆室内大气 PM_{10} 对人体健康的潜在危害性较大。冬季采样期间图书馆室内 PM_{10} 的体积主要分布在粒径 $1 \sim 5~\mu m$ 之间(如图 4-20 右图),占总体积的 70%,其中粒径分布在 $1 \sim 2.5~\mu m$ 之间的 PM_{10} 所占的体积百分比高达 53%。不难看出,粗颗粒虽然在数量上占少数,但是对体积的贡献比较大。

冬季图书馆室内大气 PM_{10} 中不同类型颗粒物的数量-粒度分布如图 4-20(左图)所示。可以看出,图书馆室内大气 PM$_{10}$ 中颗粒物的数量-粒度呈双峰分布,主峰在<0.1 μm,次峰出现在 1.0~2.5 μm。烟尘集合体分布比较分散,主要在 0.1~0.6 μm 及 1.0~2.5 μm 之间;超细颗粒呈单峰分布,其峰值出现在小于 0.1 μm 处,占总数量的 27%;飞灰呈单峰分布,峰值出现在 0.1~0.2 μm,其中粒径分布在<0.4 μm 的球形颗粒所占的数量百分比达 22%。矿物颗粒基本上呈双峰分布,峰值分别在 0.4~0.5 μm 和 1.0~2.5 μm;生物质颗粒基本上呈单峰分布,峰值出现在 0.1~0.2 μm 之间;不难看出烟尘集合体和超细颗粒物在数量上占优势,表明图书馆室内冬季以烟尘和超细颗粒物为主,对人体潜在危害较大。这与冬季室内密封性好有关,室内空气中颗粒物滞留时间越长危害越大,冬季图书馆室内湿度较小,容易引起细颗粒物二次或多次扬起。

从图 4-20(右图)的冬季图书馆室内大气 PM$_{10}$ 中不同类型颗粒物的体积-粒度分布可以看出,冬季图书馆室内大气 PM$_{10}$ 的体积-粒度呈单峰分布,峰值出现在 1.0~2.5 μm。烟尘集合体的体积主要分布在 1.0~2.5 μm 之间,占总体积的 38%;矿物颗粒的体积主要分布在 1.0~5 μm 之间,占总体积的 15%;飞灰和未知颗粒体积百分比很小,从图中无法看出其明显分布特征。

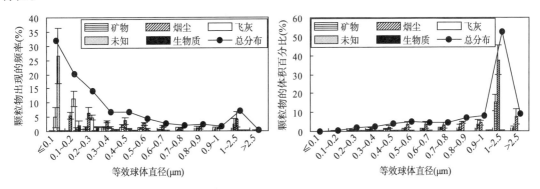

图 4-20　冬季图书馆室内大气 PM$_{10}$ 中不同类型颗粒物的数量-粒度和体积-粒度分布

Fig. 4-20　Number and volume-size distribution of different type particles in winter PM$_{10}$ collected at the library

4.4.1.2　冬季餐厅室内 PM$_{10}$ 的数量-粒度和体积-粒度分布

冬季餐厅(样品信息见表 4-2)室内大气 PM$_{10}$ 的数量-粒度和体积-粒度分布如图 4-21 所示,图中数据是冬季餐厅样品粒度分布的平均值。大气 PM$_{10}$ 的数量主要分布在粒径小于 0.4 μm 的范围内,占统计颗粒物数量的 88%,其中粒径<0.2 μm 的颗粒物占总颗粒物数量的 60%。同冬季图书馆室内一样,粒径小于 2.5 μm 的颗粒物占总颗粒物数量的 99% 以上,表明冬季室内大气 PM$_{10}$ 基本上为细颗粒物组成,对人体健康的潜在危害性较大。冬季大气 PM$_{10}$ 的体积主要分布在粒径大于 1 μm 的范围内,占总体积的 67% 以上,其中粒径分布在 1~2.5 μm 之间的 PM$_{10}$ 所占的体积百分比高达 51%。

从冬季餐厅室内大气 PM$_{10}$ 中不同类型颗粒物的数量-粒度分布图 4-21(左图)可以看出,餐厅室内大气 PM$_{10}$ 中颗粒物的数量-粒度呈双峰分布,主峰在<0.1 μm,次峰很小出现在 1.0~2.5 μm。超细颗粒呈单峰分布,主要分布在粒径<0.1 μm,占总数量的 34%;烟尘集合体呈双峰分布,峰分别位于 0.2~0.3 μm 及 1.0~2.5 μm,分布在粒径 0.1~0.4 μm 之间的烟尘集合体占总数量的 20%;球形颗粒呈单峰分布,峰值出现在 0.1~0.2 μm,而粒径分布在

＜0.4 μm的球形颗粒所占的数量百分比达 23％；与冬季图书馆室内大气中的不同类型颗粒物的分布情况相同；矿物和生物质颗粒很少，很难从图中看出明显分布规律。

　　冬季餐厅室内大气 PM₁₀ 中不同类型颗粒物的体积-粒度分布如图 4-21（右图）所示，可以看出冬季餐厅室内大气 PM₁₀ 的体积-粒度呈单峰分布，峰值出现在 1.0～2.5 μm，与图书馆特征相同。烟尘集合体的体积主要分布在 1.0～2.5 μm 之间，占总体积的 42％；矿物颗粒的体积主要分布在 1.0～5 μm 之间，占总体积的 17％；球形颗粒和未知颗粒体积百分比很小，从图中很难看出明显分布特征。对于矿物颗粒来说，虽然数量上比例很小，但是由于颗粒物较粗，所以对体积的贡献也比较大。

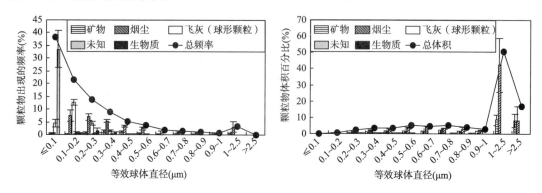

图 4-21　冬季餐厅室内大气 PM₁₀ 中不同类型颗粒物的数量-粒度和体积-粒度分布

Fig. 4-21　Number and volume-size distribution of different type particles in winter PM₁₀ collected at the canteen

4.4.1.3　冬季室外大气 PM₁₀ 的数量-粒度和体积-粒度分布

　　冬季室外（样品信息见表 4-2）大气 PM₁₀ 的数量-粒度和体积-粒度分布如图 4-22 所示。大气 PM₁₀ 的数量主要分布在粒径小于 0.3 μm 的范围内，占统计颗粒物数量的 76％，其中粒径＜0.1 μm 的颗粒物占总颗粒物数量的 46％。同室内一样，粒径小于 2.5 μm 的颗粒物占总颗粒物数量的 99％以上，说明室外大气 PM₁₀ 中也是以细颗粒物为主。大气 PM₁₀ 的体积主要分布在粒径大于 1 μm 的范围内，占总体积的 63％以上，其中粒径分布在 1～2.5 μm 之间的 PM₁₀ 所占的体积百分比高达 54.28％。

　　冬季室外大气 PM₁₀ 中不同类型颗粒物的数量-粒度分布如图 4-22（左图）所示。超细未知颗粒的粒径集中分布在小于 0.1 μm 的范围内，占总数量的 37％；球形颗粒主要集中分布在粒径小于 0.3 μm 的范围内，所占数量百分比为 27％。与室外相比，室内大气中的球形颗粒所占的数量百分比相对较小，因为球形颗粒主要是燃煤产生的（邵龙义等 2003），图书馆和餐厅室内均无燃煤设施，室内的球形颗粒可能来源于室外。烟尘集合体集中分布在 0.1～0.6 μm 之间，所占的数量百分比为 18％。

　　图 4-22（右图）是冬季室外大气 PM₁₀ 中不同类型颗粒物的体积-粒度分布。烟尘集合体主要分布在 1.0～2.5 μm 之间，占总体积的 42％；矿物颗粒的体积主要分布粒径介于 1.0 μm～5.0 μm，占总体积的 17％。与室内相比，冬季室外烟尘颗粒和矿物颗粒的粒径较大，这是因为冬季采样期间静风，颗粒物在空中停留时间长，使烟尘颗粒容易聚集或吸附其他细小颗粒。

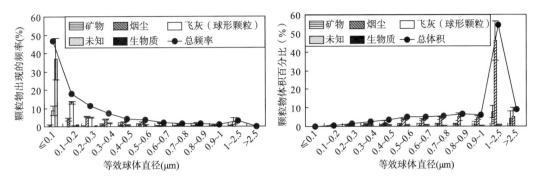

图 4-22 冬季室外大气 PM₁₀ 中不同类型颗粒物的数量-粒度和体积-粒度分布

Fig. 4-22 Number-size and volume-size distribution of different type particles in winter PM₁₀ collected outdoors

4.4.2 春季校园公共场所室内 PM₁₀ 的粒度分布

4.4.2.1 春季图书馆室内 PM₁₀ 的数量-粒度和体积-粒度分布

对于春季（表 4-2 所示）图书馆室内大气 PM₁₀ 的数量-粒度和体积-粒度总分布结果如图 4-23 所示。图 4-23 左图可以看出 PM₁₀ 的数量主要分布在粒径小于 0.5 μm 的范围内，占总数量的 74%，其中粒径<0.2 μm 的颗粒物只占 40%，粒径在 1.0~2.5 μm 的颗粒占 8.54%。与冬季图书馆相比，可以看出春季图书馆室内的颗粒物粒径较大，主要是春季门窗敞开，室外粗颗粒物容易进入室内。与冬季图书馆相同，粒径小于 2.5 μm 的颗粒物占总颗粒物数量的 99% 以上，说明春季图书馆室内大气 PM₁₀ 也主要由细颗粒组成。春季图书馆室内大气 PM₁₀ 对人体健康的危害也不容忽视。春季采样期间图书馆室内 PM₁₀ 的体积主要分布在粒径 >1.0 μm（图 4-23 右图），占总体积的 78%，与冬季图书馆 70% 相比，春季图书馆室内粗颗粒物所占的数量和体积都明显比冬季大，这与春季风沙大和室内通风情况有关。

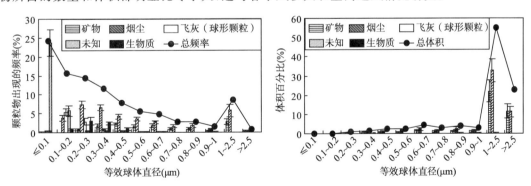

图 4-23 春季图书馆室内大气 PM₁₀ 中不同类型颗粒物的数量-粒度和体积-粒度分布

Fig. 4-23 Number-size and volume-size distribution of different type particles in spring PM₁₀ collected at the library

春季图书馆室内大气 PM₁₀ 中不同类型颗粒物的数量-粒度分布如图 4-23（左图）所示。与冬季相同，春季图书馆室内大气 PM₁₀ 中颗粒物的数量-粒度呈双峰分布，主峰在<0.1 μm，次峰出现在 1.0~2.5 μm。烟尘集合体呈双峰分布，主要分布在 0.2~0.4 μm 和 1~2.5 μm 之间，超细未知颗粒呈单峰分布，主要分布在粒径<0.1 μm，占总数量的 24%；矿物颗粒基本上呈双峰分布，峰值分别在 0.4~0.5 μm 和 1.0~2.5 μm；球形颗粒呈单峰分布，峰值出现在

$0.1\sim0.2~\mu m$，数量百分比为 5%；生物质颗粒呈单峰分布，峰值出现在 $0.2\sim0.3~\mu m$ 之间。

图 4-23 右图是春季图书馆室内大气 PM_{10} 中不同类型颗粒物的体积-粒度分布。图中可以看出春季图书馆室内大气 PM_{10} 的体积-粒度呈单峰分布，峰值出现在 $1.0\sim2.5~\mu m$，约占总体积的 55%。烟尘集合体和矿物颗粒的体积主要分布在 $1.0\sim5~\mu m$ 之间，分别占总体积的 44% 和 33%，矿物颗粒的粒径明显比冬季大；球形颗粒和生物质颗粒体积百分比很小，从图中无法看出明显分布特征。

4.4.2.2　春季餐厅室内 PM_{10} 的数量-粒度和体积-粒度分布

对于春季餐厅(样品信息见表 4-2)室内大气 PM_{10} 的数量-粒度和体积-粒度总分布结果如图 4-24，可以看出对于春季餐厅室内大气 PM_{10} 的粒度分布特征与图书馆相似。对于不同类型颗粒物的粒度分布也相差不大。春季室内颗粒物的数量和体积分布与室内自身因素关系不是很大，主要是受室外影响较大。

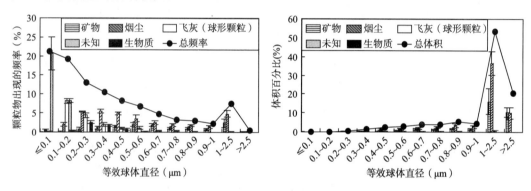

图 4-24　春季餐厅室内大气 PM_{10} 中不同类型颗粒物的数量-粒度和体积-粒度分布

Fig. 4-24　Number and volume-size distribution of different type particles in spring PM_{10} collected at the canteen.

4.4.2.3　春季室外 PM_{10} 的数量-粒度和体积-粒度分布

如图 4-25 是关于春季室外(样品信息见表 4-2)大气 PM_{10} 的数量-粒度和体积-粒度分布以及不同类型颗粒物的数量和体积百分比。与春季室内相比，烟尘集合体和超细未知颗粒相差不大，球形颗粒明显增多，而矿物颗粒在数量上虽然只有 10%，但其体积的贡献率却达到

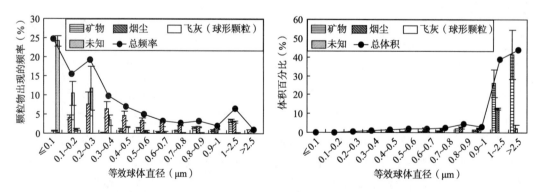

图 4-25　春季室外大气 PM_{10} 中不同类型颗粒物的数量-粒度和体积-粒度分布

Fig. 4-25　Number and volume-size distribution of different type particles in spring PM_{10} collected outdoors.

72%,这表明春季室外矿物颗粒的质量远远大于室内矿物颗粒的质量。这可能是因为室内矿物颗粒和球形颗粒主要来源于室外风沙和道路扬尘和燃料燃烧等(邵龙义等 2003)。

4.4.3　夏季校园公共场所室内 PM$_{10}$ 的粒度分布

图 4-26、4-27 和 4-28 分别是夏季图书馆和餐厅室内外大气 PM$_{10}$ 颗粒物的数量和体积粒度分布,样品信息见表 4-2,与冬春季节不同,室内大气 PM$_{10}$ 中颗粒物的数量-粒度呈单峰分布,峰值在<0.1 μm 处。从图 4-26 和 4-27 左图中可以看出夏季室内 PM$_{10}$ 的数量主要分布在粒径小于 0.5 μm 的范围内,占总数量的 78% 以上,与冬季室内相同,粒径小于 2.5 μm 的颗粒物占总颗粒物数量的 99% 以上,说明夏季室内大气 PM$_{10}$ 也主要由细颗粒组成。图书馆和餐厅室内外颗粒物的体积主要分布在 1~2.5 μm 之间,分别 54%、28% 和 58%,可以看出餐厅室内颗粒物粒径明显小于图书馆和室外。

夏季图书馆和餐厅室内大气 PM$_{10}$ 中不同类型颗粒物的数量-粒度分布如图 4-26 和 4-27 中左图所示。图书馆室内的烟尘集合体呈双峰分布,主要分布在 0.2~0.4 μm 和 1~2.5 μm 之间;餐厅室内烟尘集合体峰值在 0.2~0.4 μm,约占总数量的 14%,超细未知颗粒呈单峰分布,主要分布在粒径<0.1 μm,约占总数量的 28%;图书馆室内球形颗粒主要分布在 0.1~0.3 μm 之间,占总数量的 25% 左右;餐厅室内的球形颗粒数量上明显低于图书馆和室外(图 4-28 左图)。烟尘集合体的数量百分比较室外的大,因为室内细颗粒较多容易聚集。与春季室内相比矿物颗粒和生物质颗粒在数量上明显减少,夏季采样期间室外风小或无风,矿物颗粒较少。

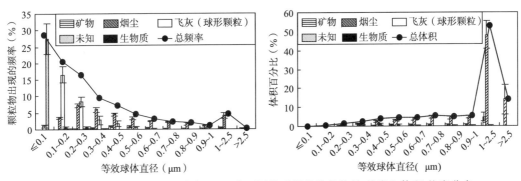

图 4-26　夏季图书馆室内大气 PM$_{10}$ 中不同类型颗粒物的数量-粒度和体积-粒度分布

Fig. 4-26　Number and volume-size distribution of different type particles in summer PM$_{10}$ collected at the library.

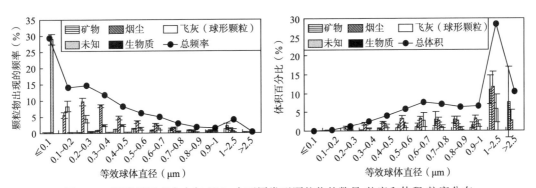

图 4-27　夏季餐厅室内大气 PM$_{10}$ 中不同类型颗粒物的数量-粒度和体积-粒度分布

Fig. 4-27　Number and volume-size distribution of different type particles in summer PM$_{10}$ collected at the canteen.

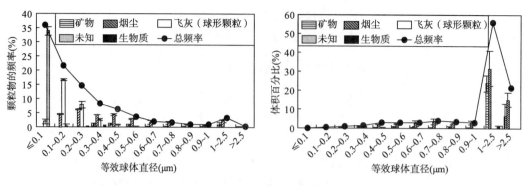

图 4-28 夏季室外大气 PM₁₀ 中不同类型颗粒物的数量-粒度和体积-粒度分布

Fig. 4-28 Number and volume-size distribution of different type particles in summer PM₁₀ collected outdoors

图 4-26 和 4-27 右图是夏季图书馆和餐厅室内大气 PM₁₀ 中不同类型颗粒物的体积-粒度分布。夏季图书馆、餐厅室内及室外 PM₁₀ 中烟尘集合体的体积-粒度呈单峰分布,峰值出现在 $1.0 \sim 2.5 \ \mu m$ 分别占总体积的 49%、13% 和 31%,可见餐厅室内烟尘颗粒较图书馆室内细。而矿物颗粒的体积主要分布在 $1.0 \sim 5 \ \mu m$ 之间,分别占总体积的 4% 和 19%,夏季图书馆室内矿物颗粒较餐厅少;与冬春季节相比,夏季餐厅室内球形颗粒在数量上低于图书馆和室外(图 4-26,4-27 和 4-28),但粒径较大,主要分布在 $1 \sim 2.5 \ \mu m$ 之间。

4.4.4 秋季校园公共场所室内 PM₁₀ 的粒度分布

秋季室内 PM₁₀ 样品的数量-粒度分布特征如图 4-29 和 4-30 左图所示,秋季图书馆和餐厅(样品信息见表 4-2)室内数量-粒度分布情况相差不大。与春季特征相似,室内大气 PM₁₀ 的数量主要分布在粒径小于 $0.5 \ \mu m$ 的范围内,占总数量的 68% 以上,其中粒径 $<0.2 \ \mu m$ 的颗粒物占 36% 以上,粒径在 $1.0 \sim 2.5 \ \mu m$ 的颗粒占 10% 左右。与冬季相比,可以看出秋季室内的颗粒物粒径较大,主要是秋季门窗敞开,室外粗颗粒物容易进入室内。与其他季节相同,粒径小于 $2.5 \ \mu m$ 的颗粒物占总颗粒物数量的 99% 以上,说明室内大气 PM₁₀ 主要由细颗粒组成。采样期间秋季图书馆和餐厅室内 PM₁₀ 的体积-粒度分布也相同,主要分布在粒径 $>1.0 \ \mu m$ 范围(如图 4-29 和 4-30 右图),占总体积的 74%,与春季的 78% 稍小,比冬季室内的 70% 和夏季的 60% 要大,可以看出秋季室内粗颗粒物所占的体积比冬季和夏季的大,比春季要小,但相差不是很大。

秋季室内大气 PM₁₀ 中不同类型颗粒物的数量-粒度分布如图 4-29 和 4-30 左图所示。烟尘集合体呈双峰分布,主要分布在 $0.2 \sim 0.4 \ \mu m$ 和 $1 \sim 2.5 \ \mu m$ 之间,超细未知颗粒呈单峰分布,主要分布在粒径 $<0.1 \ \mu m$,图书馆和餐厅室内分别占总数量的 26% 和 22%;矿物颗粒与春季分布相差不大,基本上呈单峰分布,峰值在 $1.0 \sim 2.5 \ \mu m$,与夏季分布情况不同。夏季矿物颗粒数量上分布比较分散;球形颗粒呈单峰分布,峰值出现在 $0.1 \sim 0.2 \ \mu m$,所占的数量百分比为 7% 左右,介于冬季和春季之间;生物质颗粒太少无法看出其分布情况。

图 4-29 和图 4-30 右图是秋季图书馆和餐厅室内大气 PM₁₀ 中颗粒物的体积-粒度分布。图中可以看出与其他季节一样,秋季室内大气 PM₁₀ 的体积-粒度呈单峰分布,峰值出现在 $1.0 \sim 2.5 \ \mu m$,约占总体积的 55%。秋季室内烟尘集合体和矿物颗粒的体积主要分布在 $1.0 \sim 2.5 \ \mu m$ 之间,图书馆和餐厅室内的烟尘颗粒分别占总体积的 41% 和 37%,矿物颗粒占总体

的 23% 和 31%;球形颗粒和生物质颗粒体积百分比很小,从图中无法看出明显分布特征。与其他季节一样,室内超细颗粒物虽然在数量上占比例较大,但是其颗粒物粒径都很小,体积百分比也就很小,与室内相比,室外颗粒物数量和体积粒度分布规律基本一致(如图 4-31),不同的是颗粒物粒径比室内稍大。

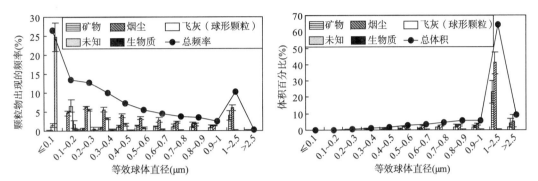

图 4-29　秋季图书馆室内大气 PM$_{10}$ 中不同类型颗粒物的数量-粒度和体积-粒度分布

Fig. 4-29　Number-size and volume-size distribution of different type particles in autumn PM$_{10}$ collected at the library.

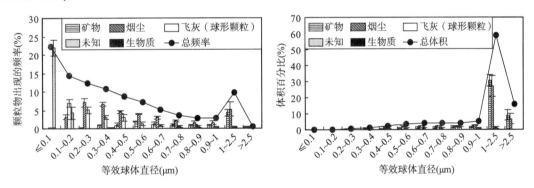

图 4-30　秋季餐厅室内大气 PM$_{10}$ 中不同类型颗粒物的数量-粒度和体积-粒度分布

Fig. 4-30　Number-size and volume-size distribution of different type particles in autumn PM$_{10}$ collected at the canteen.

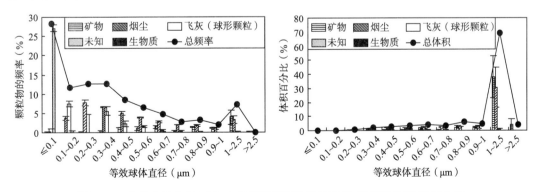

图 4-31　秋季室外大气 PM$_{10}$ 中不同类型颗粒物的数量-粒度和体积-粒度分布

Fig. 4-31　Number-size and volume-size distribution of different type particles in autumn PM$_{10}$ collected outdoors.

4.4.5 不同季节校园公共场所室内 PM$_{10}$ 的粒度分布比较

总体上来看,图书馆和餐厅室内 PM$_{10}$ 中粒径小于 2.5 μm 的颗粒物占总颗粒物数量的 99% 以上。春秋季矿物颗粒的数量粒度主要分布在 1.0~2.5 μm 之间;球形颗粒数量上主要分布在 0.1~0.2 μm,夏季所占的数量百分比为 7% 左右,介于冬季和春季之间;室内 PM$_{10}$ 的体积主要分布在粒径>1.0 μm 范围,秋季占总体积的 74%,与春季的 78% 相比稍小,比冬季室内的 70% 和夏季的 60% 要大,可以看出秋季室内粗颗粒物所占的体积比冬季和夏季的大,比春季要小,但相差不是很大。

室内大气 PM$_{10}$ 的数量-粒度主要分布在<0.1 μm,主要以超细颗粒为主,其次在 1.0~2.5 μm,主要为烟尘集合体;球形颗粒颗粒主要分布在 0.2~0.4 μm 之间;图书馆室内粒径小于 0.2 μm 的颗粒物占总颗粒数的 65% 以上,而餐厅则占 55%;图书馆和餐厅室内大气 PM$_{10}$ 的体积-粒度主要分布在 1.0~2.5 μm,以烟尘集合体和矿物颗粒为主。

4.4.6 昼夜校园公共场所室内 PM$_{10}$ 的粒度分布比较

为对比室内白天与晚上颗粒物粒度分布的差别,作者对春季白天和晚上图书馆和餐厅室内的颗粒物分别进行了粒度统计,样品信息见表 4-2。图 4-32 和图 4-33 是图书馆室内白天和晚上颗粒物的粒度分布图,从图中可以看出,总体趋势和前面讨论的春季室内颗粒特征相同,白天和晚上颗粒物数量分布基本上一致,呈双峰分布,主峰在<0.1 μm,分别为 28% 和 21%;次峰在 1.0~2.5 μm,分别为 6%,11%。晚上较大粒径的颗粒物所占的数量百分比比白天的大,这一点从它们的粒度分布图中就可以明显看出(图 4-32 和图 4-33),白天粒径>1.0 μm 颗粒物所占的体积百分比为 70%,而晚上的则高达 85%,主要是烟尘集合体和矿物颗粒的贡献比较大。虽然有研究表明,人的活动会大大增加室内粗颗粒物的浓度(Kulmala 等 1999,熊志明等 2004,刘阳生等 2004),而本次研究不论是图书馆还是餐厅(图 4-32 至图 4-35)都显示晚上颗粒物中大粒径的数量和体积百分比都比白天的要高,这里可能是由于图书馆和餐厅室内白天使用空气转换装置和排风扇的原因,有研究表明颗粒物浓度与通风量成负相关关系;而且白天定时进行清洁,这些都可以改善室内空气质量,Kulmala 等(1999)在研究室内浓度的影响因素中也得出同样的结论。

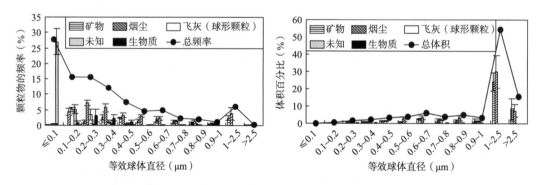

图 4-32　图书馆室内白天大气 PM$_{10}$ 中不同类型颗粒物的数量-粒度和体积-粒度分布

Fig. 4-32　Number-size and volume-size distribution of different type particles in the daytime PM$_{10}$ collected at the library.

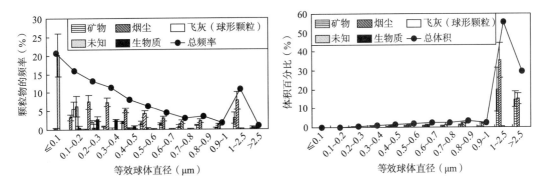

图 4-33 图书馆室内晚上大气 PM₁₀ 中不同类型颗粒物的数量-粒度和体积-粒度分布

Fig. 4-33 Number-size and volume-size distributions of different type particles at night PM₁₀ collected at the library.

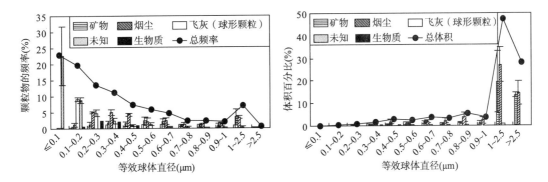

图 4-34 餐厅室内白天大气 PM₁₀ 中不同类型颗粒物的数量-粒度和体积-粒度分布

Fig. 4-34 Number-size and volume-size distributions of different type particles in the daytime PM₁₀ collected at the canteen.

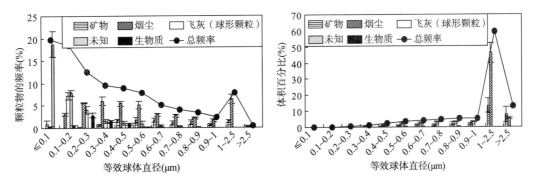

图 4-35 餐厅室内晚上大气 PM₁₀ 中不同类型颗粒物的数量-粒度和体积-粒度分布

Fig. 4-35 Number-size and volume-size distributions of different type particles at night PM₁₀ collected at the canteen.

对于不同类型颗粒物的数量百分比来说,烟尘颗粒的数量百分比在白天和晚上都成双峰分布,峰值都在粒径 $0.2\sim0.3\ \mu m$ 和 $1.0\sim2.5\ \mu m$。从上面的分析可以看出,对本次研究采样期间室内白天和晚上颗粒物的数量-粒度分布都呈双峰分布,主峰在 $<0.1\ \mu m$,次峰在 $1.0\sim2.5\ \mu m$,而白天室内粒径在 $1.0\sim2.5\ \mu m$ 颗粒所占的数量百分比稍大于晚上。体积-粒度分

布都呈单峰分布,峰值在 $1.0\sim2.5~\mu m$,主要是烟尘颗粒和矿物颗粒的贡献比较大,占总体积的 95% 以上。

4.5　小结

(1)不同燃烧源产生的颗粒物的种类和粒度分布是不同的。在生物秸秆、煤和天然气三种燃料中,生物质燃烧产生的颗粒物主要是烟尘集合体,数量-粒度分布的峰值在 $0.3\sim0.7~\mu m$ 和 $1\sim2.5~\mu m$ 范围;燃煤产生的颗粒物主要是球形颗粒,数量-粒度分布在峰值为 $0.1\sim0.4~\mu m$ 范围内;燃气产生的颗粒物主要为烟尘集合体,数量-粒度分布的峰值在 $0.5\sim0.9~\mu m$ 和 $1\sim2.5~\mu m$ 范围。

(2)在市区吸烟室内 PM_{10} 的数量-粒度呈双峰分布,峰值在 $0.2\sim0.5~\mu m$ 和 $1\sim2.5~\mu m$ 范围,其中粒径小于 $0.5~\mu m$ 颗粒物对 PM_{10} 的数量贡献达 61%。室内 PM_{10} 的体积-粒度分布呈单峰分布,峰值在 $2.5\sim10~\mu m$ 范围。在 $2.5\sim10~\mu m$ 范围内出现的颗粒物主要是矿物颗粒,对 PM_{10} 的体积贡献很大。非吸烟室内 PM_{10} 数量-粒度呈双峰分布,峰值在 $0.2\sim0.5~\mu m$ 和 $1\sim2.5~\mu m$ 范围,其中粒径小于 $0.5~\mu m$ 范围的颗粒物对 PM_{10} 数量贡献较吸烟室内小,仅为 47%。非吸烟室内的 PM_{10} 的体积-粒度分布呈单峰分布,峰值在 $2.5\sim10~\mu m$ 范围,而且在 $2.5\sim10~\mu m$ 范围出现的频率较多的是矿物颗粒。

(3)在郊区吸烟室内 PM_{10} 的数量-粒度呈双峰分布,峰值在 $0.2\sim0.5~\mu m$ 和 $1\sim2.5~\mu m$ 范围,体积-粒度呈单峰分布,峰值在 $2.5\sim10~\mu m$ 范围。在非吸烟室内 PM_{10} 的数量-粒度呈双峰分布,峰值在 $0.3\sim0.6~\mu m$ 和 $1\sim2.5~\mu m$ 的范围;体积-粒度分布呈单峰分布,峰值在 $2.5\sim10~\mu m$ 范围,并且大部分是矿物颗粒,其对 PM_{10} 的体积贡献较大。

(4)图书馆和餐厅室内 PM_{10} 的数量-粒度都呈双峰分布,主峰在 $<0.1~\mu m$ 的范围内,主要以超细颗粒为主,次峰在 $1.0\sim2.5~\mu m$ 之间,主要为烟尘集合体;球形颗粒主要分布在 $0.2\sim0.4~\mu m$ 之间。

(5)图书馆和餐厅室内 PM_{10} 的体积-粒度主要分布在 $1.0\sim2.5~\mu m$ 之间,以烟尘集合体和矿物颗粒为主。

(6)室内 PM_{10} 的数量和体积粒度总分布季节性变化不明显。数量上,烟尘颗粒物主要集中在粒径 $0.2\sim0.4~\mu m$,夏秋季节所占数量百分比较高;体积上,矿物颗粒主要分布在 $>1.0~\mu m$ 范围,春季矿物所占体积百分比最大。

(7)白天和晚上室内 PM_{10} 在数量上分布基本一致,晚上粒径 $>1.0~\mu m$ 颗粒物所占的体积百分比较白天高。

5　居室及公共场所室内 PM$_{10}$中化学元素组成特征

可吸入颗粒物的化学成分分析是 20 世纪 60 年代至今做得最多的研究之一,目前已知 PM$_{10}$的化学成分包括可溶成分、有机成分、无机成分和元素碳等。虽然无机化学成分仅占颗粒物质量的小部分,但是一些重金属元素如 As、Pb、Cr、Hg 等,即使少量的含量也会对人体健康造成危害。这些无机元素主要来自人为源和自然源,如 Al 来自土壤,Pb 来自汽油,V 来自重油燃烧等(Zheng 等 2000)。研究表明不同排放源的气溶胶颗粒其化学组成特别是微量元素的组成具有各自的特征。因此,颗粒物中微量元素的浓度不仅能反映大气的环境质量,而且还能够进行颗粒物的源解析研究。目前对于大气环境颗粒物的无机元素成分的研究已经逐步展开。Orlic 等(1995)应用质子激发 X 荧光分析(Proton Induced X-ray Emission,PIXE)分析了新加坡大气单颗粒中微量元素的含量,并据微量元素的含量把颗粒物分为 9 类;仇志军等(2001)利用 PIXE 对上海的颗粒物进行研究。随着对室内环境空气质量的关注,目前国内外对室内 PM$_{10}$的化学元素的研究也逐渐多起来,Koutrakis 等(1987)对 Stenville 室内 PM$_{10}$的化学元素研究表明,PM$_{10}$中化学元素的含量为 1.59 $\mu g/m^3$;Yakovleva 等(1999)研究发现,室内 PM$_{10}$中的化学元素的浓度为 13.57 $\mu g/m^3$;Chao 等(2002b)对香港居室内 PM$_{10}$和 PM$_{2.5}$的化学成分进行研究,发现 PM$_{10}$和 PM$_{2.5}$中化学元素的浓度分别为 7.9 $\mu g/m^3$ 和 14.1 $\mu g/m^3$;赵厚银等(2006)关于北京市冬季部分住宅室内 PM$_{10}$的化学元素研究数据表明吸烟和非吸烟室内的平均浓度分别为 168.9 $\mu g/m^3$,138.8 $\mu g/m^3$。Adgate 等(1998)对 64 个室内的调查研究发现 PM$_{10}$中元素质量占 PM$_{10}$质量的 24.3%,而且主要成分为硅。Yakovleva 等(1999)研究发现室内/外 PM$_{10}$中微量元素的含量分别为 13570.4 和 16680.3 ng/m^3。在亚洲,Li(1994)报道台北室内/外 PM$_{10}$中元素浓度分别为 14947.9 和 24878.1 ng/m^3;Horoshi 等(1994)研究发现东京室内 PM$_{2.5}$中元素浓度夏季为 3598 ng/m^3,冬季为 4849 ng/m^3。

虽然对室内 PM$_{10}$的无机组分的研究取得一定的进展,但是对于北京市室内 PM$_{10}$的微量元素的研究还比较少,因此,对室内颗粒物的化学元素的研究成为目前研究的趋势。大气颗粒物是一种随时间和空间不断发生物理和化学变化的复杂混合物。因此测定室内大气颗粒物的化学成分,尤其是微量元素的含量,不但有利于评价室内空气质量的好坏、分析颗粒物的来源,还有助于提出有效的控制措施。

作者使用质子激发 X 荧光分析测定了不同污染源和不同类型的居室室内 PM$_{10}$中化学元素 Mg,Al,Si,P,S,Cl,K,Ca,Ti,V,Cr,Mn,Fe,Ni,Cu,Zn,As,Se,Br,Pb 的质量浓度,并利用富集因子法进行了颗粒物的源解析。作者还使用电感耦合等离子体质谱(ICP-MS)测定了中国矿业大学(北京)校内图书馆和餐厅室内大气中 PM$_{10}$样品中全样和水溶部分中微量元素的浓度。

5.1　化学成分分析原理

5.1.1　质子激发 X 荧光分析原理及应用

　　质子激发 X 荧光分析(PIXE)主要是粒子束分析的一个重要分支,能够分析含量少浓度低的元素,一次测量可探知多种元素,灵敏度随原子序数平滑变化,并且可以定量和绝对定标,对大多数元素(Z≥12)是很灵敏的,其相对灵敏度为 mg/kg(即百万分之一)量级,可检测的元素含量的下限为 10^{-16} g。典型 PIXE 系统示意图如图 5-1 所示,一般由一台质子加速器产生能量为 $1\sim5$ MeV 的质子束,质子束在导向样品靶室前先通过一个辐照室使其强度变均匀,然后通过一系列聚焦装置使之变成截面积很小的、均匀的平行粒子束。质子束进入靶室撞击放在那里的气溶胶样品靶。样品靶通常是用撞击采样仪收集在极薄有机膜上的气溶胶样品或用核子孔滤膜收集的样品。穿过样品靶的质子束被一个法拉第杯捕获,然后用电流积分器监测质子束的强度。样品被质子撞击以后,其原子的 K 层(或 L 层)电子被击出,外层电子将跃迁以补充这一空穴同时发射出 K 系(或 L 系)特征 X—射线。这种 X—射线的能量能准确地辨别出样品中含何种元素,而 X—射线的强度能分辨出该元素的含量。样品原子发射的 X—射线是各向同性的,有一部分穿过薄窗口达到硅(锂)探测器,探测器输出信号经放大后送到计算机进行分析处理。

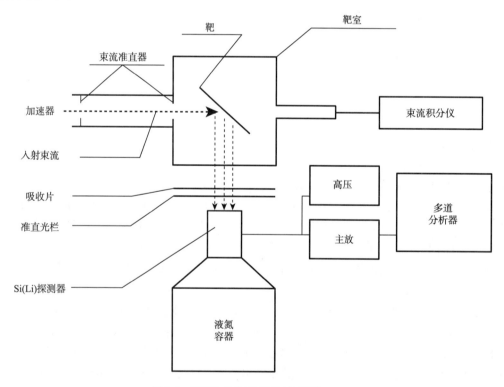

图 5-1　PIXE 工作原理图(任炽刚 1981)

Fig. 5-1　Schematic diagram of proton induced X-ray emission (adapted from Ren, 1981)

近年来,PIXE 分析由于具有灵敏、快速、取样少和无损分析等特点,在环境领域得到广泛的应用,它不仅能够进行环境大气颗粒物的微量元素组成测定,而且可以根据不同类型的微量元素进行颗粒物的源解析研究。Artaxo 等(1992)首次使用 PIXE 对南极大气气溶胶的单颗粒做了研究,获得了单颗粒气溶胶中 20 多种微量元素的定量值;Horvath 等(1996)应用 PIXE 对维也纳郊区和市区的颗粒物的微量元素分析,发现颗粒物污染不是区域性污染造成的,而是由欧洲北部和中部通过长距离运输过来的。Fang 等(1999)根据颗粒物微量元素的 PIXE 分析结果,对从华北到香港的颗粒物进行了源解析。张仁健等(2000b)应用 PIXE 对北京市冬春季气溶胶的化学元素进行研究,结果表明 Si,K,Ca,Ti 等元素浓度降低,其他元素浓度均有不同幅度的增加。Li 等(1994)对台湾 60 户家庭的研究发现空气样品中 K,Ca,Ti,Mn,Fe 等元素主要来源于地壳。Chao 等(2002b)应用 PIXE 对香港室内 PM$_{10}$的元素组成进行研究,结果表明在细颗粒物中存在较高浓度的 Br,Pb,Ni,K 等。不同类型的污染源,其标识元素是不同的,从而根据元素进行污染源识别。但是不同地区其标识元素是不同的,因此作者根据研究区的特点也进行了标识元素的划分。一般认为 Mg,Si,K,Al,Fe,Ca,Ti 等元素来自土壤,同时 Ca 也是建筑扬尘的标志;Fe 是钢铁工业的标识元素;P,S 元素和燃烧相关,是燃煤或燃烧生物质的标志;As,S,Zn 是燃煤的标识元素,同时 Zn 也是吸烟、燃油、垃圾焚烧、塑料等的标识元素;K,S,Zn 是吸烟的标识元素;同时 K,S,P 是薪柴燃烧的标识元素;Pb,Br,Cl 是汽车排放的标识元素,同时燃煤也会产生大量的 Pb;V,Ni,Cu 等是燃油排放颗粒物的标识元素,同时 Ni 是燃煤飞灰的标识元素;Mn 来自土壤或者燃煤排放的颗粒物;元素 K 一般是植物燃烧的标识元素,同时也是吸烟的标识元素(Chao 等 2002b;Orlic 等 1995,1996;张仁健等 2000b; Landsberger 等 1995;谢骅等 2001;邓朝生 2003;胡伟等 2003)。但是具体某一元素的来源还要根据数学统计分析并结合当时、当地的条件进行综合分析。

5.1.2　ICP-MS 的原理与仪器设备

ICP-MS 是将电感耦合等离子体(ICP)和质谱(MS)技术完美地结合起来的一种全新的痕量分析技术,已成为痕量无机元素分析领域中最具活力的分析测试技术之一。

在 ICP-MS 中,ICP 作为质谱的高温离子源(7000K),样品在通道中进行蒸发、解离、原子化、电离等过程。离子通过样品锥接口和离子传输系统进入高真空的 MS 部分,MS 部分为四极快速扫描质谱仪,通过高速顺序扫描分离测定所有离子,扫描元素质量数范围从 6 到 260,

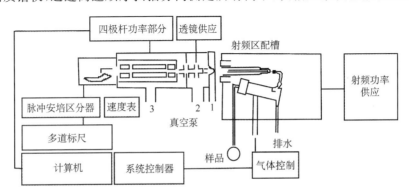

图 5-2　典型 ICP-MS 系统示意图

Fig. 5-2　Sketch showing structure of a typical ICP-MS

并通过高速双通道分离后的离子进行检测,浓度线性动态范围达 9 个数量级,从 ppb 到 1000 ppm直接测定。因此,与传统无机分析技术相比,ICP-MS 技术提供了极低的检出限、极宽的动态线性范围、干扰较少、分析精密度高、分析速度快、可进行多元素同时测定以及可提供精确的同位素信息等分析特性。典型 ICP-MS 系统示意图如图 5-2 所示。

5.2　制样和分析

5.2.1　PIXE 分析样品处理

首先把一张厚度小于 1.5 mm 的板(如塑料、硬纸板),加工成 34×265 mm² 的长条,然后在板的中间切割出 15×235 mm² 的空洞;最后将采集样品的聚碳酸酯滤膜裁下 6×33 mm² 的长条,贴在样品框架上(先在框架上贴上双面胶),然后依次平行地贴上其他的样品,在第一个样品前留出 10 mm 的空间,以贴上荧光纸作为定位。

标准样品的 PIXE 分析是在北京师范大学 2×1.7 MV 串列加速器上进行的,质子能量是 2.5MeV,束流为 $2 \sim 5$nA,束斑直径 3.5 mm,在准直孔前面的 Al 箔散焦膜厚 6mm 靶和 Si(Li)探测器之间放一个中间开有直径为 2.9mm 的小孔、厚度为 200 μm 的聚乙烯膜。加速到能量为 2.5MeV 的质子束轰击样品时发射的 X 射线,由置于与束流方向成 135° 的硅(锂)探测器(Canberra Ltd,USA)接收,从探测器来的信号经放大后由计算机系统记录,生成 X 射线能谱。用 AXIL 程序对能谱进行解析,得到各元素发出的特征 X 射线峰面积计数及其相应的本底计数,数据处理后得到了 Mg,Al,Si,P,S ,Cl,K,Ca,Ti,V,Cr,Mn,Fe,Ni,Cu,Zn,As,Se,Br,Pb 共 20 种元素的浓度。PIXE 分析的样品信息见表 5-1。

表 5-1　PIXE 分析样品信息(居室室内 PM_{10})

Table 5-1　Information of samples used for PIXE analysis(Residential indoor PM_{10})

序号	地点		样品类型	采样日期	累计空气流量(m³)	颗粒物的质量(μg)
1	郊区室内		燃柴	2002 年 12 月 28 日	1.44	840
2			燃煤	2002 年 12 月 27 日	0.675	90
3			燃气	2002 年 12 月 26 日	1.35	560
4	春季	郊区室内	吸烟	2003 年 3 月 25 日	9.62	340
5			非吸烟	2003 年 3 月 20 日	12	480
6		市区室内	吸烟	2003 年 4 月 9 日	6.3	360
7			非吸烟	2003 年 4 月 8 日	9.36	650
8	夏季	郊区室内	非吸烟	2003 年 7 月 13 日	12.54	400
9			吸烟	2003 年 7 月 15 日	13.52	470
10		郊区	室外	2003 年 7 月 11 日	11.34	360
11		市区室内	非吸烟	2003 年 7 月 29 日	11.55	760
12			吸烟	2003 年 7 月 25 日	13.11	380
13		市区	室外	2003 年 7 月 29 日	19.8	240

续表

序号	地点		样品类型	采样日期	累计空气流量(m³)	颗粒物的质量(μg)
14		郊区	非吸烟	2003 年 1 月 4 日	1.44	70
15		室内	吸烟	2003 年 1 月 6 日	1.35	130
16		郊区	室外	2003 年 1 月 4 日	1.44	60
17	冬季	市区	吸烟	2003 年 1 月 2 日	1.2	200
18		室内	非吸烟	2003 年 1 月 3 日	1.74	100
20		PM₂.₅	吸烟	2003 年 11 月 20 日	1.8	270
21		PM₂.₅	非吸烟	2003 年 11 月 18 日	2.7	320
22		PM₂.₅	吸烟	2003 年 11 月 17 日	0.3	290

5.2.2 ICP-MS 分析样品处理

ICP-MS 技术的关键是样品的前处理,包括水溶部分和全样样品,样品详细信息见表 5-2。

水溶部分样品的前处理过程:剪取滤膜的 1/2 置于 15 ml 的洁净离心管中,加入 5 ml HPLC 级水(Fisher 化学公司,UK),再将其放在涡旋振荡器上轻轻地震荡 6 小时,以使滤膜上的颗粒物尽可能从滤膜上分离下来,后取出滤膜;而后将离心管放于冻干机中 24 小时(防止样品挥发),待样品完全冷干后将样品取出,称重后加入适量的高压灭菌 HPLC 级水,将其配成浓度为 1000μg/ml 或 2000μg/ml 的样品,取出其中的 2/3 液体置于 1.5 ml 的离心管中,在涡旋振荡器上轻轻振荡 16 小时后,再超声震荡 2 分钟,以使样品中的水溶部分充分溶解,后用 0.2 μm 孔径的滤膜过滤后,取出其中的 1/2 用于 ICP-MS,另外 1/2 用于质粒 DNA 实验。

全样样品的前处理过程:由于做全样分析时,是要将滤膜溶解,加之样品中亦含有较多的有机物质,为防止其干扰实验结果,本研究中采用微波消解法,具体步骤如下:剪取滤膜(包括带样品膜和空白膜)的 1/4,称重后放于已编号的微波消解系统(CEM MDS-2000)的特制清洁容器中,在通风橱中加 10 ml 浓硝酸(Fisher Primar,比重为 1.48)到容器中(注:这一过程须戴防护眼镜和乳胶手套),后按顺序将装有样品的容器安装到微波消解系统中,开启微波消解系统。20 小时后待消解完毕,打开装有样品的容器,看样品是否完全消解,若仍有固体存在,重复上述步骤,若载有样品的滤膜已完全消解,则将容器放在通风橱中的电热板上,待其中的硝酸挥发完毕后,在容器中加入 2 ml 10% 的硝酸溶液,后转入样品瓶中,加入去离子水(电导率 > 18 MΩ)稀释为 20 ml。从制备好的溶液中取出 1 ml,与 0.5 ml 的 50ppb 铑标准液混合,并加入 2% 硝酸至 10 ml;使用 ICP-MS(Perkin Elmer Elan 5000)进行化学成分分析。本实验中微波消解系统参数为额定工作压强 1.4 MPa(耐压 4.0 MPa),额定工作温度 200℃,功率为 800 W。

作者选择了不同季节图书馆和餐厅室内及室外采集的部分样品,并分别对其全样和水溶部分样品进行了 Zn,As,V,Cr,Mn,Co,Ni,Cu,Cd,Pb,Ti,Ba,Se 和 Sb 14 种微量元素浓度的测定,结果见表 5-2,表中数据均为每个季节的平均值。

表 5-2　ICP-MS 分析图书馆和餐厅室内外 PM₁₀ 样品全样和水溶性微量元素的质量浓度

Table 5-2　Mass concentrations of trace elements of the whole samples and the soluble fractions of indoor and outdoor PM₁₀ of the library and canteen

单位：ng/m³
unit：ng/m³

样品号	季节	采样地点	样品类型	Zn	As	V	Cr	Mn	Co	Ni	Cu	Cd	Pb	Ti	Ba	Se	Sb	总浓度
3	冬季	图书馆	全样	1876.56	38.07	58.30	128.86	295.19	3.97	34.76	186.13	9.54	404.57	1790.08	1624.76	0.38	34.97	6486.13
			水溶	959.12	23.12	2.24	4.72	104.89	1.06	—	51.59	6.08	35.16	1.52	34.96	0.49	26.37	1251.30
4	冬季	餐厅	全样	1106.6	27.36	38.68	58.71	175.7	5.88	8.24	57.07	3.37	209.24	1154.5	962.45	0.26	13.6	3821.66
			水溶	533.25	23.82	2.82	4.58	83.93	1.59	3.35	15.28	2.01	23.44	3.01	33.35	0.27	12.05	739.39
6	冬季	室外	全样	837.41	17.03	—	18.34	131.81	2.22	56.98	74.54	5.03	244.73	461.29	168.25	0.32	11.14	2027.83
			水溶	514.48	10.68	1.27	1.97	62.12	1.24	37.63	21.95	3.14	25.92	2.22	37.51	0.27	4.759	725.17
7	冬季	室外	全样	1014.86	23.47	10.82	15.80	185.56	1.97	24.14	57.20	5.72	301.88	595.28	388.40	0.21	9.61	2634.91
			水溶	392.48	5.93	0.71	0.55	75.96	0.61	9.88	9.56	2.13	6.76	0.79	11.65	0.11	2.84	519.96
11	春季	图书馆	全样	209.39	8.05	38.40	32.53	402.67	5.86	—	18.19	0.80	53.59	1798.46	637.12	0.19	3.70	3208.88
			水溶	181.81	0.92	0.74	1.70	8.03	0.03	—	—	0.06	0.02	0.18	—	0.02	1.26	12.94
12	春季	图书馆	全样	784.05	17.52	29.19	31.53	161.73	1.74	—	41.89	3.20	236.77	1134.76	863.99	0.33	10.50	3303.32
			水溶	545.43	8.81	3.72	2.75	79.35	0.62	—	20.06	2.56	20.93	0.59	42.73	0.41	6.37	734.33
13	春季	餐厅	全样	806.65	8.28	1.44	8.12	67.13	0.67	8.23	24.79	2.35	51.51	505.73	37.65	0.16	2.44	1525.13
			水溶	188.86	5.59	0.58	1.67	42.54	0.30	1.09	7.05	1.40	10.77	2.195	22.94	0.20	2.01	287.21
14	春季	餐厅	全样	723.69	0.94	—	4.30	20.09	0.39	4.89	9.55	1.04	12.41	385.53	125.03	0.06	8.53	1296.32
			水溶	68.92	1.33	0.35	0.50	10.92	0.10	0.60	2.55	0.33	1.38	0.76	8.64	0.08	1.41	97.87
16	春季	餐厅	全样	427.95	11.30	58.51	49.70	499.89	7.01	—	25.32	1.07	77.95	2075.64	1006.41	0.21	2.86	4239.69
			水溶	6.82	0.26	0.95	1.67	51.74	0.25	—	—	0.14	1.02	0.16	—	0.02	0.41	63.43
17	春季	餐厅	全样	1040.74	38.64	36.07	41.47	311.42	4.44	27.41	109.54	7.18	431.67	1560.98	1038.22	0.40	20.03	4668.20
			水溶	607.18	20.39	3.40	3.80	133.71	1.14	—	24.18	4.84	27.11	0.85	25.87	0.44	10.08	862.99

续表

样品号	季节	采样地点	样品类型	元素															总浓度
				Zn	As	V	Cr	Mn	Co	Ni	Cu	Cd	Pb	Ti	Ba	Se	Sb	
21	春季	室外	全样	821.92	24.28	53.21	36.45	275.78	4.84	56.06	93.73	3.31	246.15	1620.79	979.67	0.28	13.69	4230.16
			水溶	396.03	6.10	2.64	2.09	51.64	1.11	—	—	1.75	14.66	0.31	30.73	0.23	4.92	512.21
23	夏季	图书馆	全样	1376.64	18.11	25.84	9.85	23.89	0.44	15.65	17.85	0.58	28.30	404.47	325.52	0.05	3.90	2251.08
			水溶	166.50	2.37	0.19	0.79	12.36	0.23	5.22	7.15	0.46	4.22	0.954	18.06	0.07	3.03	221.61
25	夏季	餐厅	全样	436.61	4.76	4.23	3.68	44.14	2.95	153.35	22.70	3.81	27.34	208.23	123.15	0.124	2.59	1037.68
			水溶	191.01	2.08	0.52	0.74	31.78	2.22	126.42	14.51	2.795	6.27	1.00	17.38	0.12	2.03	398.89
27	夏季	室外	全样	1621.57	38.43	54.71	24.91	185.55	3.26	123.25	110.53	7.03	365.88	530.42	324.07	0.78	18.10	3408.49
			水溶	1129.56	12.08	0.87	2.48	86.62	1.94	95.86	47.74	4.182	53.24	1.02	22.83	0.46	9.98	1468.87
28	夏季	室外	全样	1349.65	20.47	11.73	15.89	121.08	3.09	165.85	102.97	6.84	265.47	275.86	274.92	0.47	16.52	2630.81
			水溶	870.27	8.63	0.65	1.61	63.62	2.33	142.38	51.35	4.98	62.94	1.19	13.62	0.38	8.46	1232.39
29	秋季	图书馆	全样	2139.39	26.33	—	29.18	303.40	3.31	19.19	119.18	10.12	412.90	907.35	69.09	0.76	21.33	4055.18
			水溶	916.37	14.40	2.29	3.89	147.35	1.17	5.516	37.59	6.72	74.92	4.53	58.19	0.48	9.52	1282.94
31	秋季	图书馆	全样	1809.09	48.44	40.78	95.99	263.43	5.09	33.76	213.25	7.77	395.45	1711.73	696.80	0.30	32.60	5354.48
			水溶	875.28	16.33	1.94	3.04	114.65	1.58	7.19	49.53	4.73	45.69	3.48	42.51	0.29	12.66	1178.91
34	秋季	餐厅	全样	777.156	11.79	10.66	6.11	56.64	2.38	140.93	78.75	4.54	126.67	256.83	234.36	0.15	5.21	1712.19
			水溶	373.22	5.61	0.57	0.99	31.57	1.68	112.12	59.55	3.48	67.04	0.47	6.22	0.13	3.07	665.73
35	秋季	餐厅	全样	182.08	3.01	1.29	2.70	27.32	0.26	4.62	13.30	1.99	42.39	159.60	159.44	0.10	1.72	599.80
			水溶	87.21	1.83	0.26	0.42	17.12	0.11	3.55	7.67	1.57	16.37	0.36	3.89	0.06	1.00	141.43
38	秋季	室外	全样	1338.68	21.13	8.94	23.84	182.45	2.43	89.21	92.54	6.29	305.86	426.27	186.32	0.49	16.57	2701.03
			水溶	1028.61	14.87	2.91	3.91	113.85	1.57	81.86	54.98	5.45	129.60	3.24	35.75	0.52	10.97	1488.1
39	秋季	室外	全样	509.15	15.48	13.27	16.33	119.79	1.92	66.96	68.02	1.85	121.05	511.64	399.62	0.21	14.48	1859.77
			水溶	167.01	5.08	0.77	1.19	2.75	0.11	42.62	16.30	0.50	1.55	0.80	18.70	0.13	7.93	265.44

5.2.3　富集因子法分析颗粒物来源

目前对于大气颗粒物来源分析的方法很多,主要包括两类:一类是基于单颗粒物分析方法;另一类是基于化学成分的分析方法。基于单颗粒物的研究方法,如光学显微镜法、扫描电镜法、透射电镜法等,这些方法结合一定的能谱技术可确定单个颗粒物的类型,从而确定其来源。刘咸德等(1994)和时宗波等(2002)利用 SEM-EDX 对大气颗粒物进行单颗粒分析得出,颗粒物的来源主要有土壤扬尘和燃煤飞灰、硫酸钙和其他硫酸盐类的二次颗粒物、有机质颗粒物、天然海盐、工业钡盐以及燃油和钢铁工业排放的污染物等;本研究已经利用 FSEM 显微分析方法分析了室内颗粒物的主要来源(见第3章)。化学方法是以气溶胶特性守恒和特性平衡为前提,与数学统计方法相结合而发展起来的,其中最常用的方法有化学质量平衡法、因子分析法、富集因子法、多元线性回归法、投影寻踪回归法等。本节将采用富集因子法对校园内公共场所室内大气可吸入颗粒物的来源进一步分析。

富集因子法(Enrichment Factor,EF)是用于研究大气颗粒物中元素的富集程度,判断和评价其是自然来源的还是人为来源的(唐孝炎等1990),用于表征颗粒物的来源和污染特征(张元勋等2005)。它是用元素的相对浓度,以双重归一化的方法处理数据,因而可以消除采样过程中受风速、风向、样品量的多少、污染源的距离等可变因素的影响。因此,它比用元素的绝对浓度或单一的相对浓度来解析污染源的性质更为确切、可靠。

大气颗粒物中元素的富集因子(EF)定义为:

$$(EF)_{地壳} = (X_i/X_R)_{颗粒物}/(X_i/X_R)_{地壳} \tag{5-1}$$

式中:X_i 是待研究元素的浓度,X_R 是参比元素的浓度。

参比元素一般选择全球平均地壳物质中或当地土壤中含量丰富、受人为污染影响小的元素,其中以地壳平均为参考物质计算的富集因子称为相当于地壳的富集度,以土壤参考物质计算的富集因子称为相当于土壤尘的富集度(牛生杰等2000)。常用 Al、Fe、Si 等作为参考元素。

当某种元素的富集因子值 EF≤10 时,该元素相对地壳(或地表土)没有富集,说明颗粒物中该元素主要来源于地壳土壤和自然尘埃进入大气中造成的;如果富集因子值 EF>10,则可认为该元素在大气中被富集了,主要来源于人为污染(唐孝炎等1990)。

本书在分析校园公共场所室内颗粒物来源时,选择土壤中的 Al 元素作为参比元素,分析居室室内颗粒物来源时,选 Si 作为参比元素。其他各元素浓度的背景值同样取自当地土壤中的元素丰度值(黎彤等1997,魏复盛1990)。

5.2.4　因子分析(Factor Analysis)在大气环境中的应用

虽然利用富集因子法可以判别颗粒物的人为源和自然源,但是对于 PM_{10} 中各种元素的相关关系,人们还不清楚。同一来源的物质在大气传输中元素保持着化学定量关系,PM_{10} 中某一元素的总量应是由不同来源的元素的线性相加。因此应用因子分析方法可以定量分析各种物质来源。

因子分析是多元统计分析的一种,将多个实测变量转变为少数几个线性不相关的综合指标,从而简化数据处理,提示出多个变量间的因果关系。线性综合指标往往是不能直接观测到的,但它却更能反映事物的本质,因此在环境科学领域因子分析应用广泛。Blifford 等(1967)

首次应用因子分析法研究和分析了美国 30 个城市的气溶胶来源,得到了汽车排放、燃料燃烧和工业污染等 7 个污染源。Hopke 等(1976)对波士顿气溶胶处理了包括有 18 种元素的 90 个样品,分辨出六个因子,如地壳土壤源、海盐、残余燃料油燃烧、汽车尾气排放、垃圾焚烧及未知污染源。近年来,更多的研究者把因子分析应用到气溶胶污染源研究。邓朝生等(2003)利用因子分析对全国 31 个省、自治区的环境污染进行分析、评价,并运用 SPSS10 软件对数据进行计算、处理,结果表明我国目前环境污染较为严重。胡伟等(2003)应用最大方差旋转因子分析法对中国 4 城市空气中粗、细颗粒物的来源进行了分析,指出粗、细颗粒物因子大致可分为土壤源因子和工业污染源因子两大类,其中粗颗粒主要来源于土壤源,而细颗粒物来自工业污染源。

因子分析从变量的相关矩阵出发将一个 m 维的随机向量 X 分解成低于 m 个且有代表性的公因子和一个特殊的 m 维向量,使其公因子数取得最佳的个数,从而使对 m 维随机向量的研究转化成对较少个数的公因子的研究。

设有 n 个样本,m 个指标构成样本空间 X

$$X = (x_{ij})_{n \times m} \quad i = 1, 2, \cdots, n; j = 1, 2, \cdots, m$$

因子分析过程一般经过以下步骤:

(1)原始数据的标准化,标准化的公式为 $X'_{ij} = (X_{ij} - X_j)/\delta_j$,其中 X_{ij} 为第 i 个样本的第 j 个指标值,而 X_j 和 δ_j 分别为 j 指标的均值和标准差。标准化的目的在于消除不同变量的量纲的影响,而且标准化转化不会改变变量的相关系数。

(2)计算标准化数据的相关系数矩阵,并求出相关系数矩阵的特征值和特征向量。

(3)进行正交变换,使用方差最大法,其目的是使因子载荷两极分化,而且旋转后的因子仍然正交。

(4)确定因子个数,计算因子得分,进行统计分析。

因子分析的主要目的是找出能解释系统主要方差的最小因子数目。理论上,几个与重要排放源相联系的因子的方差较大,而余下因子的方差急剧减小。

多元分析处理的是多指标的问题。由于指标太多,使得分析的复杂性增加。观察指标的增加本来是为了使研究过程趋于完整,但反过来说,为使研究结果清晰明了而一味增加观察指标又让人陷入混乱不清。由于在实际工作中,指标间经常具备一定的相关性,故人们希望用较少的指标代替原来较多的指标,但依然能反映原有的全部信息,于是就产生了因子分析等多种方法。因子分析的基本目的就是用少数几个因子去描述许多指标或因素之间的联系,即将相关比较密切的几个变量归在同一类中,每一类变量就成为一个因子(之所以称其为因子,是因为它是不可观测的),以较少的几个因子反映原资料的大部分信息。因子分析是从一组具有复杂关系的变量出发,把原始变量分成两部分,一部分是所有变量共有的公共因素(公因子),另一部分是各变量独自具有的特殊因素。公因子较原始变量的个数少,对原始变量起着重要的支撑作用,它们之间互不相关,用这些因子来描述原始变量,能够尽量保持和合理解释原始变量之间的复杂关系(邵龙义等 2006)。下面将利用因子分析方法来研究公共场所室内 PM₁₀ 的可能来源。

5.3　北京市居室室内 PM_{10} 的化学元素组成分析

5.3.1　不同燃料源排放颗粒物的化学元素组成及富集因子分析

　　不同燃料燃烧附近采集的颗粒物中化学元素的含量是不同的(表 5-3)。从表 5-3 可以看出,在三种燃料附近采集的颗粒物中元素 Mg、As、Se 和 Pb 的含量都低于检测限,而地壳元素 Al、Si、K、Ca、Fe 的含量都较高。

表 5-3　不同燃料燃烧排放颗粒物的化学元素组成　　　　　　单位: ng/m^3
Table 5-3　Chemical elements in PM_{10} collected near different fuels burning　　unit: ng/m^3

元素	燃柴(No. 1)	燃煤(No. 2)	燃气(No. 3)
Mg	BL	BL	BL
Al	18	15.1	55.4
Si	58.8	35.8	161.6
P	7.6	6.7	35.1
S	215	10.1	240.3
Cl	33	14.2	29.3
K	47.6	3.4	59.8
Ca	60.4	11.4	46.9
Ti	BL	BL	2.1
V	BL	BL	0.5
Cr	BL	0.4	1.3
Mn	1.3	BL	3.3
Fe	2.7	1.5	36.7
Ni	1.7	BL	0.97
Cu	3.3	1.5	1.8
Zn	8.4	0.2	17.1
As	BL	BL	BL
Se	BL	BL	BL
Br	3.6	BL	BL
Pb	BL	BL	BL
合计	482.3	109.1	714.4

注:BL 表示低于检测限。

　　从表 5-3 还可以看出,燃柴样品中地壳元素 Al,Ca,Fe 的浓度分别为 18,60.4,2.7 ng/m^3;生物质燃烧的标识元素 P,S,K 的浓度分别为 7.6,215 和 47.6 ng/m^3;燃煤的标识元素 S 的含量较高,约 215 ng/m^3,可能是由于冬季燃煤造成 S 元素浓度较高。汽车尾气或燃煤的标识元素 Cl,Br 的浓度较燃煤和燃气样品的浓度高,分别为 33 和 3.6 ng/m^3。燃油的标识元素 Cu 的浓度较高,3.3 ng/m^3。从表 5-3 可以看出燃柴产生的颗粒物中 Mn、Zn 的质量浓度比燃煤颗粒物中的质量浓度高,与曹仲宏等(2003)结果一致,其研究发现燃柴飞灰颗粒所携带的 Mn,Sr,Zn,Cd 的浸取浓度远高于燃煤飞灰。

　　燃煤样品中各种化学元素的质量浓度都不高,作为标识元素的 As,S 元素都没有在样品中体现出来,其中 S 的浓度较燃柴和燃气样品低,约 10.1 ng/m^3,而 As 的浓度低于检测限,这可能由于外界环境造成不能明显表现燃煤特征。地壳元素 Al ,K,Ca,Fe 的浓度较低,分别为15.1,3.4,11.4 和 1.5 ng/m^3。燃煤产生的 Zn 的浓度较其他样品的浓度低,仅为 0.2 ng/m^3,燃油的标识元素 Cu 的浓度为 1.5 ng/m^3,可能是受室外的影响。

　　燃气样品中的化学元素显示出与其他两个样品不同的特点,不仅元素的种类多,而且其浓度也较高。在此样品中燃油标识元素 Ti,V 的浓度都高于检测限,分别为 2.1 和 0.5 ng/m^3。地壳元素 Al,K,Ca,Fe 的浓度分别为 55.4,59.8,46.9 和 36.7 ng/m^3。Mn,Cr,Ni 的浓度也较高,分别为 3.3,1.3 和 0.97ng/m^3,其中 Cr 的浓度较其他两个样品的浓度高,可能也是燃气颗粒物对人体危害较大的原因,而且燃气样品中总化学元素的浓度也最高,约 714.4ng/m^3。

　　但是颗粒物中化学元素质量浓度的高低只能说明此样品中元素含量的多少,并不能鉴别具体污染源的类型、更不能估计出不同污染源的贡献大小,而且采样时的条件、距离污染源的远近等因素对处理结果都有很大的影响。为了鉴别污染源的类型,消除采样过程中各种可变因素及距离污染源远近的影响,采用一种简便的双重归一化的处理方法——富集因子(EF)法对颗粒物的来源进行判别。

表 5-4　不同燃料燃烧排放 PM$_{10}$中元素的富集因子

Table 5-4　Enrichment factors of chemical elements in PM$_{10}$ from combustion of different fuels

元素	燃柴 EF 值	燃煤 EF 值	燃气 EF 值
Mg	—		
Al	1.3	1.7	1.4
Si	1	1	1
P	34	50	58.2
S	3965	307	1610
Cl	1209	862	393
K	12	1.4	5.6
Ca	18	5.8	5.3
Ti	—	—	0.94
V	—	—	9.88
Cr	—		37
Mn	11.1		9.8
Fe	0.43	0.41	2.1
Ni	299	—	62
Cu	696	398	136
Zn	540	25	402
As	—		—
Se	—		—
Br	6880	—	—
Pb			

　　从表 5-4 可以看出在燃柴的元素中 Al,Fe 的富集因子都小于 10,来自自然源,仍是地壳物质的组分,而 P,S,Cl,K,Ca,Mn,Ni,Cu,Zn 和 Br 的富集因子从 10 变化到 6880 不等,富集程度大,主要来自人为源。其中 K 是生物质燃烧的标识元素,因此其富集因子较燃煤和燃气样品大;P,Cl,S,Br,Zn 是由室内/外燃煤或家庭垃圾焚烧引起的,特别是冬季取暖,燃煤增加

导致的元素浓度的增加,但是在研究中没有发现燃煤的标识元素 As;Ni,Cu 主要来自燃油排放的颗粒物,其 EF 值分别为 299 和 696,富集程度较大;由于元素 Ca 的 EF 值大于 10,因此来自人为源,可能是来自建筑扬尘,因为冬季郊区很多家庭利用冬闲建造房屋。

燃煤的元素中 Al,K,Ca,Fe 的富集因子都小于 10,说明是来自自然源,仍是地壳物质的组分。P,S,Cl 富集因子分别为 50,307 和 862,来自人为源,即主要来自燃煤。而 Cu、Zn 的富集因子分别为 398 和 25,富集程度较大,来自燃油或燃煤。

燃气的样品中虽然微量元素的种类多于燃柴和燃煤样品中,但是 Al,K,Ca,Ti,V,Mn,Fe 的富集因子都小于 10,说明来自地壳源,是地壳的物质组分。另外一些,如 P,S,Cl,Cr,Ni,Cu,Zn 等的富集因子的变化从 37 到 1610 不等,明显富集。其中 Cr 可能是燃气产生的颗粒物,虽然其浓度较低,但 EF 值达 37,富集程度较大,对人体的危害也较大。燃煤排放的 S,P,Zn 富集因子分别为 1610,58.2 和 402,富集程度较大;燃油排放的 Cu 的 EF 值为 136,明显富集。

5.3.2 市区吸烟和非吸烟室内 PM$_{10}$ 的化学元素分析

不同季节、不同室内的 PM$_{10}$ 的化学元素的含量是不同的,因此作者对北京市吸烟和非吸烟室内颗粒物进行化学元素组成和富集因子分析。

5.3.2.1 市区吸烟和非吸烟室内 PM$_{10}$ 化学元素比较

表 5-5 市区吸烟和非吸烟室内 PM$_{10}$ 中化学元素组成比较

Table 5-5 Comparison of chemical elements in PM$_{10}$ from smokers' home and non-smokers' home in the urban area

化学元素	吸烟室内浓度(ng/m³)	EF 值	非吸烟室内浓度(ng/m³)	EF 值
Mg	BL	—	BL	—
Al	146.3	1.3	461.5	1.4
Si	463.4	1	1374.2	1
P	125.46	72.5	123.5	24.0
S	2748.9	6422.6	672.7	530
Cl	102.3	478.1	113.7	179.2
K	802.8	26.2	367.2	4.04
Ca	211.4	8.33	485.6	6.45
Ti	13.7	2.19	45.4	2.44
V	BL	BL	8.3	20.6
Cr	6.73	67.1	5.15	17.2
Mn	11.73	12.2	8.6	3.04
Fe	187.2	3.8	258.5	1.8
Ni	0.34	7.67	BL	—
Cu	1.1	29.5	19.3	174.9
Zn	72.7	594.9	65.6	180.9
As	10.8	583.9	BL	—
Se	BL	—	BL	—
Br	22.5	5467.1	BL	—
Pb	40.3	941.6	58.9	464.4
合计	4967.7		4068.2	

注:BL 表示低于检测限。

从表 5-5 可看出,在市区吸烟室内 PM$_{10}$ 中所分析的元素总浓度高于非吸烟室内,分别为

4967.7 和 4068.2ng/m³。吸烟和非吸烟的室内 PM_{10} 中 Al,Ca,Ti,Fe 和 Ni 的浓度都比较高,但是富集因子<10,主要来自土壤源。在吸烟的室内 PM_{10} 中 P,Cl,K,Cr,Mn,Zn,As,Br,Pb 的富集程度比非吸烟室内大,特别是 Zn,As 的 EF 值分别为 594 和 583,是非吸烟室内的 3 倍之多,这是由于吸烟排放的颗粒物中含 Zn,As 等微量元素。而吸烟的标识元素 K 在吸烟室内富集,来自人为源,但是在非吸烟的室内来自土壤源。非吸烟的室内 PM_{10} 中 Cu,V 的富集程度高于吸烟室内,这是由来自室外的颗粒物所致。元素 S 在吸烟和非吸烟的室内都富集,而且非吸烟的室内富集程度高于吸烟的室内,可能是由于室外的环境造成的。

5.3.2.2 不同季节吸烟和非吸烟室内 PM_{10} 的化学元素分析

不同季节室内 PM_{10} 中化学元素的含量是不同的(表 5-6)。从表中可以看出在春季、夏季和冬季 PM_{10} 中化学元素 Al,Ca,Ti,V,Fe 的富集因子都小于 10,来自土壤源;P,S,Cl,Cr,Cu 在吸烟和非吸烟的室内都富集,主要来自人为源;K,Mn,Zn,As 在吸烟室内富集程度大于非吸烟室内,而且部分元素在非吸烟室内来自土壤源,这是由于吸烟导致了 K,As 等元素的富集。

表 5-6　不同季节市区室内 PM_{10} 的化学元素组成及富集因子

Table 5-6　Chemical elements in indoor PM_{10} and their enrichment factors in different seasons of the urban area

样品编号	春季室内				夏季室内				冬季室内			
	吸烟 6 (ng/m³)	EF	非吸烟 7 (ng/m³)	EF	吸烟 11 (ng/m³)	EF	非吸烟 12 (ng/m³)	EF	吸烟 17 (ng/m³)	EF	非吸烟 18 (ng/m³)	EF
Mg	BL	—	BL	—	BL	—	BL	—	BL	—	BL	—
Al	133.1	1.7	1068	1.5	280	1.3	275.1	1.7	25.8	1.7	41.5	2.1
Si	358.3	1	3300.2	1.0	961	1	731.8	1.0	70.9	1.0	90.6	1.0
P	106.7	79.9	166.5	13.5	259	72.4	177.1	64.9	10.7	40.7	26.9	79.8
S	796.4	2406	822.2	269	7388	8318	1159.1	1714	62.4	952	36	439
Cl	162.9	984	197.2	129	126.5	285	87.9	260.1	17.6	537	56.1	1338
K	287.8	12.2	762.7	3.5	2056	32.4	317.7	6.6	64.81	13.8	21.2	3.5
Ca	143.7	7.3	1244	6.9	470.8	8.9	197.5	4.9	19.71	5.1	15.3	3.1
Ti	1.5	0.3	45.4	1.0	25.9	2.0	BL	—	BL		BL	
V	BL	—	8.3	8.6	BL	—	BL		BL		BL	
Cr	4.6	59.3	6.5	9.2	15.2	73.0	3.8	24.3	0.4	27.2	BL	
Mn	7.3	9.9	19.0	2.8	26.8	13.5	6.3	4.2	1.1	7.5	0.7	4.0
Fe	48.3	1.3	620.8	1.8	502.5	5.0	150.1	2.0	10.8	1.5	4.8	0.5
Ni	BL		BL	—	BL		BL		0.34	54.8	BL	
Cu	BL	—	33.1	125	BL		BL		1.1	186	5.5	756
Zn	23.6	250.7	95.5	109	187.1	738	35.6	184.7	7.3	387	BL	—
As	9.1	640	BL	—	21.1	552	BL	—	2.1	727	BL	—
Se	BL	—	BL	—	BL	—	BL	—	BL	—	BL	—
Br	22.5	7079	BL	—	BL	—	BL	—	BL	—	BL	—
Pb	27.8	840.3	89.4	293	52.8	594	28.5	422.9	BL	—	BL	—

注:BL 表示低于检测限。

从表 5-6 可以看出,吸烟的标识元素 S 在吸烟和非吸烟室内都富集,但吸烟室内富集程度较大,而且夏季 S 的含量高于春季和冬季,虽然冬季燃煤产生部分的 S 元素,但北京近几年限制高硫煤的燃烧,S 的浓度降低;而夏季高温提供了反应条件,促使硫酸盐的生成,因而夏季浓度反而偏高。吸烟的标识元素 K 在夏季富集程度高于春季和冬季,是由于高温增大了反应的几率。Cl 在吸烟和非吸烟的室内都富集,总体上冬季富集程度高于春季和夏季的富集程度,可能是由于冬季燃煤取暖的缘故;Cr 在吸烟的室内明显富集,而非吸烟的室内 Cr 来自土壤源,而且在夏季富集程度比较大。Mn 仅在夏季吸烟室内富集,而在冬季和春季来自土壤源。元素 Ni 仅在冬季吸烟室内富集,可能是燃煤造成的。Pb 在春季和夏季在吸烟和非吸烟室内富集,而冬季没有富集,说明 Pb 不是由燃煤引起的,可能是由室外环境造成的。

5.3.3　郊区吸烟和非吸烟室内 PM_{10} 的化学元素分析

5.3.3.1　郊区吸烟和非吸烟室内 PM_{10} 中化学元素比较

从表 5-7 可看出,吸烟室内 PM_{10} 中总元素的浓度比非吸烟室内的高,分别为 5334.1 和 2845.9 ng/m^3,反映了吸烟产生的颗粒物中化学元素含量比较大。其中 Al,Ca,Ti,Mn,Fe 的浓度很高,但都来自土壤源。吸烟标识元素 K,S 元素在吸烟的室内富集,而在非吸烟室内 K

表 5-7　郊区吸烟和非吸烟室内 PM_{10} 中化学元素比较

Table 5-7　Comparison of chemical elements in PM_{10} from smokers' home and non-smokers' homes in the suburban area

化学元素	吸烟室内浓度(ng/m³)	EF 值	非吸烟室内浓度(ng/m³)	EF 值
Mg	BL	—	BL	—
Al	288.3	1.18	203.6	1.29
Si	1030.7	1	670.1	1
P	172.2	44.8	84.2	33.6
S	1962.8	2061.8	963.8	1557.3
Cl	119.1	250.2	95.1	307.2
K	855.7	12.56	296.03	6.6
Ca	435.5	7.7	277.5	7.5
Ti	14.1	1.1	4.9	0.54
V	8.3	27.5	BL	—
Cr	8.1	36.5	4.3	29.6
Mn	20.6	9.6	9.75	7.1
Fe	258.4	2.4	118.8	1.6
Ni	BL	—	BL	—
Cu	10.5	126.8	34.3	637.5
Zn	96.4	354.8	52.9	299.5
As	6.4	156.8	BL	—
Se	2.1	1977.7	BL	—
Br	2.7	294.9	BL	—
Pb	42.1	442.2	30.7	496.1
合计	5334.1		2845.9	

注:BL 表示低于检测限。

没有富集,来自自然源。Cr,Zn,As,Se,Br 等在吸烟的室内明显富集。Cu,Pb 在非吸烟室内的富集程度比吸烟室内富集程度大,主要是由于非吸烟的家庭内有机动车,因此 Cu,Pb 元素的含量较高。从表 5-5 和 5-7 可以看出在吸烟的室内 Cr,Zn,As,Se,Br,K,S 等富集程度比非吸烟室内富集程度大,而 Al,Ca,Ti,Mn,Fe 主要来自土壤源。

5.3.3.2 郊区吸烟和非吸烟室内 PM$_{10}$ 中化学元素特征分析

不同季节郊区室内元素的含量有明显差异(表 5-8)。从表 5-8 可以看出,室内 PM$_{10}$ 中元素 Al,Ca,Fe,Ti 的浓度都较高,但都来自土壤源,而 P,S,Cl,Cu,Zn 等明显富集。吸烟的标识元素 S,K,Zn 富集程度比较大。

表 5-8　不同季节郊区室内 PM$_{10}$ 中化学元素组成及富集因子

Table 5-8　Chemical elements in PM$_{10}$ and enrichment factors in different seasons in the suburban area

样品编号	春季室内				夏季室内				冬季室内			
	非吸烟 5 (ng/m^3)	EF	吸烟 4 (ng/m^3)	EF	非吸烟 9 (ng/m^3)	EF	吸烟 8 (ng/m^3)	EF	非吸烟 15 (ng/m^3)	EF	吸烟 14 (ng/m^3)	EF
Mg	BL	—	BL	—	BL	—	BL	—	BL	—	BL	—
Al	258	2.0	338	1.2	321.8	1.1	506	1.3	31.1	2.1	20.8	1.7
Si	584	1.0	1311	1.0	1359	1.0	1726	1.0	67.2	1.0	55.1	1.0
P	123.6	56	130	26.6	110.5	21.8	365	56.7	18.5	74.0	21.5	105
S	175.4	324	2581	2130	2690	2142	3244	2035	25.9	418	63.5	1248
Cl	74.1	274	227	375	185	294	43.1	54.0	26.1	842	87.3	3431
K	177.9	4.6	1203	13.9	701	7.8	1333	11.7	9.2	2.1	31.1	8.6
Ca	221.8	6.9	636	8.9	600	8.1	661	7.0	10.8	3.0	9.2	3.1
Ti	BL	—	16.9	1.0	14.9	0.8	25.6	1.1	BL	—	BL	—
V	BL	—	BL	—	BL	—	8.3	16.5	BL	—	BL	—
Cr	4.3	34	5.6	20.0	BL	—	18.4	49.4	BL	—	0.5	45.9
Mn	1.8	1.5	30.2	11.1	17.7	6.3	30.8	8.6	BL	—	0.7	6.7
Fe	66.4	1.1	338	2.5	287.6	2.0	434	2.4	2.5	0.4	1.9	0.3
Ni	BL	—	BL	—	BL	—	BL	—	BL	—	BL	—
Cu	BL	—	30.2	287	34.3	314	BL	—	1.9	367	1.3	311
Zn	BL	—	209	606	105	294	68.5	150	0.8	48.6	11.9	824
As	BL	—	BL	—	BL	—	17.2	251.7	BL	—	2.1	994
Se	BL	—	BL	—	BL	—	BL	—	BL	—	2.1	36324
Br	BL	—	BL	—	BL	—	BL	—	BL	—	2.7	5626
Pb	BL	—	107	883	92.1	733	BL	—	BL	—	19.2	3784

注:BL 表示低于检测限。

从表 5-8 可以看出,夏季 PM$_{10}$ 中 S 元素的含量较春季和冬季高,而且在三个季节中都明显富集,这不仅是由于燃煤、吸烟等产生 S,而且夏季高温促进了硫酸盐的生成,因此 S 在夏季含量较高,特别在吸烟室内,浓度达 3244 ng/m^3。燃煤或燃烧生物质的标识元素 P、Cl 在冬季室内富集程度大于夏季和春季,可能是冬季燃煤取暖的缘故。As 仅在吸烟的室内夏季和冬季明显富集,而在春季低于检测限。Cr,Mn 明显富集,可能由吸烟或燃煤引起的。燃油的标识元素 Cu,Pb 变化较大,这主要受室外环境的影响。Se 只在冬季吸烟的室内富集,而在市区和郊区的春季和夏季的浓度都低于检测限,有待进一步研究。

　　市区室内 PM$_{10}$ 中化学元素和郊区室内 PM$_{10}$ 的变化有一定的规律性。(1)总体上,市区室内 PM$_{10}$ 中元素浓度高于郊区室内 PM$_{10}$ 中元素浓度;(2)不论在郊区还是市区,室内 Al,Ca,Fe,Ti 都没有富集,来自土壤源;(3)K 在吸烟室内明显富集,来自人为源,而在非吸烟室内来自土壤;(4)P,S,Cl 在吸烟和非吸烟室内明显富集,特别 S 元素在夏季富集程度高于春季和冬季;(5)As,Zn,Cr 在吸烟和非吸烟的室内都富集,但是在吸烟室内富集的程度大;(4)燃油标识元素 V,Ni,Pb,Cu 浓度很高,富集程度较大,但没有一定的变化规律,可能受其他因素的影响。

5.3.4　室内和室外 PM$_{10}$ 的化学元素对比分析

　　为了对比室内外 PM$_{10}$ 的化学元素的质量浓度及富集程度,作者对市区和郊区夏季室内/外 PM$_{10}$ 中元素进行了对比研究(表 5-9)。

表 5-9　市区和郊区居室内/外 PM$_{10}$ 中化学元素质量浓度及富集因子

Table 5-9　Mass concentrations and enrichment factors of chemical elements in PM$_{10}$ samples of indoor and outdoor air of residential rooms in the urban and suburban areas

| 样品编号 | 市区夏季 | | | | | | 郊区夏季 | | | | | |
| | 室内 | | | | 室外 | | 室内 | | | | 室外 | |
	吸烟 11 (ng/m³)	EF	非吸烟 12 (ng/m³)	EF	室外 13 (ng/m³)	EF	非吸烟 8 (ng/m³)	EF	吸烟 9 (ng/m³)	EF	室外 10 (ng/m³)	EF
Mg	BL	—	BL	—	BL	—	BL	—	BL	—	BL	—
Al	280	1.3	275	1.7	353	1.4	321.8	1.1	506	1.3	338	1
Si	961	1	731	1.0	1094	1	1359	1.0	1726	1.0	1312	1
P	259	72.4	177	64.9	220	53	110.5	21.8	365.1	56.7	130	54
S	7388	8318	1159	1714	1639	1622	2690	2142	3244	2035	2581	1622
Cl	126.5	285	87.9	260.1	210	416	185	294	43.1	54	227	417
K	2056	32.4	317	6.6	622	8.6	701	7.8	1333	11.7	1204	9
Ca	470.8	8.9	197	4.9	276	4.6	600	8.1	661	7.0	637	5
Ti	25.9	2.0	BL	—	7.7	0.5	14.9	0.8	25.6	1.1	17	1
V	BL	—	BL	—	BL	—	BL	—	8.3	16.5	BL	—
Cr	15.2	73.0	3.8	24.3	5.1	21	BL	—	18.4	49.4	6	21
Mn	26.8	13.5	6.3	4.2	15	6.6	17.7	6.3	30.8	8.6	30	7
Fe	502.5	5.0	150	2.0	153.8	1.3	287.6	2.0	434.8	2.4	339	1
Ni	BL	—	BL	—	BL	—	BL	—	BL	—	BL	—
Cu	BL	—	BL	—	BL	—	34.3	314	BL	—	30	72
Zn	187.1	738	35.6	184	87	304	105	294	68.5	150	210	304
As	21.1	552	BL	—	21.4	492	BL	—	17.2	251	BL	—
Se	BL	—	BL	—	BL	—	BL	—	BL	—	10	7104
Br	BL	—	BL	—	BL	—	BL	—	BL	—	6	297
Pb	52.8	594	28.5	422	BL	—	92.1	733	BL	—	107	116

注:BL 表示低于检测限。

从表 5-9 可以看出 PM_{10} 中的元素 Al,Ca,Ti,Fe 在室内/外都没有富集,来自土壤源。室内/外 PM_{10} 中 P,S,Cl 都明显富集,但在室内的富集程度较大。K 在吸烟的室内明显富集,但在非吸烟的室内和室外来自土壤源。Cr,Mn 在吸烟的室内富集程度大于非吸烟的室内和室外。既可以作为吸烟标识元素又可以作为塑料、垃圾燃烧的元素 Zn 在市区室内/外和郊区室内/外变化有一定的差异。在市区吸烟室内的 Zn 富集程度高于非吸烟室内和室外,但是在郊区,Zn 在室外的富集程度高于吸烟的室内和非吸烟的室内,这说明 Zn 受多种因素的影响,因此,还需进一步详细地研究。

5.3.5　PM_{10} 和 $PM_{2.5}$ 中化学元素特征分析

不同类型粒径颗粒物的化学元素的富集特征是不同的。地壳元素如 Si,Fe,Al,Sc,Na,Ca,Mg 和 Ti 等一般以氧化物的形式存在于粗模态中,而 Zn,Cd,Ni,Cu,Pb 和 S 等元素大部分存在于细粒子中(唐孝炎等 1990)。Lewis 等(1980)对 Charileston 地区的气溶胶样品的化学组成进行分析,发现 Pb 的 85% 是分布在细粒子上的,而 Fe 的 80% 是分布在粗粒子上的。不同粒径的颗粒物由于富集的化学元素的种类和数量是不同的,因此对人体健康的危害也不同。

作者于 2003 年冬季在市区进行了室内 $PM_{2.5}$ 的特殊采样,并与 PM_{10} 的化学元素组成及富集程度进行了对比(表 5-10)。

表 5-10　PM_{10} 和 $PM_{2.5}$ 的元素组成及富集因子

Table 5-10　Chemical elements in PM_{10} and $PM_{2.5}$ and their enrichment factors

样品编号	$PM_{2.5}$				PM_{10}			
	吸烟 22 (ng/m³)	EF	非吸烟 21 (ng/m³)	EF	吸烟 17 (ng/m³)	EF	非吸烟 18 (ng/m³)	EF
Mg	BL	—	BL	—	BL	—	BL	—
Al	6.7	1.8	33.2	0.8	25.8	1.7	41.5	2.1
Si	17.1	1.0	188.8	1.0	70.9	1.0	90.6	1.0
P	5.6	88.1	48.5	68.9	10.7	40.7	26.9	79.8
S	13.2	837.3	570.1	3268.9	62.4	952	36.9	439
Cl	5.8	747.5	23.2	266.6	17.6	537	56.1	1338
K	7.7	6.9	211.9	17.0	64.81	13.8	21.2	3.5
Ca	3.2	3.5	36.6	3.5	19.71	5.1	15.3	3.1
Ti	BL	—	1.15	0.4	BL	—	BL	—
V	BL	—	BL	—	BL	—	BL	—
Cr	0.17	47.2	1.7	41.9	0.4	27.2	BL	—
Mn	0.11	2.9	6.4	16.6	1.1	7.5	0.7	4.0
Fe	1.1	0.6	62	3.2	10.8	1.5	4.8	0.5
Ni	BL	—	BL	—	0.34	54.8	BL	—
Cu	BL	—	2.9	193.8	1.1	186	5.5	756
Zn	0.77	172	32.1	646.0	7.3	387	BL	—
As	BL	—	7.2	961.9	2.1	727	BL	—
Se	BL	—	BL	—	BL	—	BL	—
Br	BL	—	BL	—	BL	—	BL	—
Pb	BL	—	11.8	679.3	BL	—	BL	—

注:BL 表示低于检测限。

从表 5-10 可以看出,PM_{10} 和 $PM_{2.5}$ 样品中的 Al,Ca,Ti,Fe 都没有富集,来自土壤源。吸烟产生的化学元素 K,S,Cr,Zn 在吸烟和非吸烟的室内都明显富集,但是从富集因子看,在 $PM_{2.5}$ 样品中富集程度较大。Mn 仅在非吸烟室内 $PM_{2.5}$ 样品中富集,而在 PM_{10} 样品中来自土壤源。燃油的标识元素 Cu 在 PM_{10} 中富集程度高于 $PM_{2.5}$,但 Pb 在非吸烟室内 $PM_{2.5}$ 样品中富集。但是仅仅从这些数据还无法说明粗细颗粒物中元素的富集程度,因此我们必须进行进一步的分级采样,才能了解化学元素的分布特征。

5.3.6 居室室内 PM_{10} 化学元素的因子分析

作者应用 SSPS10.0 统计分析软件对北京市市区和郊区室内 PM_{10} 样品中的元素浓度数据进行了最大方差旋转的因子分析,得到不同污染源的因子矩阵(表 5-11)。表中的数据表示元素和其对应因子的相关系数,这三个因子的方差占整个数据组方差的 86.89%,其中第一个因子占 69.4%,第二个因子占 11.3%,第三个因子占 7.3%,这说明提取 3 个公因子有相当的可信度。

表 5-11 PM_{10} 中元素浓度最大方差旋转因子分析

Table 5-11 Rotated Component Matrix of element concentrations in PM_{10}

元素	因子 1	因子 2	因子 3
Mg	0.715	0.400	0.399
Al	0.181	0.920	0.320
Si	0.240	0.882	0.395
P	0.786	0.555	4.068×10^{-2}
S	0.879	0.205	0.211
Cl	0.254	0.315	0.640
K	0.814	0.408	0.302
Ca	0.286	0.827	0.476
Ti	0.348	0.845	0.315
V	0.520	0.768	0.259
Cr	0.828	0.517	-1.897×10^{-2}
Mn	0.707	0.469	0.454
Fe	0.507	0.755	0.366
Ni	0.694	9.901×10^{-2}	0.525
Cu	6.282×10^{-2}	0.488	0.828
Zn	0.646	0.297	0.615
As	0.838	8.446×10^{-2}	6.821×10^{-2}
Se	0.770	0.168	0.457
Br	0.603	0.313	0.244
Pb	0.262	0.408	0.849

从表 5-11 可以看出,第一个因子与 P,S,K,Cr,Mn,Ni,As,Se,Br,Zn 有很高的相关度,可以认为来自吸烟、燃煤等;第二个因子与地壳元素 Al,Si,Ca,Ti,V,Fe 的相关度很高,可以

认为是代表影响采样点的土壤类排放源;第三个因子与 Cl,Cu,Pb 的相关程度很高,可以认为来自燃油和燃煤,这与富集因子方法分析得到的结论一致。从富集因子方法我们可以看出在吸烟室内 K 一般都富集,而非吸烟室内没有富集,而且吸烟室内 Zn,As,P,S,Cr 等的富集因子也较大。而与第二个因子相关的 Al,Si,Ca,Ti,V,Fe 等在富集因子分析中,其 EF 值均小于 10,来自土壤源。与第三个因子相关的 Cl,Cu,Pb 的变化较大,但其富集程度较大,而且根据特征元素可以看出可能来自燃油和燃煤。由此可见,吸烟、地壳物质和燃油或燃煤三大因子对室内 PM$_{10}$ 的贡献比较大。

5.4　校园公共场所室内 PM$_{10}$ 中微量元素分析

5.4.1　校园公共场所室内 PM$_{10}$ 中微量元素来源分析

从不同季节图书馆和餐厅室内及室外大气 PM$_{10}$ 全样和水溶部分微量元素的浓度来看(表 5-12 和表 5-13),样品中的 Zn,As,V,Cr,Mn,Co,Ni,Cu,Cd,Pb,Ti,Ba,Se 和 Sb 14 种元素的浓度具较大的季节性差异。总体来看,采样期间 PM$_{10}$ 中全样和水溶部分微量元素的总浓度均存在明显的季节性变化,对于图书馆来说全样和水溶部分 14 种微量元素的总浓度都呈现冬季＞秋季＞春季＞夏季;餐厅室内颗粒物的全样部分微量元素总浓度依次为冬季＞春季＞秋季＞夏季,水溶部分是冬季＞秋季＞夏季＞春季;对于不同季节室内全样颗粒物微量元素的总浓度变化规律与不同季节室内 PM$_{10}$ 的质量浓度变化规律一致,这与王庚辰等(2004)关于北京地区室外空气中 PM$_{10}$ 的元素组成研究的结论一致,随着空气污染的加重,PM$_{10}$ 中的元素总浓度明显增加。与室外相比,冬季室内 PM$_{10}$ 元素浓度明显大于室外,其他季节与室内外 PM$_{10}$ 的质量浓度有明显的相关性。春季餐厅室内 PM$_{10}$ 的元素与室外 PM$_{10}$ 的元素特性相似,主要以非水溶组分为主,水溶元素浓度之和还不及全样的 1/10 室外颗粒物,这是由于春季室外风沙大,来自室外的沙尘和扬尘等不溶组分含量高的颗粒容易进入室内空气中。冬季图书馆全样和水溶部分微量元素浓度之和分别为 6486.14 ng/m^3 和 1251.3 ng/m^3 是四个季节最高的,而且对于不同季节室内全样部分来说,图书馆室内的微量元素值均大于餐厅室内的,这与室内 PM$_{10}$ 的质量浓度有关。

采样期间,不同季节不同地点 PM$_{10}$ 全样中各元素的平均浓度有很大的差异,即使是同一元素在同一季节不同地点也存在较大差异(表 5-12)。具体来说,不同季节全样中 Zn 元素的平均浓度最高(表 5-12),最高值出现在秋季图书馆室内高达 1974 ng/m^3,最小值为 436.6 ng/m^3 出现在夏季餐厅室内;其次是 Ti,Ba,Pb,Mn 的浓度,最高值出现在冬季图书馆室内分别为 1790.1,1624.76,404.57 和 295.19 ng/m^3。而全样 Se,Cd,Co 和 Hg 等元素的浓度值最低均小于 10 ng/m^3。浓度较高的全样 Zn,Ba,Pb,Mn 和 Cu 等元素的浓度随季节和空间变化比较大,图书馆和餐厅室内大气 PM$_{10}$ 全样 Ba,Pb 等元素浓度的变化范围分别为 123.15～1624.76 ng/m^3,27.34～404.57 ng/m^3,最高值和最低值分别出现在冬季图书馆和夏季餐厅;同 Ba 和 Pb 一样全样 Mn 和 Cu 元素的浓度最高值也出现在冬季图书馆,而最低则出现在夏季图书馆室内,这与各个元素的特性及其来源有关,下面将进一步分析。

表 5-12　不同季节图书馆和餐厅室内外大气 PM_{10} 全样微量元素的质量浓度平均值 单位:ng/m^3

Table 5-12　Average mass concentrations of trace elements in the bulk PM_{10} samples collected in the indoor and outdoor air of library and canteen in different seasons

unit:ng/m^3

元素	冬季平均值			春季平均值			夏季平均值			秋季平均值		
	图书馆	餐厅	室外	图书馆	餐厅	室外	图书馆	餐厅	室外	图书馆	餐厅	室外
Zn	1876.56	1106.6	926.13	496.72	749.78	821.92	1376.64	436.61	1485.61	1974	479.62	932.92
As	38.07	27.36	20.25	12.78	14.79	24.28	18.11	4.76	29.45	37.39	7.40	18.31
V	58.30	38.68	4.79	33.80	23.97	53.21	25.84	4.23	33.21	17.21	5.97	11.10
Cr	128.86	58.71	17.07	32.03	25.90	36.45	9.85	3.68	20.40	62.58	4.40	20.09
Mn	295.19	175.70	158.68	282.19	224.63	275.78	23.89	44.14	153.32	283.41	41.98	151.12
Co	3.97	5.88	20.9	3.80	3.13	4.84	0.44	2.95	3.18	4.20	13.2	2.17
Ni	34.76	8.24	40.56	—	9.10	56.06	15.65	153.34	144.55	26.48	72.78	78.09
Cu	186.13	57.07	65.87	30.04	42.30	93.73	17.85	22.70	106.75	166.21	46.03	80.28
Cd	9.54	3.37	5.38	2.00	2.91	3.31	0.58	3.81	6.94	8.95	3.27	4.07
Pb	404.57	209.24	273.30	145.18	143.39	246.15	28.30	27.34	315.68	404.18	84.53	213.46
Ti	1790.08	1154.5	528.29	1466.61	1131.97	1620.79	404.47	208.23	403.14	139.54	208.21	468.
Ba	1624.76	962.45	278.33	750.56	551.82	979.67	325.52	123.15	299.49	382.94	196.9	292.97
Se	0.38	0.26	0.27	0.26	0.21	0.28	0.048	0.12	0.63	0.53	0.13	0.35
Sb	34.97	13.60	10.37	7.10	8.47	13.69	21.33	2.59	17.31	26.96	3.46	15.52
总和	6486.14	3821.7	2350.19	3263.07	2932.37	4230.16	2268.52	1037.65	3019.66	3534.58	1167.88	2289.4

表 5-13　不同季节 PM_{10} 中水溶部分微量元素的浓度平均值　　　单位:ng/m^3

Table 5-13　Contents of water-soluble trace elements in airborne PM_{10} collected in the library and canteen in different seasons

unit:ng/m^3

元素	冬季平均值			春季平均值			夏季平均值			秋季平均值		
	图书馆	餐厅	室外	图书馆	餐厅	室外	图书馆	餐厅	室外	图书馆	餐厅	室外
Zn	959.12	533.25	453.48	181.81	188.26	396.03	166.50	191.01	899.91	895.82	230.22	597.81
As	23.12	23.82	8.30	4.86	5.75	6.10	2.37	2.08	10.35	15.37	3.72	9.98
V	2.24	2.82	0.10	2.23	1.04	2.64	0.19	0.52	0.76	2.11	0.42	1.84
Cr	4.72	4.58	1.26	2.22	1.64	2.09	0.79	0.74	2.04	3.46	0.71	2.55
Mn	104.89	83.93	69.04	43.67	48.73	51.64	12.36	31.78	75.12	131.00	24.34	58.30
Co	1.06	1.59	0.92	0.32	0.36	1.11	0.23	2.22	2.13	1.38	0.89	0.84
Ni	—	3.35	23.76	—	0.85	—	5.22	126.42	119.12	6.35	57.84	62.2
Cu	51.59	15.28	15.76	20.06	4.80	—	7.15	14.51	49.55	43.56	33.61	35.64
Cd	6.08	2.01	2.64	1.31	1.41	1.75	0.46	2.80	4.58	5.73	2.53	2.97
Pb	35.16	23.44	16.34	10.47	8.74	14.66	4.22	6.27	58.09	60.30	41.71	65.57
Ti	1.52	3.01	1.51	0.39	1.15	0.31	0.95	1.00	1.11	4.01	0.42	2.02
Ba	34.96	33.35	24.58	28.96	15.79	30.73	18.06	17.38	18.22	50.35	5.06	27.22
Se	0.49	0.27	0.19	0.22	0.17	0.23	0.07	0.12	0.42	0.39	0.10	0.32
Sb	26.37	12.05	3.8	3.81	2.89	4.92	3.03	2.0	9.22	11.09	2.04	9.45
总和	1251.30	739.39	622.57	300.33	281.58	512.21	221.6	398.85	1350.62	1230.92	403.61	876.71

　　从表 5-13 可以看出,采样期间 PM_{10} 中水溶性元素的平均浓度同样存在较大差异,而且各元素在不同季节不同空间差异也很明显。具体来说,水溶性 Zn 的浓度最高出现在冬季图书

馆室内,Mn,Cu,Pb 和 Ba 等元素的浓度其次,其浓度在 $10 \sim 100 \text{ ng/m}^3$ 之间;其他水溶性元素的浓度相对最低均小于 10 ng/m^3,其中水溶性 Se 和 Hg 元素的浓度小于 0.1 ng/m^3。PM$_{10}$ 中主要水溶性元素的浓度随季节变化如下:水溶性 Zn 元素的浓度在冬季图书馆室内最高,达 959.12 ng/m^3,夏季图书馆的最低为 166.50 ng/m^3;整体上看,餐厅室内水溶性 Zn 元素没有图书馆室内的 Zn 元素的浓度高,但与图书馆一样水溶性 Zn 元素浓度的最大值也是出现在冬季,为 533 ng/m^3,最低值则出现在春季,为 188.26 ng/m^3,这与全样 Zn 元素的浓度规律一致。与室外相比,除冬季室内水溶性 Zn 的浓度明显大于室外外,其他季节室外水溶性 Zn 元素的浓度比室内高。对于水溶性 Mn,Pb,Ba 等元素在图书馆室内的浓度最高值出现在秋季分别为 131 ng/m^3,60.3 ng/m^3,50.35 ng/m^3,最低值出现在夏季分别为 12.36 ng/m^3,4.22 ng/m^3,18.06 ng/m^3。而 Cu 元素浓度最高值出现在冬季,为 51.59 ng/m^3,最低值在夏季,为 7.15 ng/m^3。而在餐厅室内,水溶性 Mn 和 Ba 元素的浓度值最高都出现在冬季,分别为 83.93 ng/m^3 和 33.35 ng/m^3,最低值出现在秋季,分别为 24.34 ng/m^3 和 5.06 ng/m^3。水溶性 Pb 和 Cu 元素的最高浓度出现在秋季,分别为 41.71 ng/m^3 和 33.61 ng/m^3,Pb 和 Cu 元素浓度的最低值分别出现在夏季和春季,为 6.27 ng/m^3 和 4.80 ng/m^3。

从四个季节室内外不同元素的水溶样与全样的比值分析来看,PM$_{10}$ 中各元素的水溶部分占其全样的平均比例随时间和空间变化的差异很大(表 5-13)。大致来说,水溶性 Zn,Mn,Ni,Cu,Sb 和 Cd 等元素所占的平均比例较高,尤其在夏季和秋季餐厅室内水溶性 Co,Ni,Cu ,Sb 和 Cd 元素占其全样的 70% 左右。其次是水溶性 As,Cr,V 和 Ba 等元素,其比例在 1% $\sim$ 15% 之间;其中 Ti 元素小于 0.5%。水溶部分占其全样元素浓度的比例随季节变化表现为:在图书馆室内元素 Zn 的水溶部分占其全样中含量的比值,夏季最低为 12%,冬季则高达 51%。餐厅室内水溶性 Zn 元素占全样的比例除春季较低只有 25% 外,其他季节变化不大均在 48% 左右;与室外相比,室内水溶性 Zn 的比例小于室外(冬季室内除外)。与元素 Zn 相比,元素 Co,Cu,Ni,Cd 和 Mn 的水溶部分占其全样的比例最低值均出现在春季,最高值出现在夏季餐厅;而对于水溶性 Pb 元素来说季节性变化很大,最高值出现在秋季餐厅,为 49%,而最低值则只有 6%,出现在春季餐厅。

从以上分析可知,大部分水溶元素的浓度与其全样元素浓度值没有相同的趋势,这表明水溶元素的浓度并不与其在空气中的质量浓度成正比例,而可能与颗粒物来源及其元素的溶解性质有关(李金娟 2006)。对于全样 Zn,V,As,Cr,Mn,Cu,Pb,Ba 和 Sb 等元素来说,冬季的浓度值明显较其他季节大,这与冬季使用采暖系统有关,而且还有许多采用燃煤等方式自行供暖,加上冬季室内大气 PM$_{10}$ 的质量浓度高,造成严重的空气污染。而春季不论是全样还是水溶部分,几乎所有的元素浓度值室外的都大于室内的,这可能是与春季室外风大且春季室内空气受室外大气环境的影响大有关。

5.4.2 图书馆和餐厅室内冬季和春季 PM$_{10}$ 的富集因子分析

冬季图书馆和餐厅室内 PM$_{10}$ 的富集因子如表 5-14、图 5-3 所示。Pb,Cd,Cu,As,Hg,Zn,Ba,Na 和 Sn 等元素的富集因子值均大于 10,可以认为这些元素主要来源于人类活动的污染,并且富集因子数值愈大污染愈严重(王开燕等 2006)。Cr,Mn,Co,Cs,Al,Ce,Ti,Mg,Ca 和 Fe 等元素的富集因子均小于 10,表明它们在大气中没有被富集,主要来自地壳土壤源。冬季图书馆和餐厅室内相比较,餐厅室内的富集因子值一般都大于图书馆的,尤其是 Zn,As,Pb 和 Ba 等元素,说明冬季餐厅室内,人为污染更严重,这些元素可能来自油、煤的燃烧和烹调过程。

表 5-14　冬、春季图书馆和餐厅室内 PM_{10} 中化学元素的富集因子

Table 5-14　Enrichment factors of elements in winter and spring PM_{10} collected in the library and canteen

| 元素 | 2005年冬季 | | | | 2006年春季 | | | | | |
| | 图书馆 | | 餐厅 | | 图书馆 | | 餐厅 | | 室外 | |
	元素浓度(ng/m³)	EF	元素浓度(ng/m³)	EF	元素浓度(ng/m³)	EF	元素浓度(ng/m³)	EF	元素浓度(ng/m³)	EF
Zn	1876.56	136.57	1524.01	177.05	496.72	17.81	734.34	13.7	1158.17	21.33
As	38.07	167.17	32.43	227.34	12.78	26.11	24.97	28.48	45.47	49
V	58.3	5.18	65.96	9.36	33.8	1.2	47.29	1.01	101.76	2.06
Cr	128.86	0.39	98.12	0.48	32.03	0.04	45.59	0.03	64.83	0.05
Mn	295.19	1.52	215.62	1.78	282.19	0.53	405.65	0.5	475.96	0.52
Co	3.97	0.41	9.25	1.52	3.8	0.13	5.73	0.14	8.16	0.18
Ni	34.76	0.15	5.49	0.04	6.97	0.016	11.64	0.01	94.66	0.1
Cu	186.13	25.28	78.32	16.98	30.04	1.91	67.43	2.4	138.09	4.59
Cs	2.48	3.03	1.79	3.49	3.19	1.56	4.26	1.28	6.86	1.87
Hg	0.48	73.93	0.22	53.68	0.19	12.92	0.12	4.81	0.18	6.65
Pb	404.57	346.63	290.54	397.36	145.18	62.15	254.81	57.52	441.09	96.21
Ti	1790.08	3.04	1794.7	4.87	1466.61	0.96	1818.31	0.75	2756.57	1.02
Al	6775.31	1	4244.37	1	20109.4	1	28655.27	1	35387.99	1
Ba	1624.76	35.23	1703.1	58.95	750.56	7.1	1022.31	5.45	1699.2	8.59
Ce	10.91	1.87	6.15	1.68	19.21	1.14	27.67	1.14	39.08	1.37
Sn	39.28	74.72	26.47	80.36	13.99	13.02	32.31	15.81	39.11	18.56
Na	21506.33	9.94	18338.93	9.53	9007.22	1.84	12748.94	1.43	17845.45	1.92
Mg	8348.39	0.28	4173.23	0.23	4747.4	0.06	6136.74	0.05	8016	0.06
Ca	29561.63	5.41	16811.73	4.91	10418.79	0.77	15879.62	0.7	16476.95	0.65
Fe	5988.71	0.5	3081.18	0.41	8998.95	0.26	11882.6	0.24	15562.12	0.26

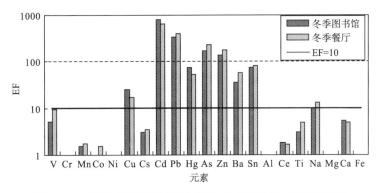

图 5-3 冬季图书馆和餐厅室内 PM$_{10}$ 中主要化学元素的 EF 值

Fig. 5-3 Enrichment factors of elements in winter PM$_{10}$ collected in the library and canteen

春季图书馆和餐厅 PM$_{10}$ 的富集因子如表 5-14、图 5-4 所示。同冬季室内相似，Zn，As，Cd，Pb 和 Sn 等元素的富集因子值均大于 10，主要来自人为污染。其他元素的富集因子值小于 10，尤其是 V，Cr，Mn，Co，Ni，Mg，Cu，Ca，Fe 和 Al 等元素，它们的富集因子值在 1 左右，说明它们主要来自地壳土壤源。与室外相比，室内各元素富集因子均小于室外，说明室外人为污染较室内严重。而对于冬季室内 PM$_{10}$ 中大部分元素来说，其富集因子值远远大于春季室内，尤其是 Cd，Pb，Zn，As 和 Sn 等元素，说明冬季室内人为污染较春季严重。与 2004 年相比，Zn，As，Pb 等元素的富集因子都有所下降，这是因为近几年实施无铅汽油、控制燃煤和工业燃油排放标准等措施，空气质量有所改善（王开燕等 2006）。

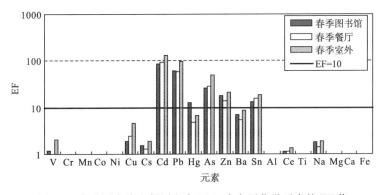

图 5-4 春季图书馆和餐厅室内 PM$_{10}$ 中主要化学元素的 EF 值

Fig. 5-4 Enrichment factors of elements in spring PM$_{10}$ collected in the library and canteen

5.4.3 图书馆和餐厅室内微量元素的因子分析

应用 SPSS10.0 统计软件对公共场所室内 PM$_{10}$ 样品中的元素浓度数据，进行最大方差旋转的因子分析，结果列于表 5-15。因子分析模型将所有变量划分为 4 个因子，第 1 个因子的贡献率分别为 41.99%，第 2、3 和 4 个因子的贡献率分别为 26.52%，20.45% 和 9.15%，累计贡献率达到 98.11%，分析结果较理想。从表 5-5 可以看出，因子 1 与元素 Zn，As，Ni，Cu，Cd，Pb，Se 和 Sb 有很高的相关度，相关系数分别为 0.826，0.957，0.945，0.864，0.82，0.956，0.985 和 0.786。富集因子分析结果表明这些元素的富集因子值均大于 10，主要来自人为污染。众多研究结果表明，As，Se 和 Sb 3 种元素主要是燃煤排放的产物（王玮等，1999；常辉等 2000，庄国顺等 2001,杨复沫等 2003,何新星等 2005,郭璇华等 2006),Zn 和 Pb 等元素同样大量存在于燃煤产物和汽车尾气中(杨复沫等 2003,刘桂建等 2003,林治卿等 2005b),与表 5-15 中的结果一致。而 Cu 为煤、油、垃圾燃烧所产生的污染中共有的元素(表 5-16)。由此推测,第 1 个因子可能代表燃煤污染源。因子 2 主要同 Mn,Mg,Al 和 Fe 等元素有很高的相关度,相关系数分别为 0.964,0.887,0.899 和 0.953。根据上述的富集因子分析结果,这些元素的富集因子值均小于 10,为地表土壤排放,其贡献率为 26.51%。因子 3 主要同 Ca 和 Na 等元素的相关性较强,相关系数分别为 0.961 和 0.800,根据富集因子分析结果,Ca 和 Na 元素的富集因子值接近 10,Ca 和 Na 主要来自于土壤源,也有部分 Ca 可能来自建筑尘,这与室外研究结果一致(张仁健等 2002,王荟等 2003),Na 来自于食用盐和人体汗液等(表 5-16)。因此,同因子 2 一样,因子 3 也可能代表地表土壤,其贡献率为 20.45%。于是,根据因子 2 和因子 3 贡献率的大小便可以得出地表土壤排放的贡献率为 46.95%。因子 4 主要同 Co 等元素的相关性较强,相关系数为 0.849。根据富集因子分析结果,室内 Co 的富集因子远远小于 10,表明它们主要来自地表土壤排放。可见因子 2,3 和 4 都是来自地表土壤排放,来自地表土壤排放的贡献率为 56.1%,说明室内空气污染源主要是地表土壤,还在一定程度上受人为活动的影响。

因此,从微量元素因子分析的结果来看,校园公共场所室内 PM_{10} 主要来自地表土壤排放和燃煤燃油污染、汽车尾气和垃圾焚烧等。

表 5-15　图书馆和餐厅室内 PM_{10} 元素浓度最大方差旋转因子分析

Table 5-15　Rotated component matrix of the element mass concentrations in PM_{10} collected in the air of library and canteen

元素	因子 1	因子 2	因子 3	因子 4
Zn	0.826	-0.428	0.425	0.117
As	0.957	-0.131	0.186	0.116
V	0.725	0.373	0.124	0.536
Cr	0.277	-0.172	0.907	0.264
Mn	-5.195×10^{-2}	0.964	-7.466×10^{-2}	0.178
Co	-8.479×10^{-2}	0.457	4.916×10^{-2}	0.849
Ni	0.945	0.263	4.525×10^{-2}	0.143
Cu	0.864	-4.938×10^{-2}	0.491	-6.949×10^{-2}
Cd	0.820	-0.271	0.447	-0.163
Pb	0.956	-0.240	0.136	-2.246×10^{-2}
Ti	0.402	0.772	6.153×10^{-2}	0.480
Ba	0.777	-0.103	0.418	0.454
Se	0.985	-1.755×10^{-2}	-1.838×10^{-2}	-0.151
Sb	0.786	-0.274	0.533	-0.127
Cs	0.626	0.688	-0.350	9.124×10^{-2}
Hg	0.392	-0.393	0.608	-0.346
Na	0.582	-0.122	0.800	0.333
Mg	-0.163	0.887	0.422	5.436×10^{-2}
Al	-0.312	0.899	-0.280	0.104
Ca	0.120	0.180	0.961	6.795×10^{-3}
Fe	-0.183	0.953	-0.226	6.641×10^{-2}
贡献率(%)	41.987	26.517	20.452	9.150

表 5-16 各类污染源排放的主要元素（杨丽萍等 2002）

Table 5-16 Elements from various emission sources (Adapted from Yang *et al*, 2002)

来　源	主要元素
土　壤	Si,Al,Fe,Ti,K,Ca,Na,Mg,Mn,Eu,Yb, Ba,Rb,La,Ce,Lu,Sm,Th,Cr,Sc,Co,Cl
燃　煤	I,As,S,Se,Si,Al,Fe,Ti,Ca,Mn,Cr,Co, Cu,Pb,Zn,Hg,Br,V,Ni,Sc,La,Ce,Th
燃　油	V(石油),Ni,Co,Cu
垃圾焚烧	Zn,Cd,Sb,Cu
汽车尾气	Pb(汽油),Br,Ba,Cl
海　盐	Na,Cl
金属冶炼	Cr,Cu,Zn,Fe
建　材	Ca

5.5　小结

(1)在市区和郊区吸烟室内PM$_{10}$中所分析的元素总浓度均高于非吸烟室内。吸烟和非吸烟的室内PM$_{10}$中Al,Ca,Ti,Fe元素的浓度都比较高,但是富集因子<10,主要来自土壤源。其他化学元素如P,Cl,Cr,Mn,Zn,As,Br,Pb等的富集程度比较大,一般来自人为源。吸烟的标识元素K在吸烟室内富集,来自人为源,但是在非吸烟的室内元素K没有富集,来自土壤源。P,S,Cl在吸烟和非吸烟的室内富集程度都比较大,特别是S元素在夏季富集程度高于春季和冬季,可能由于夏季温度较高,存在更多的二次颗粒,如硫酸盐;As,Zn,Cr在吸烟和非吸烟的室内都富集,但是在吸烟室内富集的程度大;燃油标识元素V,Ni,Pb,Cu浓度很高,富集程度较大,来自人为源。不同季节室内PM$_{10}$的元素浓度差别较大。而且一般市区化学元素总浓度略高于郊区。

(2)图书馆和餐厅室内PM$_{10}$中Zn,As,V,Cr,Mn,Co,Ni,Cu,Cd,Pb,Ti,Ba,Se和Sb等14种微量元素的总浓度呈现出与室内PM$_{10}$质量浓度相同的季节性变化:图书馆室内质量浓度为冬季>秋季>春季>夏季,餐厅则是冬季>春季>秋季>夏季。与餐厅室内相比,图书馆室内的微量元素总浓度相对较大。

(3)秋冬季图书馆室内PM$_{10}$各元素含量明显高于餐厅室内的,而春夏季则相反,主要受室内质量浓度的影响。

(4)PM$_{10}$中全样Fe,Al,Zn,Ni四种元素的含量较高,而水溶组分中Zn元素的浓度最高;从水溶与全样的比值来看,Zn,Mn,Ni,Cu,Sb和Cd元素的值较大,而Ti和Ba元素最低,小于0.5%,水溶性元素浓度大小依次为:冬季>秋季>夏季>春季,春季室内PM$_{10}$中各元素主要以非水溶状态存在。

(5)根据富集因子和因子分析结果表明Mn,Mg,Al,Fe,Ca,Na等元素主要来自土壤排放,Zn,As,Ni,Cu,Cd,Pb,Se元素主要来自汽车尾气、生活垃圾、烹调过程及建筑粉尘等人为源。

6　居室及公共场所室内 PM_{10} 的基于 DNA 氧化性损伤评价的毒理学研究

大气颗粒物对人体健康的危害程度主要取决于颗粒物的物理和化学性质。颗粒物的质量浓度和暴露时间决定了吸入剂量,浓度越高,暴露时间越长,则危害越大。有人认为可吸入颗粒物本身并不致病,而致病原因是其中的化学成分或因其协同作用的结果(Linn 等 1999)。空气中大气颗粒物对人体健康的影响取决于粒子侵入继而积聚于呼吸系统的能力。有研究表明,不同粒径大气颗粒物的有机提取物不仅具有引起细菌回变、菌落增加和骨髓细胞染色体畸变的致突变作用;而且颗粒物粒径越小,在大气中的稳定程度越高,吸附的致突变物越多,致突变活性越强(徐东群等 2004)。此外,颗粒物的毒性还与其在呼吸道内沉积、滞留和清除能力有关,粒径越细,比表面积越大,物理化学活性越高,毒性就越强(邵龙义等 2005)。近年来,室内可吸入颗粒物对人体的损伤效应引起了广泛的关注(修光利等 1999,Gilmour 等 2004,邵龙义等 2005,郑聪等 2005),但国内关于公共场所室内可吸入颗粒物损伤效应的研究还很少。特别是学生这个特殊的群体,他们几乎 90% 以上的时间是在室内度过的,他们对恶劣的空气更为敏感,感染疾病的几率更大(郑聪等 2005),学校公共场所室内环境的好坏直接影响他们的身心健康。

本章使用质粒 DNA 评价法对北京市居室和校园公共场所室内/外 PM_{10} 的氧化性损伤能力进行对比研究,定量分析造成质粒 DNA 破坏 50% 所需要的颗粒物浓度剂量(TD_{50},Toxic Dose),同时希望找出引起 DNA 损伤的主要有害微量元素。

6.1　大气颗粒物毒理学的质粒 DNA 评价

6.1.1　质粒 DNA 评价方法原理

质粒 DNA 评价法(Plassmid DNA Assay)是一种测量活性氧对质粒 DNA 的氧化性损伤能力的体外(in vitro)方法,可用于评价颗粒物的生物活性(bioreactivity)。生物活性是指颗粒物对于生物物质(本文指质粒 DNA)产生的效应。质粒 DNA 评价法的基本原理是颗粒物表面携带的自由基会对超螺旋 DNA(Supercoiled DNA)产生氧化性损伤(Donaldson 等 1996),最初的损伤是引起超螺旋 DNA 松弛(Relaxed);进一步的损伤表现为使 DNA 呈线状(Linearized)(图 6-1)。这种损伤变化可以引起 DNA 在电泳仪中的电泳淌度(Electrophoretic mobility)的变化,其中超螺旋 DNA 的电泳淌度最大,运动速度也最大,线状的 DNA 次之,松弛状 DNA 的电泳淌度最低。根据这一原理可以将这些不同形态的 DNA 从琼脂糖凝胶中分离开,然后使用灵敏的显像测密术(densitometry)测量不同形态的 DNA 所占的比例。线状的和松弛状(被破坏的)DNA 占所有形态 DNA 的比例即为生物活性。一般用 TD_{20} 和 TD_{50} 表征颗粒物生物活性的大小,它分别表示造成 20% 或 50% 的 DNA 损伤所需要的样品的剂量。TD_{20} 或 TD_{50} 值越小,颗粒物的生物活性就越大。在同一质量浓度条件下样品的 TD_{20} 或 TD_{50} 值越小,表示该处的颗粒物对 DNA 的损伤越大。如图 6-2 可以看出,样品 B 的 TD_{20} 值小于样品 A 的 TD_{20} 值,表示样品 B 的生物活性大于样品 A。在此基础上对这些不同形态的 DNA 进行半定量分析,从而评价颗粒物对 DNA 的损伤(Moreno 2004)。

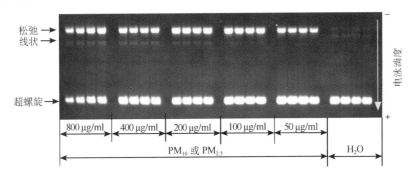

图 6-1　质粒 DNA 评价法分析原理图

Fig. 6-1　Experimental principle of plasmid DNA assay

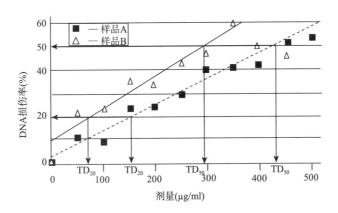

图 6-2　TD_{20} 和 TD_{50} 表征样品生物活性大小的示意图

Fig. 6-2　The scheme of particle activity using TD_{20} or TD_{50}

6.1.2　质粒 DNA 评价实验

6.1.2.1　设备

①超声振荡仪;②微量天平和镊子;③微量移液枪;④eppendorf 管;⑤超低温冰箱和普通冰箱;⑥涡旋振荡器;⑦锥形瓶、量杯、微波炉;⑧电泳仪,包括电泳槽、凝胶槽、梳子、电源系统等;⑨紫外凝胶成像系统。

6.1.2.2　试剂

①HPLC 级水,需经过高压灭菌;②H_2O_2 溶液,普通冰箱中储存;③琼脂糖(agarose);④φX174-RF DNA,$-80\,^{\circ}\mathrm{C}$ 超低温冰箱中储存;⑤TBE(Tris-Borate-EDTA)缓冲液;⑥溴乙啶(EB),有剧毒。

6.1.2.3　实验步骤

质粒 DNA 评价法包括样品制备、凝胶制备、将样品注入凝胶和凝胶成像四个实验步骤。

（1）样品制备

①剪下采集有颗粒物的聚碳酸酯滤膜的 1/4 左右（按照采样的多少，一般颗粒物质量为 500～1200 μg 左右），称量剪下的滤膜的质量（W_1）。

②将剪下的滤膜，放于 10 ml 的离心管中，加入无菌 HPLC 级 H_2O，水淹没滤膜为好，使用超声振荡法将颗粒物从滤膜上分离出来（震荡 4～5 h），然后取出洗净的滤膜放入盒里晾干称其质量（W_2）；则颗粒物的质量为 $W = W_1 - W_2$。

③将离心管放入冰箱内使溶液冻成固体后，将离心管取出放入冻干机内冻干，直到完全变为固体颗粒物为止。（注：放入前要在离心管盖上穿个小孔为了让水升华出去。）

④冻干后，取出离心管，按照计算好的颗粒物质量进行浓度配制。

⑤根据所要浓度计算加入超纯灭菌水的量，将离心管内颗粒清洗下来，液体转移到 2.5 ml 的离心管中（全样），然后取出大约 1/3 的全样溶液到另一离心管中，对其进行高速离心 80 min（使固体颗粒和水溶样分离开来），取离心后溶液上面的澄清液体（水溶样）。

⑥根据所需浓度，计算好溶液的浓度和超纯灭菌水的量。

表 6-1　溶液准备的示例

Table 6-1　Example of sample solution preparation

颗粒物的浓度（$\mu g/ml$）	原溶液的体积（μl）	无菌 HPLC H_2O 的体积（μl）
800	72	13.5
600	54	31.5
400	36	49.5
200	18	67.5
100	9	76.5
H_2O	0	85.5

⑦全样和水溶样各准备离心管（0.2 ml）6 个（以 5 个浓度级为例，外加一个超纯灭菌水样），按浓度顺序排列好。用移液枪将经过计算得到的原始溶液量移到离心管中，再加入高纯无菌水将溶液稀释到 85.5 μl。

⑧如果一次实验准备 5 个浓度等级，按照浓度从大到小排列。例如，如果原始颗粒物的浓度是 1000 $\mu g/ml$，可分 800 $\mu g/ml$，600 $\mu g/ml$，400 $\mu g/ml$，200 $\mu g/ml$ 和 100 $\mu g/ml$ 五个等级（表 6-1），但是这需要根据实际情况调整。

⑨将不同浓度的溶液（85.5 μl）分 4 次均等地分在 4 个 eppendorf 管，每个管中的溶液量均为 19 μl；（先计算好所需离心管个数，依次排好，最好编上号，以免弄混。这里共需要 48 个，水溶样和全样各 24 个）。

⑩在每一个离心管（19 μl 溶液）中加入 1 μl 浓度为 200 ng/μl 的 φX174-RF DNA，并充分混合（浓度配置详见质粒浓度配置）。最好在加入样品溶液之前加质粒，这样既可以保证质粒在最底部又可以防止错加/漏加。（注意：立刻将剩余的 DNA 放入超低温冰箱）

⑪将每一个离心管封口，放在涡旋振荡器上轻轻振荡 6h。

（2）凝胶制备

在大约 5 h 30 min 后,开始制备凝胶。

①称 2.93 g 琼脂糖,放入 500 ml 的锥形瓶中。

②取 100 ml(10x)TBE(Tris-Borate-EDTA)缓冲液到 1000 ml 量杯中,加入无菌水至 1000 ml 将 10x 稀释成 1x。

③取出 450 ml 的 TBE 缓冲液(1x),加入到锥形瓶中并混合。

④将锥形瓶放入微波炉,并将微波炉设置为"高"档,定时 2 min,2 min 后取出锥形瓶,搅动溶液,然后再放入微波炉,定时 1 min。

⑤1 分钟后,每隔 30 秒观察一次,直到溶液完全清澈。

⑥打开水龙头,让水流顺着锥形瓶的一侧流动,并晃动锥形瓶,但注意不要让水进入锥形瓶,直到溶液冷却到 60℃ 左右为止。

⑦向锥形瓶中加入 10 μl 溴乙啶,轻轻混合(注意:溴乙啶有剧毒,必须戴手套)。

⑧用高压灭菌胶带(autoclave tape)封住凝胶浅槽的两侧,将两个梳子放入合适的位置,将锥形瓶中的溶液倒入凝胶浅槽,将溶液中的气泡赶走,让其自然冷却。

⑨向电泳槽中注入 TBE 缓冲液(1x),直到离电泳槽的顶部约 5 cm 为止。

⑩观察凝胶是否凝固,如果凝固了,轻轻将梳子从凝胶中取出,撕掉胶带,将凝胶浅槽放入电泳槽(注意将有孔的一头朝向负极,DNA 向正极运动),在加入 TBE 缓冲液(1x)直到缓冲液能够填充到孔中。

（3）向凝胶中注入样品

①样品在涡旋振荡器上振荡 6 h 以后,将样品从涡旋振荡器取下来,在每一个样品中加入 3.5 μl 溴酚蓝/丙三醇染色剂。

②用移液器向每个孔中注入 20 μl 样品、φX174-RF DNA 和染色剂混合物,每一个小瓶分装到 4 个孔中,每加完不同浓度的溶液要更换 tip。

③连接两个电极到电源上。

④将电压调节到 100 V,检查电源组是否工作,如果工作,则调节到 30 V,通电 16 h。

（4）凝胶成像和 DNA 损伤量的定量分析

①16 h 后,将凝胶从电泳槽中取出,倒掉多余的 TBE 缓冲液,将凝胶放在紫外凝胶成像系统中,确认紫外光(UV)工作正常。

②使用紫外凝胶成像系统(Synoptics Ltd,Cambridge,UK)对凝胶成像,调整成像的质量,保存图片。

③使用 Syngene Genetools 软件(Synoptics Ltd,Cambridge,UK)计算不同电泳条带的光密度,线状的和松弛状的 DNA 条带光密度之和占总 DNA 光密度(线状＋松弛状＋超螺旋 DNA)的百分比即为 DNA 的损伤率,也就是损伤活性。

④计算每一个浓度等级造成的 DNA 损伤量的平均值和标准偏差,根据造成的 DNA 的损伤量使用线性回归计算样品的 TD_{50},即造成 50％ 的 DNA 损伤所需的样品量。其中 TD_{50} 越小表示对 DNA 的损伤越大。(注意:最后进行统计时,不同浓度对 DNA 的损伤要减去 H_2O 对 DNA 的损伤。)

6.1.3　质粒 DNA 评价实验中的常见问题

质粒 DNA 评价法是一种操作简便、快速、敏感性高的 DNA 损伤检测技术,在生物界已得到广泛的应用,但使用此方法来评价颗粒物的毒性在国内外则刚刚兴起。通过长期的摸索,才使此方法成功地在国内运用到大气和其他颗粒物的毒性评价上。在实验过程中,经常会出现一些异常现象,下面将分析这些异常现象及其产生原因。

6.1.3.1 凝胶图像中 DNA 条带的拖尾现象

凝胶图像的好坏直接影响评价的结果,而凝胶图像的质量与很多因素有关,如梳孔的大小、样品的多少、凝胶浓度、缓冲液的电离强度、DNA 样品的纯度和状态、电泳的电压和温度等都可能影响图像的质量。拖尾现象是凝胶电泳实验常见的现象,在质粒 DNA 评价实验中,标准凝胶图像的 DNA 条带应该是很好的矩形,它与彗星实验不同。拖尾现象如图 6-3 和图 6-4 所示,可导致 DNA 条带模糊不清、亮度减弱。凝胶图像中拖尾现象的不同,其原因也各不相同。

图 6-3 和图 6-4 所示的凝胶图像,都使用的大电泳槽(规格 30 cm×20 cm),对于不同的梳孔规格,形成图像质量也不同。加样梳孔(规格 1 mm×2 mm)太窄形成的图像类似椭圆形(图 6-3,这里先忽略拖尾现象),适当的梳孔(规格 2 mm×4 mm)形成的图像是标准条带状(图 6-4 所示)。随着跑胶时间的增加,拖尾现象严重,而且上面的一条带亮度很弱(图 6-3b 和图6-4b),这可能是由于凝胶中 EB 含量过低(10 μl,浓度为 0.5 mg/ml),导致大片段 DNA 结合 EB 的量太少或没有结合,在紫外光下亮度太低,应该适当增加 EB 用量和浓度;也可能是 DNA 的上样量太少。

条带的模糊不清可能有以下几种原因:第一,DNA 降解或变性,在使用过程中应避免核酸酶污染,保持配胶板和电泳槽的清洁;第二,电泳缓冲液放置时间太长,多次使用后离子强度降低,pH 值上升,缓冲能力减弱,从而影响电泳效果;第三,电泳条件不合适,电泳时电压不应超过 5 V/cm,温度<30℃,因为电压过大会使小片段 DNA 带走出凝胶,造成条带缺失;温度过高,会导致 DNA 的降解和变性。此外,凝胶质量较差或凝胶凝固不均匀也会导致电泳条带弱、模糊不清以及不规则的 DNA 带迁移的现象。

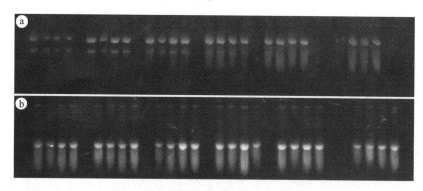

图 6-3　大电泳槽小梳孔不同跑胶时间的凝胶电泳图

(a)30 V 电压跑胶 3 h;(b)30 V 电压跑胶 16 h

Fig. 6-3　Gel image of small size comb well run different hours

(a) 30 V electrophoretic current for 3 h;(b) 30 V electrophoretic current for 16 h

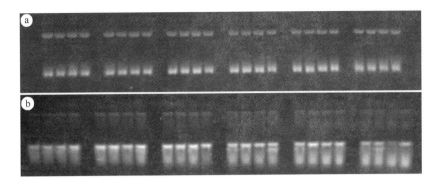

图 6-4　大电泳槽合适梳孔的凝胶电泳实验图

(a)30 V 电压跑胶 10 h；(b)30 V 电压跑胶 16 h

Fig. 6-4　Gel image of the right size comb well run different hours

(a)30 V electrophoretic current for 10 h；(b)30 V electrophoretic current for 16 h

　　实验过程中出现的条带模糊情况，具体是哪种，要根据不同情况具体分析，在不断变换条件的情况下找出原因。首先，测试 DNA 是否降解，如图 6-5a 所示，左边是对质粒 Marker 的测试，右边是加入浓度为 1 μg/μl 质粒的样品跑胶图像，可以看出 Marker 跑出了六个条带 (1500，1000，750，500，250，100bp 碱基对)，说明这批质粒没有被降解，但是它的大分子片段还是出现模糊和不规则条带，说明和其他原因有关。浓度为 1 μg/μl 的质粒图像(图6-5a)比浓度为 0.2 μg/μl 的图像(图 6-5d)更模糊，表明 DNA 上样浓度太高也会导致图像不清晰。

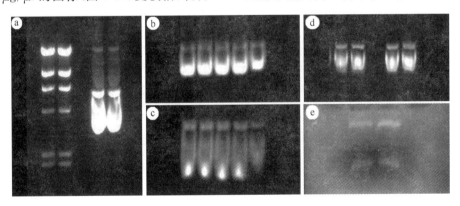

图 6-5　Marker 和质粒的凝胶电泳实验图

(a)质粒 Marker，质粒浓度为 1 μg/μl，(9 h，20 V)；(b)6 h，30 V；(c)与 b 同一样品，时间不同 (16 h，30 V)；(d)质粒的测试(5 h，20 V)；(e)微生物所配制的胶

Fig. 6-5　Gel image of marker and DNA

(a)for the marker；(b)30 V electrophoretic current for 6 h；(c)30 V electrophoretic current for 16 h；(d)for the DNA；(e)the gel from CAS

　　图 6-5b 和 c 是同一样品在不同跑胶时间下的凝胶图像，这里换用小电泳槽(规格 10 cm× 15 cm)，跑胶 6 小时和 16 小时后都有拖尾和条带不清楚现象，表明与电泳槽的关系不大。而图 6-5e 是使用其他单位(中国科学院微生物所)配制的胶，可以看出除了图像不清楚和跑胶不均匀外，并无拖尾现象，而图像不清楚可能是制胶过程中加的 EB 量少，跑胶不均匀是因为配胶和灌满电泳槽使用的不是同一批缓冲液，导致样品在胶体的运行速度不均匀。那么此前出

现拖尾现象的原因可能就出现在做胶或胶的质量问题上。

　　两种胶在配制时使用的琼脂糖不同,配制胶体所用水不同,还有加热条件也不相同。对于生物实验,对条件要求非常严格。作者做胶和缓冲液用的是去离子水(电导率 18.2 MΩ),琼脂糖(西班牙),加热条件(微波中档,加热 3 min);加入 10 μl EB(浓度为 0.5 mg/ml),溴酚蓝(鼎国)。

　　根据以上实验结果分析,实验中加入质粒的浓度改为 0.2 μg/μl,不同情况凝胶图像如图 6-6 所示,使用自己实验室的胶和微生物所的染色剂(鼎国)(图 6-6a);图 6-6b 中是使用的微生物所的琼脂糖和染色剂,图 6-6c 是使用的微生物所的琼脂糖和自己实验室的染色剂(Sigma)。可以看出不论使用什么样的琼脂糖和染色剂,在 40 V 电压下跑胶 5 h 图像还是有拖尾现象产生,说明拖尾现象并不是琼脂糖和染色剂的原因引起的。由于有研究表明跑胶温度不能高于 30℃,电压过高会导致离子强度过大,产热厉害,熔化凝胶并导致 DNA 变性,为了解决这个问题将电压降低,电泳槽敞口跑胶,在 30 V 电压下跑胶 7 h,结果如图 6-6d 所示还是出现明显的拖尾现象,可以排除电泳过程中发热的问题。为了避免 DNA 在实验过程中被降解,作者将离心管、梳子、电泳槽、胶板和染色剂等用紫外灭菌后使用,凝胶图像如图 6-6e 可以看出虽然没有达到理想效果,但拖尾和模糊现象稍减。对于加热条件问题,为了使胶体均匀,我们将加热强度增加,高档 3 min,结果如图 6-6f 所示在 40 V 电压下跑胶 16 h 情况下比图 6-5c 的拖尾现象已有明显改观,说明胶体均匀度以及所用耗材的清洁程度对跑胶结果有很大的影响。

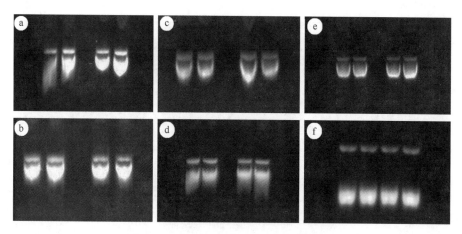

图 6-6　不同胶和染色剂的凝胶电泳图

(a)自己做的胶,鼎国的染色剂(5 h,40 V);(b)中科院做的胶和鼎国的染色剂(5 h,40 V);(c)中科院做的胶,sigma 的染色剂(5 h,40 V);(d)电泳槽敞口跑胶(7 h,30 V);(e)耗材紫外灭菌(6 h,30 V);(f)做胶时高档加热 3 分钟(16 h,40 V)

Fig. 6-6　Gel image of different gel and glycerol loading dye

(a)for Spain gel and loading dye of Dingguo;(b)for CAS gel and loading dye of Dingguo;(c)for CAS gel and loading dye of Sigma;(d)run in opening;(e)sterilized equipments;(f)using high power for 3 min

　　考虑到水的灭菌可能会影响跑胶的效果,但由于条件限制而且用水量较大,只有将配胶用的水换成高压灭菌的超纯水,EB 浓度增加到 10 mg/ml,大小电泳槽对比跑胶,从图 6-7a 和 b 可知大小电泳槽跑胶效果一致,在跑胶 3 h 时,条带清楚且无拖尾现象,当跑胶时间增加到 15 h 时(图 6-7c、d),条带清晰但出现拖尾现象。做胶时充分加热溶解琼脂糖,使胶体均匀,跑胶时间增加到 16 h 时没有出现拖尾现象(图 6-7e),只是上面的条带出现月牙形状,可能是与配胶和灌满电泳槽使用不是同一批缓冲液有关,导致样品在胶体的运行速度不一致,结果出现 DNA 条带不规则或模糊现象。图 6-7f 配胶和跑胶缓冲液是同一批而且都是用的高压灭菌超纯水,做胶加热条件为高档加热 6 min,中间取出两次充分混合均匀,可以看出即使在跑胶 18 h 时,条带仍然很清晰而且没有拖尾。这说明跑胶拖尾现象不但与跑胶时间、胶体的均匀程度有关,还与电泳槽大小和配胶的水及浓度的统一性有很大关系。

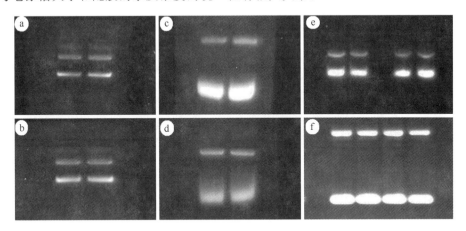

图 6-7 凝胶电泳实验图

(a)小电泳槽(3 h,40 V);(b)大电泳槽(3 h,40 V);(c)小电泳槽(15 h,40 V);(d)大电泳槽(15 h,40 V);(e)做胶时间为高档加热 5 分钟(16 h,40 V);(f)灭菌水配制胶和电泳缓冲液

Fig. 6-7 The gel image for different electrophoretic system

(a)40 V for 3 h in small size electrophoretic system;(b)for big size system;(c)40 V for 15 h in big size system;(d)40 V for 15 h in big size system;(e)using high power for 5 min;(f)using sterile HPLC-grade water

为了进一步确定拖尾现象的原因,在其他条件都相同的情况下,对比分析了用超纯水和高压灭菌超纯水配制电泳槽缓冲液的情况,同一块胶体,相同的样品,结果如图 6-8 所示。可以看出,使用超纯水的结果出现拖尾现象(图 6-8a),而使用灭菌超纯水的则很清晰而且无拖尾现象(图 6-8b)。

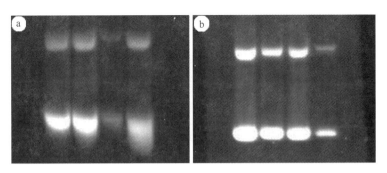

图 6-8 凝胶电泳实验图

(a)使用 HPLC 级超纯水配制的胶和电泳缓冲液;(b)使用高压灭菌超纯水配制的胶和缓冲液

Fig. 6-8 Gel images showing test of different water

(a) The gel and the electrophoretic buffer using HPLC-grade water;(b) The gel and the electrophoretic buffer using sterile HPLC-grade water

根据以上分析结果,实验中出现的问题及原因分析如表 6-2 所示。

表 6-2　凝胶电泳中出现的问题和分析

Table 6-2　The problem and causes of the gel electrophoretic system

问题	原因	解决办法
DNA 带模糊或 有拖尾现象	1)DNA 降解	避免 DNA 的核酸酶污染,准备干净的配胶板和电泳槽,用高压灭菌超纯水配胶和缓冲液
	2)电泳缓冲液陈旧	电泳缓冲液多次使用后,离子强度降低,pH 值上升,缓冲能力减弱,从而影响电泳效果。建议经常更换电泳缓冲液
	3)所用电泳条件不合适	电泳时电压不应超过 5 V/cm,温度<30℃;核查所用电泳缓冲液是否有足够的缓冲能力
	4)DNA 上样量过多	减少凝胶中 DNA 上样量
	5)观察凝胶时紫外光的激发波长不合适	观察凝胶时应根据染料不同使用合适的光源和激发波长。建议改变观察凝胶的光源波长,调节焦距
	6)凝胶凝固不均匀	凝胶凝固不均匀也会导致条带模糊,放 4℃冰箱 30 min 让其充分凝固
不规则 DNA 带迁移	1)电泳条件不合适	电泳时电压不应超过 5 V/cm,温度<30℃;核查所用电泳缓冲液是否有足够的缓冲能力,跑胶过程中不宜改变电压
	2)凝胶的浓度不合适或胶体不均匀	对于琼脂糖凝胶电泳,浓度通常在 0.5%~2%之间,浓度太小易碎,浓度太高的胶可能使分子大小相近的 DNA 带不易分辨,造成条带变形或缺失现象
	3)配胶和灌满电泳槽使用不同批缓冲液	使用同一批缓冲液保证其电离强度一致,迁移率相同
带弱或无 DNA 带	1)DNA 的上样量不够	增加 DNA 的上样量或浓度
	2)EB 浓度太小或量不够	增加 EB 的上样量或浓度
	3)DNA 降解	避免 DNA 的核酸酶污染
	4)DNA 走出凝胶	缩短电泳时间,降低电压,增强凝胶浓度
DNA 带缺失	1)小 DNA 带走出凝胶	缩短电泳时间,降低电压,增强凝胶浓度
	2)分子大小相近的 DNA 带不易分辨	增加电泳时间,核准正确的凝胶浓度
	3)DNA 变性,DNA 坏死、细胞碎裂或碱基变成羟基	避免核酸酶污染,保持配胶板和电泳槽的清洁

6.1.3.2　凝胶图中 DNA 条带亮度无明显变化

在实验过程中出现的另一种异常现象就是在分析凝胶图时,不同剂量的样品其凝胶图亮度相同,且分析结果也相差不大,颗粒物的毒性并不明显甚至没有,与水的损伤基本相同,不同浓度之间颗粒物的损伤也相差不大,如图 6-9 所示。起初考虑可能是由于水的损伤过大,把颗粒物的损伤给掩盖了,颗粒物与 DNA 反应不充分或跑胶时间太短引起的。而当水损伤减小后(图 6-9b),可以看出各浓度级别之间的损伤仍然差别不大,样品与 DNA 反应时间加长、质粒量加大或减小、跑胶时间增加等情况都考虑到后损伤仍不明显。而图 6-10 显示,即使水的损伤能力很大,也不会影响该样品不同浓度等级之间的损伤能力,因为样品的损伤能力是叠加在水的损伤上的,会随水的损伤增加而增加的。由此可知出现图 6-9 中的现象并不是由于实验过程中的错误,而是由于某些颗粒物本身的毒性较低,导致各浓度等级之间损伤能力没有太大变化,所以颗粒物的毒性也不会随浓度的增加而增加。

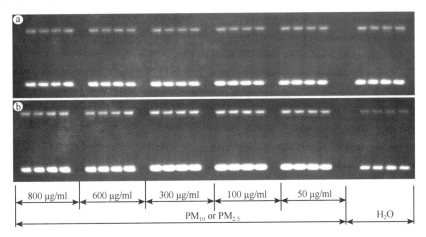

图 6-9　可吸入颗粒物对质粒 DNA 损伤的凝胶图像

Fig. 6-9　Gel image showing damage on DNA by inhalable particles at different doses

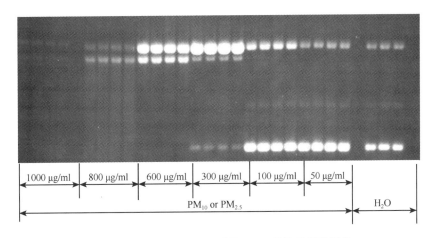

图 6-10　可吸入颗粒物对质粒 DNA 损伤的凝胶图像

Fig. 6-10　Gel image showing damage on DNA by inhalable particles at different doses

6.1.3.3　高低剂量浓度损伤不均和重现性差的问题

在实验过程中还有一种现象如图 6-11 的凝胶图像显示,当颗粒物的剂量很小(如在 $50~\mu g/ml$)时损伤最大,而再增加颗粒物的剂量,样品的损伤没有太大的变化,即样品的损伤大小与剂量不成正比。分析原因时,首先应考虑人为因素,是否加样时出现错误,高低浓度样品是否加样顺序颠倒等,仔细标注各个离心管的浓度等级,加样时认真检查,进行一系列实验后排除加样错误。还有一种可能就是电泳槽电场不均匀所致。对于跑胶是否均匀,可以使用四组相同样品分别加入电泳槽不同的位置进行测试,结果如图 6-12 所示,可以看出四组图像完全相同,证明电泳槽跑胶是均匀的。这说明对于图 6-11 中出现的凝胶图像与人为因素和实验设备等因素无关,可能与样品本身的特性有关,当样品的浓度高到某个浓度值时损伤能力降低或根本就没有损伤能力了,特性类似酒精,当浓度过高时反而起不到消毒的作用。

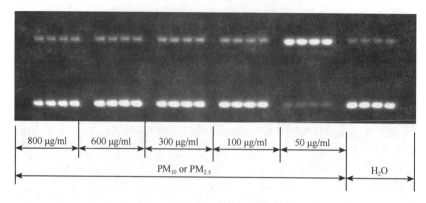

图 6-11　凝胶图像四组相同样品测试

Fig. 6-11　Gel images showing test on four same groups

此外,对于图 6-12 中的样品,当浓度达到 2000 $\mu g/ml$ 时,DNA 跑胶条带完全消失,图 6-10中样品浓度达到 1000 $\mu g/ml$ 也有此现象。有研究表明当颗粒物的浓度低时可引起DNA凋亡,浓度较高时由于颗粒物表面自由基的化学性质活泼,会导致 DNA 断裂、交联,甚至引起坏死、细胞碎裂(Lennon 1991),碱基变成羟基(温度在 4~30℃不会影响碱基组成)。而观察琼脂糖凝胶中 DNA 的方法是利用荧光染料溴乙啶进行染色,溴乙啶含有一个可以嵌入 DNA 堆积碱基之间的一个三环平面基团。当染料分子插入后,其平面基团与螺旋的轴线垂直并通过范德华力与上下碱基相互作用。这个基团的固定位置及其与碱基的密切接近,导致与 DNA 结合的染料呈现荧光,可在紫外光下检测到。当样品的毒性很大或浓度高到一定程度时,DNA 被破坏致死、细胞碎裂或碱基变成羟基的话,就不会有荧光出现,也就像图 6-12 一样高浓度时没有条带产生,同时也说明样品在该浓度下损伤能力极大。

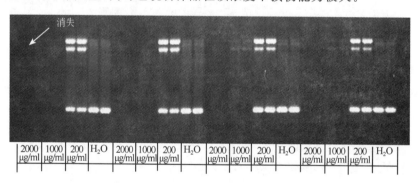

图 6-12　凝胶图像

Fig. 6-12　Gel images showing test on different concentration

对于同一个样品,在不同时间做实验其结果可能不同,甚至差别很大,这与该实验的机理没有太大关系,而是与实验的人为因素和外界条件有关,因为这是一种生物分子的实验,所以对实验条件的要求比较高,使用试剂、耗材和实验设备的清洁程度,室内温度、湿度、压强的变化以及加样时样品量的多少,统计时人为因素等各方面都会对结果产生影响。只有在绝对干净和外界条件绝对一致的条件下才可能出现很好的重现性,由于目前实验的条件有限,只有尽量控制这些人为因素达到一种相对条件的一致,以使实验结果更准确。

6.2 居室室内 PM_{10} 对质粒 DNA 的氧化性损伤能力研究

6.2.1 不同类型的 PM_{10} 对质粒 DNA 氧化性损伤能力研究

不同类型的颗粒物对人体健康的负面效应有差异，因此作者选用了居室厨房、吸烟室内、非吸烟室内共 6 个样品进行基于质粒 DNA 损伤实验的毒理学研究（表 6-3），质粒 DNA 损伤凝胶成像如图 6-13 所示，定量计算结果见表 6-4。前期的研究表明，大气颗粒物全样和水溶样对 DNA 的损伤没有太大区别（Shao 等 2006，邵龙义等 2006），所以本次没有进行水溶部分对 DNA 的损伤实验，仅对 PM_{10} 全样对 DNA 的损伤率进行分析。

表 6-3　DNA 损伤实验所用样品信息

Table 6-3　Information of samples used for plasmid DNA assay

样品号	No. 1	No. 2	No. 3	No. 4	No. 5	No. 6
采样环境	厨房	吸烟室内	吸烟室内	非吸烟的室内	非吸烟的室内	室外
采样季节	冬季	夏季	冬季	夏季	夏季	夏季
PM_{10} 质量浓度($\mu g/m^3$)	205.9	51.1	611.1	29.3	91.2	38.8

表 6-4　室内和室外 PM_{10} 对质粒 DNA 的定量损伤率

Table 6-4　Quantification of oxidative damage rates to plasmid DNA induced by PM_{10} collected indoors and outdoors

	剂量浓度($\mu g/ml$)	损伤率 ±Stdev%	剂量浓度($\mu g/ml$)	损伤率 ±Stdev%	剂量浓度($\mu g/ml$)	损伤率 ±Stdev%
	No. 1		No. 2		No. 3	
	600	97±0.18	500	100±2.56	300	69±4.77
	300	97±0.99	250	99±0.95	200	35±0.89
	150	95±0.90	125	97±0.85	100	35±3.03
	75	98±0.33	75	35±0.25	50	23±0.07
	37.5	34±4.15	H_2O	14±1.09	25	22±0.21
TD₅₀($\mu g/ml$)	45		100		263	
R^2	0.9535		0.6901		0.7508	
	No. 4		No. 5		No. 6	
	500	80±0.55	500	38±0.38	500	92±2.13
	250	75±1.52	250	27±0.40	250	47±1.12
	125	32±0.85	125	27±0.49	125	39±1.33
	75	28±0.28	75	26±0.53	75	33±1.27
	H_2O	15±1.21	H_2O	21±0.85	H_2O	18±0.74
TD₅₀($\mu g/ml$)	216		>500		415	
R^2	0.9494		0.8333		0.9976	

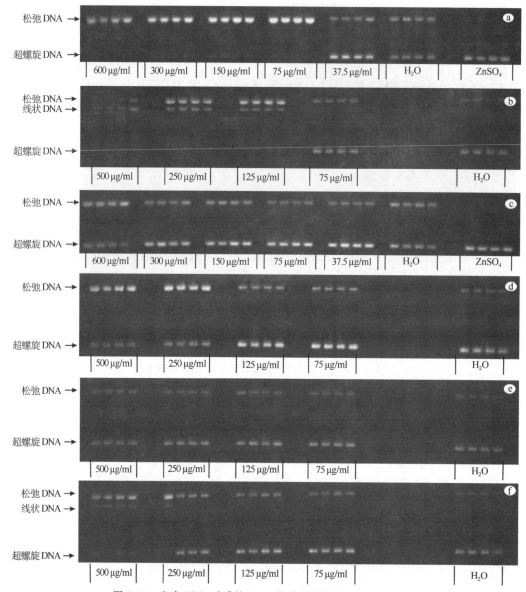

图 6-13 室内 PM$_{10}$ 对质粒 DNA 氧化性损伤的电泳凝胶图像

(a)厨房(No. 1);(b)吸烟室内(No. 2);(c)吸烟室内(No. 3);(d)非吸烟室内(No. 4);(e)非吸烟室内(No. 5);(f)室外(No. 6)

Fig. 6-13　Gel images showing oxidative damage to supercoiled DNA induced by indoor PM$_{10}$

(a)from kitchen (No. 1)；(b)from smoker's home (No. 2)；(c)from smoker's home (No. 3)；

(d)from non-smoker's home (No. 4)；(e)from non-smoker's home (No. 5)；(f)from outdoors (No. 6)

从表 6-4 可以看出,厨房 PM$_{10}$ 样品的 TD$_{50}$ 值最低,约为 45 μg/ml,说明其具有最大的氧化性损伤能力;其次是吸烟的室内 PM$_{10}$ 样品,亦具有较大的氧化性损伤能力,其 TD$_{50}$ 为 100～263 μg/ml,其中较高的 TD$_{50}$ 值(263 μg/ml)可能与冬季较高的颗粒物质量浓度有一定关系(611.1 μg/m^3);在无吸烟的室内两个样品的氧化性不同,其中 No. 4 样品对 DNA 的损伤大于 No. 5 样品对 DNA 的损伤,TD$_{50}$ 分别为 216 μg/ml 和大于 500 μg/ml;但 No. 5 样品对 DNA 的损伤小于室外 No. 6 的氧化性,即使在剂量浓度为 500 μg/ml 的条件下,该样品对 DNA 的损伤还不到 50%，亦可能与该样品较高的颗粒物质量浓度（91.2 μg/m^3）有一定关系。同样颗粒物质量浓度水平下，室外样品 No.6 的氧化性损伤能力即毒性小于吸烟室内（No.2）和非吸烟室内（No.4），其 TD$_{50}$ 为 415 μg/ml。

从数量关系上可以看出，不同环境的 PM$_{10}$ 对 DNA 的损伤也不相同。从图 6-14 可以看出吸烟 PM$_{10}$ 样品在 500 μg/ml 剂量浓度下破坏了所有的超螺旋 DNA，而且在 75 μg/ml 剂量浓度下使 DNA 开始线化（图 6-15），线化程度为 0.83%，而在浓度为 125 μg/ml 时，超螺旋 DNA 几乎所剩无几，约 2.2%。

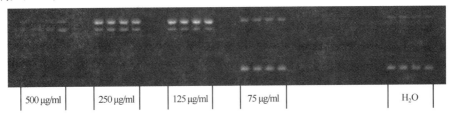

图 6-14　吸烟室内 PM$_{10}$（No.2）对超螺旋 DNA 的损伤凝胶图

Fig. 6-14　Gel image showing oxidative damage to supercoiled DNA induced by a PM$_{10}$ sample from smokers' home (No. 2).

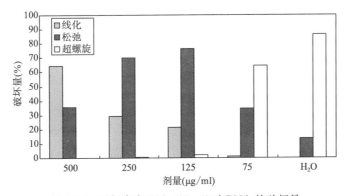

图 6-15　吸烟家庭 PM$_{10}$（No.2）对 DNA 的破坏量

Fig. 6-15　The oxidative damage to supercoiled DNA induced by a PM$_{10}$ sample from smoker's home(No. 2)

非吸烟的室内 PM$_{10}$ 样品对 DNA 的损伤较吸烟室内对 DNA 的损伤小，其中 No.4 表现的氧化性较 No.5 样品的氧化性强，对 DNA 的损伤也较 No.5 大（图 6-16 和 6-18）。非吸烟室内的样品仅使 DNA 松弛，没有线化。虽然 No.5 在 75 μg/ml 浓度下对 DNA 的松弛达 26%（图 6-19），与 No.4 对 DNA 的破坏性（28%）（图 6-17）相差不大，但是在 125 μg/ml 和 250 μg/ml 的浓度下，其对 DNA 的破坏量仅为 27%，而 No.4 对在 125 μg/ml 和 250 μg/ml 时对 DNA 的损伤分别达 32% 和 75%，而且在 500 μg/ml 的浓度下对 DNA 的破坏量为 80%。因此 No.4 样品的 TD$_{50}$ 在 125~250 μg/ml 之间，而 No.5 样品的 TD$_{50}$ 大于 500 μg/ml。

相同颗粒物质量浓度的室外 PM$_{10}$ 样品对 DNA 的损伤率（图 6-20）明显小于具有相同质量浓度的室内 PM$_{10}$ 样品（如 No.2 和 No.4），但高于质量浓度略高的非吸烟室内 No.5 样品对 DNA 的损伤。室外 PM$_{10}$ 的氧化性虽然较 No.2 小，但是其在 125 μg/ml 时已经开始使 DNA 线化（图 6-21），线化程度为 0.9%。在 250 μg/ml 浓度下对 DNA 的损伤达 46%。从样品浓度与损伤程度的回归图（图 6-22）可以看出其样品浓度与 DNA 的损伤程度间存在相关性，但是在室内的样品中没有发现剂量和破坏量的相关性。

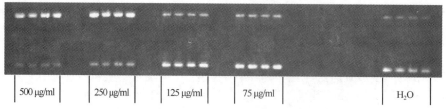

图 6-16　非吸烟家庭 PM_{10}（No. 4）对超螺旋 DNA 的损伤凝胶图

Fig. 6-16　Gel image showing oxidative damage to supercoiled DNA induced by a PM_{10} sample from non-smoker's home(No. 4).

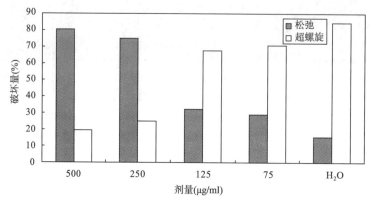

图 6-17　非吸烟家庭 PM_{10}（No. 4）对 DNA 的破坏量

Fig. 6-17　The oxidative damage to supercoiled DNA induced by a PM_{10} sample from non-smoker's home(No. 4)

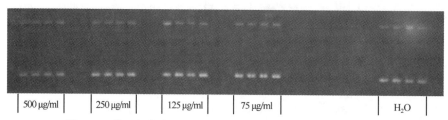

图 6-18　非吸烟家庭 PM_{10}（No. 5）对超螺旋 DNA 的损伤凝胶图

Fig. 6-18　Gel image showing oxidative damage to supercoiled DNA induced by a PM_{10} sample from non-smoker's home(No. 5).

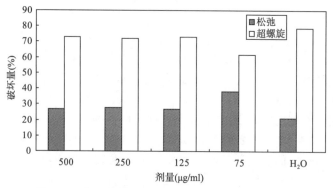

图 6-19　非吸烟家庭 PM_{10}（No. 5）对 DNA 的破坏量

Fig. 6-19　The oxidative damage to supercoiled DNA induced by a PM_{10} sample from non-smoker's home(No. 5)

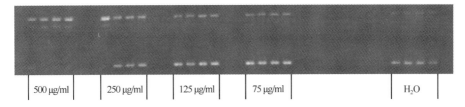

图 6-20 室外 PM$_{10}$（No. 6）对超螺旋 DNA 的损伤凝胶图

Fig. 6-20 Gel image showing oxidative damage to supercoiled DNA induced by a PM$_{10}$ sample from outdoor(No. 6)

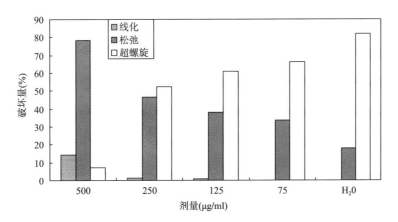

图 6-21 室外 PM$_{10}$（No. 6）对 DNA 的破坏量

Fig. 6-21 The oxidative damage to supercoiled DNA induced by a PM$_{10}$ sample from outdoor(No. 6).

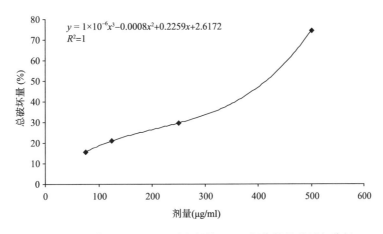

图 6-22 室外 PM$_{10}$（No. 6）对超螺旋 DNA 损伤结果的回归分析

Fig. 6-22 Linear regression analysis of oxidative damage to supercoiled DNA induced by a PM$_{10}$ sample from outdoor(No. 6)

6.2.2 居室室内 PM$_{10}$ 致 DNA 损伤的原因分析

从以上数据和图形可以看出，厨房 PM$_{10}$ 样品具有最强的氧化性损伤能力。在相同水平的质量浓度下的吸烟室内 PM$_{10}$ 样品对超螺旋 DNA 的破坏率明显大于非吸烟室内样品及相应的室外样品,这可能由于厨房油烟中及吸烟烟雾中有许多有机物及微量元素,对 DNA 造成很大的损伤,而非吸烟室内和室外 PM₁₀ 对超螺旋 DNA 的损伤相对较小。近年来过渡金属元素引起的肺损伤得到了大家的广泛关注。研究表明导致肺损伤的是可溶的而非不可溶的锌(Richards 等 1989;Adamson 等 1999,2000),但是也有研究发现,在某些情况下元素铁可以对生物体造成严重损害(王玉秋等 1998,Costa 等 1997)。下面本文通过对不同类型颗粒物的单颗粒微观形貌类型、粒度分布以及微量元素含量的研究,探讨导致颗粒物对 DNA 损伤的可能的内在机理。

6.2.2.1 室内 PM₁₀ 微观形貌类型、粒度分布特征与颗粒物 DNA 损伤能力的关系

根据 FESEM 微观形貌特征,可以将 PM₁₀ 的单颗粒类型分为链状的烟尘集合体、球形颗粒、矿物颗粒(主要是硫酸钙)及未知的细颗粒。对颗粒物氧化性损伤能力与颗粒物微观形貌类型的关系进行分析可以看出(图 6-23),TD₅₀ 值与各类单颗粒的相对百分含量之间有明显相关关系,球形颗粒和矿物颗粒的数量百分比与 TD₅₀ 值具有正相关关系(图 6-23a 和图 6-23b),说明球形颗粒和矿物颗粒与颗粒物的氧化性损伤能力关系不是很密切。而烟尘集合体及未知的细颗粒的数量百分比则与 TD₅₀ 值呈明显的负相关关系(图 6-23c 和图 6-23d),说明烟尘集合体及未知的细颗粒可能是导致颗粒物的较高氧化性损伤能力的主要单颗粒类型。

利用图像处理软件对 6 个样品的粒度分布进行分析(图 6-24),所分析的样品都具双峰特征,其中一个峰值在 0.1～0.2 μm,另一个峰值在 1.0～2.5 μm。在厨房采集的 No.1 样品,具有最强的氧化性损伤能力,其 0.1～0.2 μm 的峰值尤为明显。说明粒径越细,颗粒物的氧化性损伤能力越强。

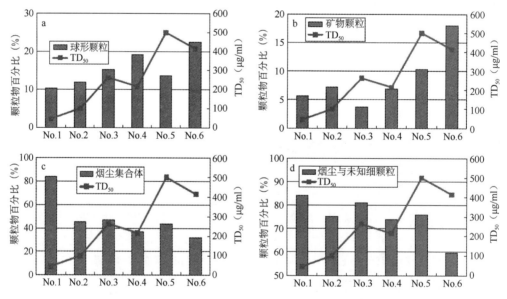

图 6-23　居室内/外 PM₁₀ 单颗粒形貌类型数量百分比与 TD₅₀ 值的相关关系直方图
(a)球形颗粒;(b)矿物颗粒;(c)烟尘集合体;(d)烟尘与未知的细颗粒
Fig. 6-23　Histograms showing relationship of the TD₅₀ values with the number percentages of different single particle species in the PM₁₀ samples collected in residential indoor and outdoor air
(a) fly ash; (b) minerals; (c) soot aggregates; (d) the sum of soot aggregates and unknown fine particles

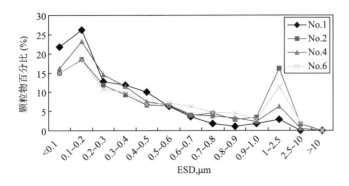

图 6-24　室内外 PM$_{10}$ 数量浓度分布

No.1:厨房样品;No.2:吸烟室内样品;No.4:非吸烟的室内样品;No.6:室外样品

Fig. 6-24　Number-size distribution patterns of indoor and outdoor PM$_{10}$ samples in Beijing

No. 1 from kitchen; No. 2 from smoker's home; No. 4 from non-smoker's home; No. 6 from outdoor

6.2.2.2　不同类型的 PM$_{10}$ 中微量元素的含量及其与 DNA 损伤能力的关系

(1)不同类型的 PM$_{10}$ 中微量元素的分析

大气颗粒物与人体健康损伤关系的研究近年来受到各学科的广泛关注。各种颗粒物上存在的金属离子对损伤效应有重要影响,对颗粒物上金属存在形态的表征具有一定的环境和生物学意义。研究表明颗粒物中的金属离子,特别是水溶金属离子对人体的健康效应起重要作用(Richards 等 1989,Costa 等 1997,Dreher 等 1995),因此在测量颗粒物总体微量元素的同时,有必要测量颗粒物中水溶性微量元素的组成特征。使用电感耦合等离子体质谱(ICP-MS)测定了上述引起 DNA 损伤的样品中全样和水溶 As,Ce,Co,Cu,Fe,Hg,Mn,Mo,Ni,Pb,Pt,Sn 和 Zn 等微量元素的含量。

样品信息见表 6-3。本次研究使用聚碳酸酯滤膜采集样品进行 ICP-MS 分析。具体实验步骤如下:

①剪下聚碳酸酯滤膜的 1/2,使用万分之一天平测定剪下的滤膜上颗粒物的质量。

②全样(W)中微量元素含量的测定:将样品放入微波容器,加入纯硝酸,将容器放入微波消解系统(CEM,MDS-2000)中使之全部溶解,如果样品不能全部溶解,重复上述步骤。

③取出盛放样品的微波容器,加入 2 ml 浓度为 10% 的硝酸进行稀释后,再加入去离子水使溶液体积达到 20 ml 供分析使用。

④水溶部分(S)微量元素的测量:将滤膜加入到 10 ml HPLC 级水中,使用涡旋混合器(Scientific Industries,Vortex Genie 2)振荡 16 h;然后使用 0.2 μm 孔径的聚碳酸酯滤膜(Millipore)过滤,即为水溶部分样品。

⑤从制备好的溶液中取出 1 ml,与 0.5 ml 的 50 ppb 铑标准液混合,并加入 2% 硝酸至 5 ml。

⑥使用 ICP-MS(Perkin Elmer Elan 5000)实验系统对样品进行化学成分分析,仪器的检测限为 0.1ppt。

(2)不同类型 PM$_{10}$ 样品中全样和水溶微量元素浓度对比

对 4 个室内样品及 1 个室外样品的 As、Ce、Co、Cu、Fe、Hg、Mn、Mo、Ni、Pb、Pt、Sn、Zn 等元素的测定结果汇总于表 6-5,其中亦给出颗粒物对 DNA 的氧化性损伤能力的半定量计算结果(TD$_{50}$)。

表 6-5　不同类型 PM₁₀ 全样和水溶样微量元素的浓度

Table 6-5　Contents of bulk and water-soluble trace elements in airborne PM$_{10}$ samples

		No. 1		No. 2		No. 4		No. 5		No. 6	
		全样	水溶样	全样	水溶样	全样	水溶样	全样	水溶样	全样	水溶样
微量元素浓度（ppm）	As	NA	NA	25	6	79	12	30	3	25	10
	Ce	11	BL	7	BL	BL	BL	7	BL	3	BL
	Co	19	3	17	2	20	1	1116	1	8	1
	Cu	751	61	BL	BL	4281	893	0	BL	333	267
	Fe	10882	441	19878	BL	18380	BL	35587	BL	10643	92
	Hg	NA	NA	BL	BL	BL	BL	1	BL	BL	BL
	Mn	974	111	BL	BL	BL	BL	179	17	17	43
	Mo	NA	NA	604	BL	931	BL	803	BL	374	BL
	Ni	3968	247	27573	937	28133	BL	130645	BL	13479	158
	Pb	2776	239	226	26	862	143	629	34	144	17
	Pt	NA	NA	17	BL	17	BL	14	BL	10	BL
	Sn	278	6	216	BL	418	9	82	1	90	1
	Zn	4646	1921	6942	714	5043	637	9749	404	3015	488
	Total analysed	24304	3029	55505	1685	58164	1695	178842	460	28141	1077
氧化性损伤能力（μg/ml）	TD$_{50}$	45		100		216		500		415	

注：NA 表示无效的；BL 表示低于检测限。No. 1 为厨房样品；No. 2 为吸烟室内样品；No. 4 和 No. 5 为非吸烟室内样品；No. 6 为室外样品

　　从表 6-5 可以看出，厨房及吸烟室内的样品中全样 Fe，Ni，Zn，Mo，Sn，Pt 的浓度很高，而水溶部分 Fe，Mo，Pt 的浓度低于检测限，说明在大气颗粒物中它们是不溶的；水溶 Ni，Zn，As 的浓度却很高，第 5 章 PIXE 实验表明 Zn 是吸烟产生颗粒物中的主要元素之一，说明吸烟产生的 Zn 主要以水溶的形式存在。

　　非吸烟室内全样 Fe，Ni，Zn，Mo，Pb 的浓度偏高，但是水溶性的 Fe，Ni，Mo 的浓度低于检测限，说明这些元素主要以难溶于水的状态存在；非吸烟室内的水溶性样中的 Zn 的含量则较高。在非吸烟室内全样 Pb 和水溶 Pb 的浓度较室外和吸烟室内高，可能是燃煤和室外汽车产生的 Pb 元素所致。

　　在室外全样 Fe，Zn 的浓度偏高，但水溶样中 Fe 含量很低，Zn 含量则仍然较高，说明 Fe 是以难溶于水的状态存在，而 Zn 主要以水可溶态存在。

　　从总体上看，Cu，Fe，Ni，Pb，Zn 等元素在全样中明显偏高，而在水溶样中则明显偏低，说明在北京市居室室内可吸入颗粒物中这些元素是难溶于水的。而 As，Co，Cu，Mn，Ti，V，Pb，Zn 则明显在水溶样中有较高含量，其中 As，Pb，Zn 尤为明显，说明这些元素在室内颗粒物中多以水可溶性状态存在。

　　从 No. 1 的数据可以看出全样中 Fe，Ni，Zn 的含量最高，而水溶部分仍是这三种元素含量最高，这可能是由吸烟引起的。吸烟的烟草烟雾（ETS）中含有 4700 多种化学物质，有较高浓度的焦油、苯、多环芳烃（PAHs）等，其中焦油中含有的许多微量元素，对人体产生极大危害

(Evisken 等 1988,Higgins 1991)。在 No.1 样品中,除 Fe,Ni,Zn 外,Mo,Sn,Pb 等元素的含量也较高。Landsberger 等(1995)应用中子活化分析室内吸烟产生的微量元素 Cd,Zn 是室内吸烟来源的主要污染物,同时 Br,Cl,As 和 K 也是吸烟的主要成分。

(3)PM₁₀ 对质粒 DNA 的损伤及与微量元素相关关系

研究表明,大气颗粒物对 DNA 的氧化性损伤主要来自颗粒物中的水溶性组分(时宗波等 2004),Fe、Zn 被认为是引起肺损伤的重要的微量元素(Richards 等 1989;Adamson 等 1999, 2000;王玉秋等 1998)。Richards 等(1989)研究表明金属元素中水溶 Zn 对肺产生损伤。Pritchard 等(1996)报道,大气颗粒物中可电离的金属元素可以催化氧化剂的产生,而活体(*in vivo*)肺损伤和大气颗粒物中可电离的金属元素浓度呈对应关系。Costa 等(1997)研究认为生物活性金属(特别是 Fe)直接或通过自由基形式和其他分子作用产生氧化性损伤。我国王玉秋等(1998)研究发现 Fe 是典型介导氧自由基过程的过渡金属。Kodavati 等(1998)研究发现 Ni、Fe 使乳酸脱氢酶(细胞死亡的标志)增多。Adamson 等(1999)利用活体实验的研究发现,用小鼠吸入 EHC93 样品,造成小鼠肺损伤的是水溶 Zn,而且后来更多的研究表明 Zn 元素,特别是水溶的 Zn 对肺有负效应影响(Pritchard 等 1995,1996)。

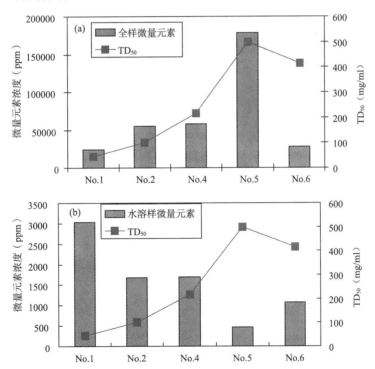

图 6-25　居室内/外 PM₁₀ TD₅₀ 值与全样(a)及水溶样(b)的微量元素之间的相关关系

No.1 为厨房样品;No.2 为吸烟室内样品;No.4 和 No.5 为非吸烟室内样品;No.6 为室外样品

Fig. 6-25　The relationships between the TD₅₀ values of whole samples and the trace element concentrations in whole samples (a) and soluble fractions (b) of the PM₁₀ samples collected in the residential indoor and outdoor air

No. 1 from kitchen; No. 2 from smoker's home; No. 4 from non-smoker's home; No. 5 from non-smoker's home; No. 6 from outdoors

　　为说明引起质粒 DNA 损伤的主要原因,作者将 5 个样品的 TD_{50} 值与这些样品的水溶性组分中的微量元素含量进行对比,试图找到与 DNA 氧化性损伤相关的重金属元素。

　　表 6-6 是颗粒物中水溶性的 As,Co,Cu,Fe,Mn,Ni,Pb,Sn,Zn 元素的含量和样品的 TD_{50} 值相关系数。从中可看出,PM_{10} 样品中的 TD_{50} 值与所分析的水溶性微量元素的总含量之间呈明显的负相关关系,相关系数达 -0.91,说明水溶性的微量元素含量越高,颗粒物对质粒 DNA 损伤的能力也越强。在所分析的元素中,Co,Pb,Zn 含量与 TD_{50} 值之间的负相关性最为明显,说明这些元素对颗粒物的氧化性损伤能力贡献最大。

表 6-6　室内 PM_{10} 的 TD_{50} 值与水溶性微量元素含量之间相关系数

Table 6-6　Coefficients between the TD_{50} values and the soluble trace elements of the indoor PM_{10}

	As	Co	Cu	Fe	Mn	Ni	Pb	Sn	Zn	总分析
TD_{50}	0.24	-0.82	-0.02	-0.52	-0.34	-0.56	-0.64	-0.39	-0.74	-0.91

　　Zn 是一种被认为可能具有生物活性的元素。从表 6-5 可以看出,水溶 Zn 在 No.1,No.2,No.4,No.5 和 No.6 样品中的浓度分别为 1921,714,637,404 和 488 ppm,而其 TD_{50} 分别为 45,100,216,>500 和 415 $\mu g/ml$,呈明显的负相关关系,相关系数为 -0.74(表 6-6)。因此水溶 Zn 可能是引起颗粒物对 DNA 损伤的最为重要的微量元素。

　　Pb 常常被当做一种具有潜在的生物活性的元素,被世界卫生组织、欧盟和美国 EPA 唯一规定质量浓度标准的元素(德利克 1999)。水溶性的 Pb 含量与 TD_{50} 值之间的负相关性亦较为明显(相关系数为 -0.64),水溶性的 Pb 在 No.1 样品中的含量最高,高达 239 $\mu g/ml$,该样品的 TD_{50} 最小,仅达 45 $\mu g/ml$,因此水溶 Pb 应是引起 DNA 损伤的主要元素之一。

　　虽然水溶性 Co 含量与 TD_{50} 值之间的负相关性最为明显,但是其含量甚微,均小于 3 ppm,因此水溶性 Co 致颗粒物的氧化性损伤能力还有待于进一步研究。

　　从表 6-5 可以看出 5 个样品的全样部分 Fe 的含量都很高,而水溶部分含量甚微,几乎都低于检测限,尤其是 No.5 样品,其全样中的 Fe 约 35587 ppm,但是该样品对 DNA 的氧化性损伤最小,只有 No.1 样品中的水溶性 Fe 含量相对较高,并伴随有较强的氧化性损伤能力。但是,总的来说,北京市可吸入颗粒物中的铁大多是以不可溶状态存在,因此 Fe 不应是造成 DNA 氧化性损伤的主导元素(Shao 等 2006)。

　　从表 6-5 还可看出,水溶 Mn 在 No.5 样品中的含量为 17 ppm,其 TD_{50} 值最大,但在 No.1 样品中的含量最大,为 111 ppm,该样品的 TD_{50} 可低达 45 $\mu g/ml$,而在 No.2 和 No.4 样品中的浓度低于检测限,其 TD_{50} 值分别为 100 和 216 $\mu g/ml$,因此尽管 No.1 样品的较强的氧化性损伤能力与较高的 Mn 含量相关,但从所有分析的样品来看,水溶性 Mn 的含量与 TD_{50} 的相关性一般。

　　从表 6-5 和表 6-6 可以看出,水溶 As、Ni 和 Cu 的浓度与 DNA 损伤不存在相关关系。水溶 Ce,Mo,Pt,Hg 的浓度低于检测限,因此这些样品的水溶部分对 DNA 损伤不明显。

　　因此,虽然 Ni,Cu,Mn,As,Pb 在水溶组分中含量较高,但是它们与样品的 TD_{50} 值并没有对应相关关系,说明这些元素可能不是造成质粒 DNA 损伤的主要元素。而水溶组分中 Zn 元素的含量与 TD_{50} 值呈明显的负相关关系(图 6-23),即 Zn 含量越高,TD_{50} 值越小,样品的生物活性则越高,对 DNA 的损伤越大。在 4 个样品中,Zn 在 No.3 全样中含量虽然最高,但是该样品对质粒 DNA 的损伤却最小(TD_{50} 最高);相反,Zn 在 No.1 样品的全样中的含量不是很高,但是在该样品的水溶部分中的含量却是最高的,对 DNA 的损伤最大。这些事实说明可溶性的 Zn 可能是导致 PM$_{10}$ 具有氧化性损伤的主要微量元素。

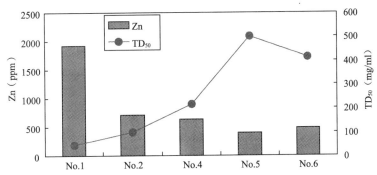

图 6-26 室内 PM$_{10}$ 的 TD$_{50}$ 值与水溶性 Zn 之间的相关关系

No. 1 为厨房样品；No. 2 为吸烟室内样品；No. 4 和 No. 5 为非吸烟室内样品；No. 6 为室外样品。

Fig. 6-26 The relationships between TD$_{50}$ values and levels of the water-soluble Zn of the indoor PM$_{10}$ in Beijing.

No. 1 from kitchen；No. 2 from smoker's home；No. 4 and No. 5 from non-smoker's home；No. 5 from non-smoker's home；No. 6 from outdoors.

6.3 校园公共场所室内 PM$_{10}$ 对质粒 DNA 的氧化性损伤能力研究

本次研究对中国矿业大学(北京)校园公共场所室内(图书馆和餐厅)，分别选择春、夏、秋、冬四个季节有代表性的 PM$_{10}$ 和 PM$_{2.5}$ 样品进行质粒 DNA 实验，分析比较不同季节颗粒物的氧化性损伤能力大小及规律。样品信息见表 6-7，本次详细分析了不同季节学校图书馆、餐厅室内 PM$_{10}$ 的氧化性损伤能力大小，并与室外样品氧化性损伤能力相比较。因为校园公共室内 PM$_{10}$ 对质粒 DNA 损伤率相对较低，所以本次仅计算出 TD$_{20}$(引起质粒 DNA 破坏 20% 所需要的颗粒物浓度剂量)。

表 6-7 校园公共场所室内外 PM$_{10}$ 和 PM$_{2.5}$ 样品的详细信息

Table 6-7 Sample information for indoor and outdoor PM$_{10}$ and PM$_{2.5}$ collected in different seasons.

样品号	采样季节	采样地点	样品类型	采样日期	全样 TD$_{20}$ (μg/ml)	水溶样 TD$_{20}$ (μg/ml)	质量浓度 (μg/m³)
1	冬季	图书馆	PM$_{10}$	2005-11-13	63.2	156	54.2
2	冬季	图书馆	PM$_{10}$	2005-11-14	45	206.7	—
3	冬季	图书馆	PM$_{10}$	2005-11-15	78	178.8	71.4
4	冬季	餐厅	PM$_{10}$	2005-11-20	70	135	—
5	冬季	餐厅	PM$_{10}$	2005-11-22	185	270	—
6	冬季	室外	PM$_{10}$	2005-11-15	189.9	269	—
7	冬季	室外	PM$_{10}$	2005-11-18	205	800	—
8	春季	图书馆	PM$_{10}$	2006-05-10(白)	780	1056.8	75.3
9	春季	图书馆	PM$_{10}$	2006-05-10(晚)	1025.6	1985.7	87.7
10	春季	图书馆	PM$_{10}$	2006-04-25	68	88	160
11	春季	图书馆	PM$_{10}$	2006-04-26	280	360	420.3

续表

样品号	采样季节	采样地点	样品类型	采样日期	全样 TD_{20} （μg/ml）	水溶样 TD_{20} （μg/ml）	质量浓度 （μg/m³）
12	春季	图书馆	PM_{10}	2006-04-27	56	145	218.7
13	春季	餐厅	PM_{10}	2006-05-20（白）	206.3	330	118.75
14	春季	餐厅	PM_{10}	2006-05-20（晚）	225.4	524.9	75
15	春季	餐厅	PM_{10}	2006-04-25	120	140	240
16	春季	餐厅	PM_{10}	2006-04-26	205	355	450.7
17	春季	餐厅	PM_{10}	2006-04-27	230	267	365.3
18	春季	室外	PM_{10}	2006-04-18	960	1926	—
19	春季	室外	PM_{10}	2006-04-19	1024	1980	—
20	春季	室外	PM_{10}	2006-04-25	42	115	333.2
21	春季	室外	PM_{10}	2006-04-26	125	356	752.1
22	春季	室外	PM_{10}	2006-04-27	80	165	481.66
23	夏季	图书馆	PM_{10}	2006-08-16	485	845.5	—
24	夏季	餐厅	PM_{10}	2006-08-26	90	1683.5	—
25	夏季	餐厅	PM_{10}	2006-08-27	198	1292	—
26	夏季	餐厅	PM_{10}	2006-08-28	198	298	—
27	夏季	室外	PM_{10}	2006-08-16	30	168	—
28	夏季	室外	PM_{10}	2006-08-17	158	1364	—
29	秋季	图书馆	PM_{10}	2006-10-04	232	397	350.5
30	秋季	图书馆	PM_{10}	2006-10-05	130	195	—
31	秋季	图书馆	PM_{10}	2006-10-06	105	285	—
32	秋季	图书馆	PM_{10}	2006-10-06	500	754	450
33	秋季	图书馆	PM_{10}	2006-10-07	65.3	122.2	325
34	秋季	餐厅	PM_{10}	2006-10-08	24.4	34	40.8
35	秋季	餐厅	PM_{10}	2006-10-09	85	144	39.6
36	秋季	餐厅	PM_{10}	2006-10-10	280	720	25.2
37	秋季	餐厅	PM_{10}	2006-10-11	85	102	24.3
38	秋季	室外	PM_{10}	2006-09-28	30	175	—
39	秋季	室外	PM_{10}	2006-09-29	25	85	—
40	秋季	图书馆	$PM_{2.5}$	2006-10-04	101.3	129.3	—
41	秋季	图书馆	$PM_{2.5}$	2006-10-07	41	48	—
42	冬季	餐厅	$PM_{2.5}$	2005-11-24	285	580.2	—

6.3.1　不同季节校园公共场所室内 PM_{10} 的氧化性损伤能力比较

6.3.1.1　冬季图书馆和餐厅室内 PM_{10} 的氧化性损伤能力

前面已经讨论过不同结构类型和用途的建筑物，室内颗粒物的物理和化学特征也有很大的差异。本节利用质粒 DNA 实验，对冬季图书馆和餐厅室内和室外样品的氧化性损伤能力进行分析。

从冬季样品对超螺旋 DNA 产生氧化性损伤的凝胶图 6-27，6-28，6-29 和样品详细信息表

6-7 可以看出,对于所选样品,冬季图书馆室内 PM$_{10}$ 样品表现出最大的氧化性(图 6-27),在全样样品剂量达到 100 μg/mL 时 DNA 已开始出现线化状态,利用 Excel 对损伤结果进行回归得到图书馆全样的 TD$_{20}$ 在 45~78 μg/mL 之间,水溶样的 TD$_{20}$ 在 156~206.7 μg/mL;而餐厅室内 PM$_{10}$ 样品的氧化性从凝胶图 6-28 也可以看出小于图书馆室内样品的氧化性,全样 TD$_{20}$ 在 70~185 μg/mL,水溶样的 TD$_{20}$ 值在 135~270 μg/mL 之间;与室内相比,冬季室外 PM$_{10}$ 样品中全样的 TD$_{20}$ 值在 189.9~205 μg/mL 之间,水溶样的 TD$_{20}$ 值在 269~800 μg/mL,可以看出冬季室内 PM$_{10}$ 样品的氧化性损伤能力明显大于冬季室外样品的氧化性损伤能力。这与大多数流行病学研究结论一致,研究认为采暖期室内 PM$_{10}$ 对人体健康的危害大于室外,由于采暖期人员在室内活动时间增加,通风换气的次数和时间很少,细颗粒物容易滞留室内,而且细菌真菌容易增生,导致室内细颗粒物浓度增高,成分很复杂,对人体的危害加大(张永等 2005)。

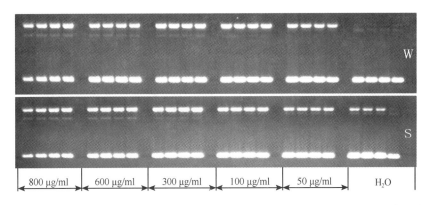

图 6-27　冬季图书馆室内 PM$_{10}$ 样品(样品 3)对超螺旋 DNA 产生氧化性损伤的凝胶图(W:全样,S:水溶样)

Fig. 6-27　Gel images showing oxidative damage on supercoiled DNA induced by PM$_{10}$ samples collected in the library in winter

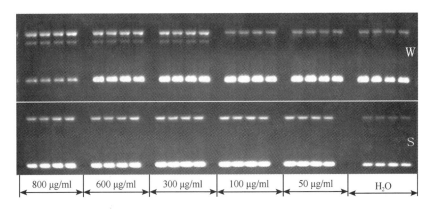

图 6-28　冬季餐厅室内 PM$_{10}$ 样品(样品 5)对超螺旋 DNA 产生氧化性损伤的凝胶图(W:全样,S:水溶样)

Fig. 6-28　Gel images showing oxidative damage on supercoiled DNA induced by PM$_{10}$ samples collected in the canteen in winter

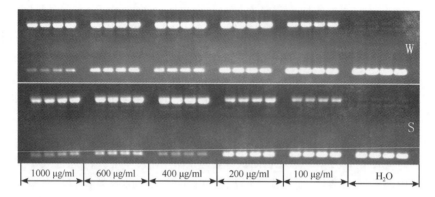

图 6-29　冬季室外 PM_{10} 样品(样品 6)对超螺旋 DNA 产生氧化性损伤的凝胶图(W:全样,S:水溶样)

Fig. 6-29　Gel images showing oxidative damage on supercoiled DNA induced by PM_{10} samples collected outdoors in winter

6.3.1.2　春季图书馆和餐厅室内 PM_{10} 的氧化性损伤能力

春季采样期间室内 PM_{10} 的氧化性损伤能力大小,从凝胶图 6-30,6-31,6-32 以及样品信息表 6-7 可以看出,春季图书馆室内 PM_{10} 样品对 DNA 的损伤很小(图 6-30),利用 Excel 对损伤结果进行回归得到全样的 TD_{20} 在 780~1025.6 $\mu g/ml$ 之间,水溶样的 TD_{20} 在 1056.8~1985.7 $\mu g/ml$;而餐厅室内 PM_{10} 样品的氧化性远大于图书馆室内样品的氧化性,从图 6-31 中也可以看出,当剂量达到 1000 $\mu g/ml$,质粒 DNA 几乎完全被破坏,对损伤结果进行回归得到全样 TD_{20} 在 206.3~225.4 $\mu g/ml$,水溶样的 TD_{20} 值在 330~524.9 $\mu g/ml$ 之间;春季室外 PM_{10} 对 DNA 损伤如图 6-32 所示,当剂量高达 1000 $\mu g/ml$ 时,损伤程度也不是很明显,春季室外 PM_{10} 样品中全样的 TD_{20} 值在 960~2000 $\mu g/ml$ 之间,水溶样的 TD_{20} 值在 1926~2000 $\mu g/ml$,可以看出春季不论是图书馆还是餐厅室内 PM_{10} 样品的氧化性都较春季室外样品的氧化损伤能力大,这可能与春季室外风沙大,粗颗粒物较多有关。很多研究都表明粗颗粒物的氧化性损伤能力要小

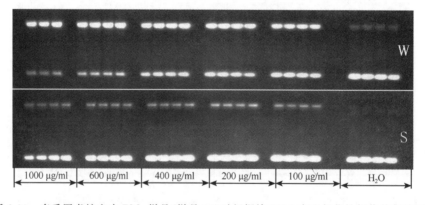

图 6-30　春季图书馆室内 PM_{10} 样品(样品 11)对超螺旋 DNA 产生氧化性损伤的凝胶图(W:全样,S:水溶样)

Fig. 6-30　Gel images showing oxidative damage on supercoiled DNA induced by PM_{10} samples collected in the library in spring

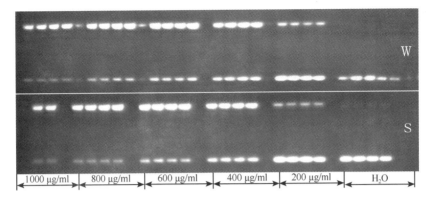

图 6-31 春季餐厅室内 PM_{10} 样品(样品 16)对超螺旋 DNA 产生氧化性损伤的凝胶图
(W:全样,S:水溶样)

Fig. 6-31 Gel images showing oxidative damage on supercoiled DNA induced by PM_{10} samples collected in the canteen in spring

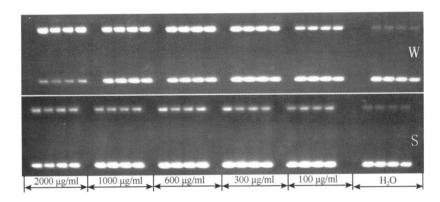

图 6-32 春季室外 PM_{10} 样品(样品 18)对超螺旋 DNA 产生氧化性损伤的凝胶图
(W:全样,S:水溶样)

Fig. 6-32 Gel images showing oxidative damage on supercoiled DNA induced by PM_{10} samples collected outdoors in spring

于细颗粒物(Donaldson 等 1997,Stone 等 1998,Hung 等 2001,邵龙义等 2005b)。孟紫强等 (2006)利用单细胞凝胶电泳技术分析得出非沙尘天气细颗粒物对大鼠肺泡巨噬细胞 DNA 的损伤作用大于沙尘暴天气细颗粒物的损伤。课题组使用质粒 DNA 评价法对北京春季沙尘暴期间的大气颗粒物和非沙尘暴期间的大气颗粒物的氧化性损伤能力研究认为,沙尘暴颗粒物的氧化性损伤能力通常低于非沙尘暴颗粒(时宗波 2003);利用同样的方法对 2006 年春季特大沙尘和平日降尘样品进行氧化性损伤能力比较,也得出同样的结论(李金娟 2006)。

6.3.1.3 夏季图书馆和餐厅室内 PM_{10} 的氧化性损伤能力

从夏季图书馆室内 PM_{10} 对 DNA 损伤凝胶图(图 6-33a)和样品信息表 6-7 可以看出,虽然在剂量 100 $\mu g/ml$ 时有线化的 DNA 出现,但是被破坏的量占总 DNA 的量很少,利用 Excel 对损伤结果进行回归得到全样的 TD_{20} 为 485 $\mu g/ml$,水溶样的 TD_{20} 值为 845.5 $\mu g/ml$,表明夏季采样期间图书馆室内 PM_{10} 样品对 DNA 的损伤不大;而餐厅室内 PM_{10} 样品(图 6-33b)的全

样 TD_{20} 值为 $90\sim198\ \mu g/ml$，水溶样的 TD_{20} 值则相当大，在 $1292\sim1683.5\ \mu g/ml$ 之间，同一样品全样和水溶样的 TD_{20} 相差很大，PM_{10} 全样 TD_{20} 值为 $90\ \mu g/ml$ 和 $198\ \mu g/ml$，其水溶样的 TD_{20} 则高达 $1683.5\ \mu g/ml$ 和 $1292\ \mu g/ml$，说明对 DNA 起损伤作用的主要是不溶颗粒物部分。虽然有研究表明颗粒物对 DNA 损伤作用主要来自颗粒物的水溶组分（Richards 等 1989；Adamson 等 1999；袭著革等 2002,2004；邵龙义等 2005b），但是全样和水溶样的 TD_{20} 值差别很大，则说明不溶的组分确实对 DNA 损伤较明显，这可能与采样期间室内外条件有关，不同时间和空间的大气颗粒物物理和化学特性有很大的差异。夏季图书馆室内的颗粒物氧化性损伤特性则与餐厅室内的不同，图书馆室内 PM_{10} 的氧化性损伤能力来自于颗粒物的可溶部分，而餐厅 PM_{10} 的氧化性损伤能力主要来自不溶组分。此外，对于夏季图书馆室内 PM_{10} 样品的全样来说，其氧化性损伤能力较夏季餐厅室内 PM_{10} 样品全样的氧化性损伤能力要小；而水溶样则相反，夏季图书馆室内 PM_{10} 样品的水溶部分的氧化性损伤能力要大于餐厅室内 PM_{10} 样品水溶部分的氧化性，可能是由于夏季图书馆室内空气通风不良，湿度温度合适且密闭，这种环境有较多的致病微生物存在，而且在空气中停留时间长，还有多种致癌化学污染物和放射性物质（邹庐泉等 2000，贡建伟等 2005），成分很复杂并具有较强的吸附性能，可溶性比较强，所以图书馆室内样品的水溶性部分氧化性损伤能力较大。

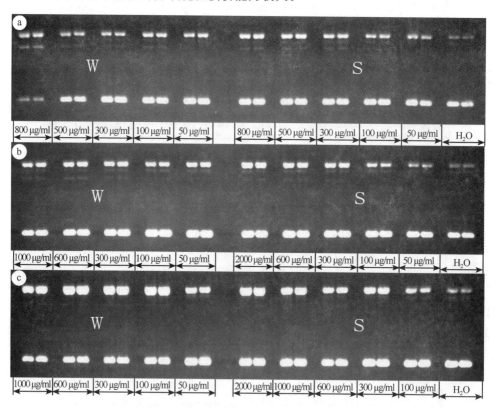

图 6-33　夏季室内外 PM_{10} 样品对超螺旋 DNA 氧化性损伤的凝胶图（W：全样，S：水溶样）

(a)夏季图书馆（样品 23）；(b)夏季餐厅（样品 25）；(c)夏季室外（样品 28）

Fig. 6-33　Gel images showing oxidative damage on supercoiled DNA induced by PM_{10} samples collected in summer

(a)from library；(b)from canteen；(c)from outdoor

　　夏季室外 PM_{10} 样品中(图 6-33c)全样的 TD_{20} 值在 30～158 μg/ml 之间,水溶样的 TD_{20} 值在 168～1364 μg/ml,可以看出夏季室外 PM_{10} 的氧化性损伤能力与夏季餐厅室内 PM_{10} 样品的氧化性相差不大,而且都主要来自颗粒物的不溶部分,夏季餐厅门窗都敞开,使用电风扇和排风扇装置,所以餐厅室内空气受室外环境影响较大。

6.3.1.4　秋季图书馆和餐厅室内 PM₁₀ 的氧化性损伤能力

　　样品信息表 6-7 显示,秋季图书馆室内 PM_{10} 样品全样的 TD_{20} 在 65.3～500 μg/ml 之间,水溶样的 TD_{20} 在 122.2～754 μg/ml;而餐厅室内 PM_{10} 样品的氧化性大于图书馆室内样品的氧化性。从图 6-34 中也可以明显看出,当图书馆(图 6-34a)和餐厅(图 6-34b)样品剂量相同时,图 6-34b 中超螺旋 DNA 的亮度明显比图 6-34a 中的暗,也就说明餐厅室内样品对 DNA 的破坏大,全样 TD_{20} 在 24.4～280 μg/ml,水溶样的 TD_{20} 值在 34～720 μg/ml 之间。与室内相比,秋季室外 PM_{10} 样品中全样的 TD_{20} 值在 25～30 μg/ml 之间,水溶样的 TD_{20} 值在 75～85 μg/ml,从凝胶图 6-34 也可以看出秋季图书馆和餐厅室内 PM_{10} 样品的氧化性都比秋季室外样品的氧化损伤能力小,室外颗粒物剂量达到 600 μg/ml 时,全样对 DNA 的破坏率几乎为 100%(图 6-34c),这可能是由于秋季采样期间,受冷暖空气交替影响,室外低空无风或风力较小,天气比较稳定,大气中的污染物易积累不易扩散,容易使大气颗粒物在空气中发生二次反应(赵越等 2004)。

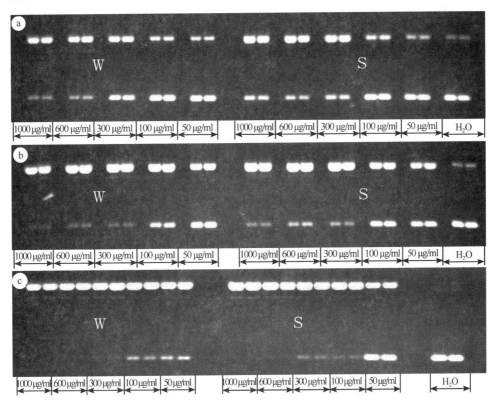

图 6-34　秋季室内外 PM_{10} 样品对超螺旋 DNA 氧化性损伤的凝胶图(W:全样,S:水溶样)

(a)秋季图书馆(样品 33);(b)秋季餐厅(样品 37);(c)秋季室外(样品 38)。

Fig. 6-34　Gel images showing oxidative damage on supercoiled DNA induced by PM_{10} samples collected in autumn

(a)from library;(b)from canteen;(c)from outdoor

6.3.1.5　不同季节校园公共场所室内 PM$_{10}$ 的氧化性损伤能力比较

从以上对四个季节 PM$_{10}$ 样品进行质粒 DNA 评价的结果来看,不同样品对 DNA 的损伤能力之间存在很大的差异,即使同一季节不同气象条件下采集的颗粒物样品对 DNA 的损伤也有很大差别,它们的 TD$_{20}$ 可低至 45 μg/ml 或更小,也可能高达 1000 μg/ml 以上,这主要是由于大气颗粒物的复杂成分决定的。表 6-8 是不同季节图书馆和餐厅室内 PM$_{10}$ 的 TD$_{20}$ 平均值,可以看出冬季室内 PM$_{10}$ 全样的 TD$_{20}$ 值最小,即冬季室内样品具有较大的氧化性损伤能力,其次是秋季、夏季室内 PM$_{10}$ 样品,春季室内大气 PM$_{10}$ 的氧化性损伤能力最低。对于图书馆室内 PM$_{10}$ 样品,全样和水溶部分的氧化性损伤能力趋势一致且主要由水溶部分决定,而对于餐厅室内 PM$_{10}$,水溶样氧化性损伤能力大小依次是冬季、秋季、春季、夏季。全样和水溶样品的氧化性损伤能力趋势不同,特别是夏季样品相差很大,夏季餐厅室内样品的氧化性损伤能力大小可能主要来自颗粒物的不溶部分,造成这种情况的原因,有待进一步研究。

表 6-8　四个季节图书馆、餐厅和室外 PM$_{10}$ 的 TD$_{20}$ 平均值　　　　单位：μg/ml

Table 6-8　Average TD$_{20}$ values of indoor and outdoor PM$_{10}$ samples of the library and canteen in different seasons

unit：μg/ml

地点	样品类型	冬季	春季	夏季	秋季
图书馆	全样	62.1±9.5	902.8±122.8	485	206.5±78.4
图书馆	水溶样	180.5±14.7	1521.3±464.5	845.5	350.6±110.8
餐厅	全样	127.5±57.5	215.9±9.6	144±54	118.6±55.7
餐厅	水溶样	152.5±17.5	427.5±97.5	1487.8±195.8	250±158.3
室外	全样	197.5±7.55	1470±510	99±69	52.5±22.5
室外	水溶样	534.5±265.5	1963±37	766±598	55±30

不同季节室外 PM$_{10}$ 全样和水溶样与室内颗粒物的氧化性损伤能力有很大的差别,在采样期间秋季室外大气颗粒物的氧化性损伤能力最大,其次是夏季、冬季,春季室外大气 PM$_{10}$ 的氧化性损伤能力是最小的。对于不同季节来说,冬季和春季室内 PM$_{10}$ 的氧化性损伤能力都大于室外,夏季和秋季室内 PM$_{10}$ 的氧化性损伤能力远远小于室外,说明室内颗粒物的氧化性损伤能力大小与室内自身因素和室外 PM$_{10}$ 的影响有关,并不总是室内颗粒物的毒性大于室外。

6.3.2　白天和晚上校园公共场所室内 PM$_{10}$ 的氧化性损伤能力比较

为比较白天和晚上室内大气颗粒物的氧化性损伤能力大小,在白天和晚上分别采样,白天采样时间 8：30—18：30,晚上采样时间 20：00—06：00(表 6-9)。从表 6-9 中可以看出,白天图书馆室内颗粒物的全样和水溶样 TD$_{20}$ 值分别为 780 和 1056.8 μg/ml,远小于晚上图书馆室内;白天餐厅室内颗粒物的全样和水溶样 TD$_{20}$ 值为 206 μg/ml 和 330 μg/ml,小于晚上餐厅室内。结果显示图书馆和餐厅室内白天 PM$_{10}$ 样品的氧化性损伤能力要比同一天晚上 PM$_{10}$ 的氧化性损伤能力大(图 6-35)。这可能与室内白天人的活动量大,二次扬尘和细颗粒物多,容易吸附有毒有害元素有关。

表 6-9 室内白天和晚上 PM₁₀ 样品的详细信息

Table 6-9 Sample information for indoor PM_{10} collected on daytime and night and corresponding TD_{20} values

样品号	采样地点	采样时间	样品类型	采样日期	$TD_{20}(W)$ ($\mu g/mL$)	$TD_{20}(S)$ ($\mu g/mL$)
8	春季图书馆	白天	PM_{10}	2006-05-10	780	1056.8
9	春季图书馆	晚上	PM_{10}	2006-05-10	1025.6	1985.7
13	春季餐厅	白天	PM_{10}	2006-05-20	206.3	330
14	春季餐厅	晚上	PM_{10}	2006-05-20	225.4	524.9

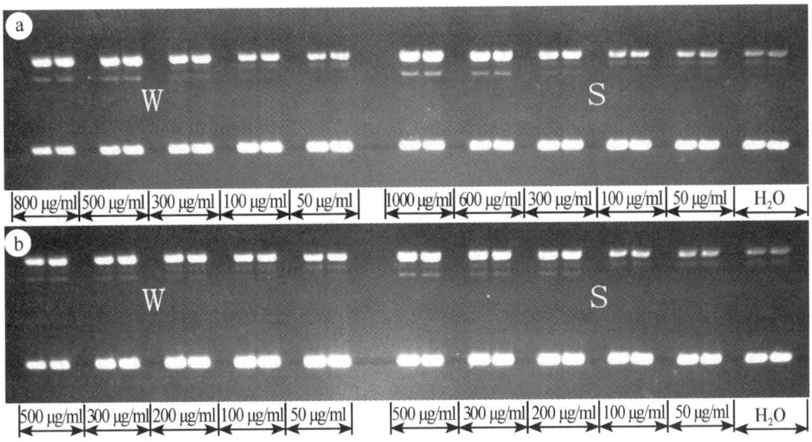

图 6-35 白天和晚上 PM₁₀ 样品对超螺旋 DNA 产生氧化性损伤的凝胶图（W：全样，S：水溶样）
(a)白天（样品 13）；(b)晚上（样品 14）

Fig. 6-35 Gel images showing oxidative damage on supercoiled DNA induced by PM_{10} samples collected indoors on daytime and night
(a)from daytime；(b)from night

6.3.3 校园公共场所室内 PM₁₀ 和 PM₂.₅ 的氧化性损伤能力比较

作者为了解室内 PM₁₀ 和 PM₂.₅ 的氧化性损伤能力特征，选择了秋季图书馆室内的两组样品进行对比实验（表 6-10）。这两组样品中 PM₁₀ 和 PM₂.₅ 大气颗粒物样品是同时采集的，室内 PM₁₀ 与 PM₂.₅ 样品的水溶部分和全样样品对质粒 DNA 损伤的凝胶图如图 6-36a 和图 6-36b，从图中可以清楚看出，对于同时间下采集的样品不论是全样还是水溶样，PM₂.₅ 的氧化性损伤能力都比 PM₁₀ 要大，也就是说在相同条件下室内大气中细颗粒物对人体的危害较粗颗粒物大，这与室外大气颗粒物的氧化性损伤能力特征一致（时宗波等 2004，李金娟 2006）。对室外大气颗粒物的氧化性损伤能力，很多研究都表明室外大气颗粒物中的细颗粒物 PM₂.₅ 比 PM₁₀ 对人体健康的危害更大。例如，Donaldson 等(1996)、Stone 等(1998)、Hung 等(2001)和张旻等(2003)都得出超细颗粒物的氧化损伤能力较细颗粒物更强，因为细颗粒物比表面积大、活性氧含量高，所以表面吸附的过渡金属就多，对肺的损伤也就越大。张文丽等(2003)通过采集空气中细颗粒物，利用单细胞凝胶电泳法，靶细胞采用人肺泡上皮细胞，研究结果也表明空气中细颗粒物具有潜在遗传毒性，在一定浓度范围内可引起人肺泡上皮细胞损伤，且呈现剂量—反应关系及时间—效应关系。

表 6-10　室内 PM$_{10}$ 和 PM$_{2.5}$ 样品的详细信息

Table 6-10　Sample information for indoor PM$_{10}$ and PM$_{2.5}$ and corresponding TD$_{20}$ values

样品号	采样地点	样品类型	采样日期	TD$_{20}$(W)	TD$_{20}$(S)
29	秋季图书馆	PM$_{10}$	2006-10-04	232	397
40	秋季图书馆	PM$_{2.5}$	2006-10-04	101.3	129.3
33	秋季图书馆	PM$_{10}$	2006-10-07	65.3	122.2
41	秋季图书馆	PM$_{2.5}$	2006-10-07	41	48

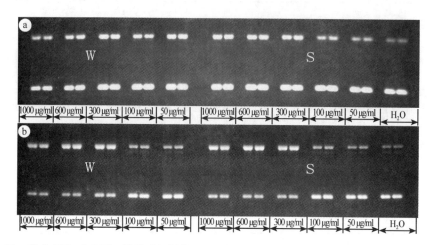

图 6-36　室内 PM$_{10}$ 和 PM$_{2.5}$ 样品对超螺旋 DNA 产生氧化性损伤的凝胶图（W：全样，S：水溶样）

(a)PM$_{10}$（样品 29）；(b)PM$_{2.5}$（样品 40）

Fig. 6-36　Gel images showing oxidative damage on supercoiled DNA induced by PM$_{10}$ and PM$_{2.5}$ samples collected indoors

(a)PM$_{10}$；(b)PM$_{2.5}$

6.3.4　校园公共场所室内 PM$_{10}$ 的氧化性损伤能力来源分析

有研究表明,大气颗粒物在大气过程中的作用取决于其物理和化学性质(Pósfai 等 2000)。物理性质包括颗粒物的质量浓度、数量浓度、单个颗粒大小、粒度分布、表面积及体积、显微形貌、颗粒的聚集特性等以及颗粒物的吸附性、吸湿性以及对光的吸收和散射性等;化学性质包括颗粒物元素组成、无机和有机化学组分及分布、化学成分的可溶性、颗粒物表面非均相反应及矿物组成等。本节分别从颗粒物微量元素的含量、粒度分布特征、微观形貌类型及采样环境、质量浓度等间接因素讨论校园公共场所室内大气颗粒物的氧化性损伤能力来源及差异的原因。

6.3.4.1　室内 PM$_{10}$ 氧化性损伤能力大小与其微量元素含量的相关性分析

越来越多毒理学研究的成果表明,大气颗粒物中有害元素严重地威胁着人类健康。颗粒物质对人类和动物的毒性作用可通过三个方面表现出来:(1)由颗粒物质本身的化学和物理特性决定的内在毒性,如有毒颗粒石棉、BeO、Pb、Cd、As、Hg、H$_2$SO$_4$ 及多环芳烃等;(2)吸入颗粒物质后对呼吸道清理机制的干扰;(3)由于颗粒物质表面携带和吸附了有毒物质而带来的毒性,如煤烟是一种良好的吸附剂,常常会吸附如 SO$_2$ 那样的有害气体。Pritchard 等(1996)报道,金属元素引起的健康效应(一般认为是由氧化性损伤产生的 ROS 引起的)作用于很多生物机体,包括肺、心血管系统及其他组织。国外大量的体内外实验证明了金属元素的毒性,但至于哪一种金属元素的毒性更强仍存在着很大的争议。Costa 等(1997)研究认为氧化性损伤能力金属(特别是 Fe)直接或通过自由基形式和其他分子作用产生氧化性损伤。Richards 等(1989)研究表明金属元素中水溶 Zn 对肺产生损伤。Kodavati 等(1998)研究发现 Ni、Fe 使乳酸脱氢酶(细胞死亡的标志)增多。Adamson 等(1999)亦实验证明造成小鼠肺损伤的是水溶 Zn。而且后来更多的研究表明,Zn 元素,特别是水溶的 Zn 对肺有负效应影响。对北京市环境大气可吸入颗粒物的研究得出 DNA 的氧化性损伤程度与颗粒物中的水溶性的 Zn 相关(时宗波等 2004;邵龙义等 2005b,2006;Shao 等 2007)。总之,Fe、Zn 被认为是引起肺损伤的重要的微量元素。

(1)室内 PM$_{10}$ 的 TD$_{20}$ 值与元素总浓度的相关分析

为查明室内 PM$_{10}$ 氧化性损伤能力产生及差异的原因,本节将利用第 5 章室内大气 PM$_{10}$ 样品的全样和所分析的水溶部分中微量元素的浓度总和以及其中被认为是具氧化性损伤能力的 Zn,As,V,Cr,Mn,Co,Ni,Cu,Cd,Pb,Ti,Ba 和 Cs 这 13 种元素的测定结果与相应样品中质粒 DNA 实验得到的 TD$_{20}$ 值进行相关分析,样品详细信息见表 6-11。

表 6-11   室内 PM$_{10}$ 的全样及水溶样的 TD$_{20}$ 值与其相应的微量元素总浓度

Table 6-11   The TD$_{20}$ values and the trace element concentrations in whole sample of PM$_{10}$ in indoor air

样品号	季节	采样地点	样品类型	采样日期	全样 TD$_{20}$ (μg/ml)	水溶样 TD$_{20}$ (μg/ml)	全样中所分析元素总浓度 (μg/g)	水溶样中所分析元素总浓度 (μg/g)
4	冬季	餐厅	PM$_{10}$	2005-11-20	70	135	29379.14	7552.78
5	冬季	餐厅	PM$_{10}$	2005-11-22	185	270	13712.4	—
6	冬季	室外	PM$_{10}$	2005-11-15	189.9	269	15628.81	3996.02
11	春季	图书馆	PM$_{10}$	2006-04-26	280	360	8132.44	3013.39
12	春季	图书馆	PM$_{10}$	2006-04-27	56	145	18655.13	5828.90
13	春季	餐厅	PM$_{10}$	2006-05-20(白)	206.3	330	12830.82	2406.74
16	春季	餐厅	PM$_{10}$	2006-04-26	205	355	10359.81	3433.67
17	春季	餐厅	PM$_{10}$	2006-04-27	230	267	15582.44	3999.38
21	春季	室外	PM$_{10}$	2006-04-26	125	356	7426.54	2085.75
22	春季	室外	PM$_{10}$	2006-04-27	80	165	22264.89	4499.68
26	夏季	餐厅	PM$_{10}$	2006-08-28	198	298	15934.42	6113.76
27	夏季	室外	PM$_{10}$	2006-08-16	30	168	26669.92	7042.00
30	秋季	图书馆	PM$_{10}$	2006-10-05	130	195	21798.96	5720.25
31	秋季	图书馆	PM$_{10}$	2006-10-06	105	285	19624.75	4306.85
35	秋季	餐厅	PM$_{10}$	2006-10-09	85	144	20808.49	4893.46
38	秋季	室外	PM$_{10}$	2006-09-28	30	175	13547.1	5369.36

从表 6-11 和图 6-37 中可以看出,PM_{10} 全样的 TD_{20} 值与其相应的 Zn,As,V,Cr,Mn,Co, Ni,Cu,Cd,Pb,Ti,Ba 和 Cs 这 13 种元素的浓度总和有一定的相关关系,当全样微量元素总浓度越高时,其对应的全样 TD_{20} 值越小,也就是氧化性损伤能力越大;但这种趋势并不是很明显,如样品 21 和 38 全样总浓度与其全样 TD_{20} 之间没有负相关性,可能是由于这些样品的非水溶组分对氧化性损伤能力的贡献较小。从表 6-11 和室内 PM_{10} 的全样 TD_{20} 值与相应水溶微量元素总浓度之间的关系图 6-39 可以看出全样 TD_{20} 值与其对应的水溶元素总浓度也有一定的相关性,个别样品 16,17 和 26 除外,这可能是因为这些样品的全样氧化性损伤能力大小主要来自于其非水溶组分。而对于水溶性元素的总浓度和水溶部分 TD_{20} 的相关关系如表 6-11 和图 6-38 所示,可以看出水溶部分的 TD_{20} 值与水溶元素总浓度之间有明显的负相关性,即水溶性元素总浓度越高,其水溶组分的氧化性损伤能力就越大。结合图 6-37,6-38 和 6-39 可以看出,样品氧化性损伤能力大小主要来自颗粒物的水溶组分,只有个别样品表现出特殊性,比如样品 16,17 和 26 就是非水溶组分对其全样氧化性损伤能力的贡献较大,可能是非水溶组分的机械损伤机制造成的破坏,也可能是 PM_{10} 样品全样部分的氧化性损伤能力并非来自于这 13 种微量元素,而是其他元素起的重要作用。

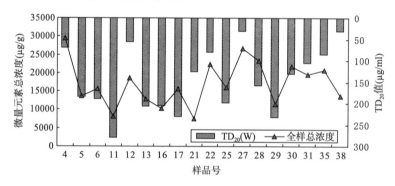

图 6-37　室内 PM_{10} 的全样的 TD_{20} 值与其相应的全样微量元素总浓度之间的关系

Fig. 6-37　The relationships between the TD_{20} values and the trace element concentrations in whole samples of PM_{10} in the indoor air of the library and canteen

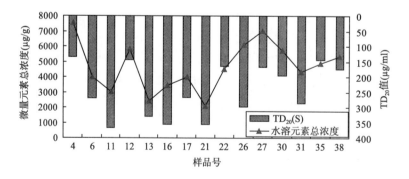

图 6-38　室内 PM_{10} 的水溶的 TD_{20} 值与其相应的水溶微量元素总浓度之间的关系

Fig. 6-38　The relationships between the TD_{20} values and the trace element concentrations in soluble fractions of PM_{10} in the indoor air of the library and canteen

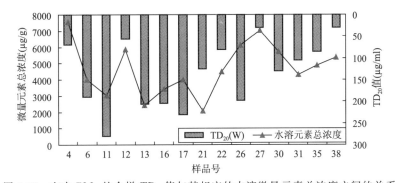

图 6-39　室内 PM$_{10}$ 的全样 TD$_{20}$ 值与其相应的水溶微量元素总浓度之间的关系

Fig. 6-39　The relationships between the TD$_{20}$(W) and the trace element concentrations in soluble fractions of PM$_{10}$ in indoor air

　　通过上述分析,我们可以知道,PM$_{10}$ 全样的氧化性损伤能力并非完全来自于其中的水溶金属元素,其他非水溶成分也可能起着重要作用;而对于水溶部分,其氧化性损伤能力可能主要来自于水溶性的金属元素,这与北京市室外大气 PM$_{10}$ 有共同的特性(邵龙义等 2006,李金娟 2006)。

　　(2)PM$_{10}$ 的 TD$_{20}$ 值与单个元素浓度的相关性分析

　　本节主要讨论 PM$_{10}$ 的全样和水溶样中 Zn,As,V,Cr,Mn,Co,Ni,Cu,Cd,Pb,Ti,Ba,Cs,Na,Mg,Ca 和 Fe 这 17 种元素的浓度与其相应的 TD$_{20}$ 值之间的关系,样品详细信息见表 6-12。

　　①PM$_{10}$ 的全样部分 TD$_{20}$ 值与其相应元素浓度的相关性分析

　　由表 6-12 可知,由于 PM$_{10}$ 中 Zn,As,V,Cr,Mn,Co,Ni,Cu,Cd,Pb,Ti,Ba,Cs,Na,Mg,Ca 和 Fe 这 17 种元素之间的浓度相差很大,而且同种元素在不同样品中的含量也相差较大,所以在分析与 TD$_{20}$ 值的关系时,作者按元素的相应含量将其分别进行分析。对于 Na、Ca、Fe 和 Mg 这些元素来说由于样品量太少,只测了 8 个样品的浓度值,如图 6-40 所示,虽然它们在全样中的含量很高,但是与全样 TD$_{20}$ 并没有明显的相关性。图 6-41 和图 6-42 是关于全样中 Zn,Ti,Ba,Mn,Cu 和 Pb 元素的浓度值与全样 TD$_{20}$ 的关系,可以看出 Zn,Ti,Ba,Cu 和 Pb 元素的浓度与全样 TD$_{20}$ 值有一定的相关性,但不是很明显,与全样总浓度与全样 TD$_{20}$ 的关系相似,也是样品 21 和 38 比较特殊,可能与水溶组分相关性比较大。而对于含量较小的元素 As,V,Cr,Co,Cd 和 Cs 与其相应全样的 TD$_{20}$ 值关系如图 6-43 所示,均没有明显的相关性,样品的氧化性损伤能力可能与这些元素的水溶部分有关或者与其他元素有关,有待进一步研究。很多研究都认为,元素的水溶性组分具生物可利用性,但这些水溶组分似乎与大量的非水溶的有机和石英实体结合在一起,具有相互协同作用(Whittaker 2003)。

　　②PM$_{10}$ 的水溶部分 TD$_{20}$ 值与相应的元素浓度的相关性分析

　　诸多研究表明,PM$_{10}$ 中的化合物如过渡金属元素是引起负面健康效应的因素之一,因为它们可以产生活性氧物质(ROS)。更进一步的研究表明,颗粒物的毒性与 PM$_{10}$ 中的水溶性金属元素的浓度含量具正相关性(Adamson 等 1999,Greenwell 等 2002,邵龙义等 2006,Moreno 2004)。因而许多毒理学研究也以化学替代品来研究水溶元素的毒性,结果表明不同元素的价态不同,其氧化性损伤能力也相差较大。那么大气颗粒物的氧化性损伤能力(或毒性)是否真的就取决于某种有毒元素呢? 为了进一步探讨室内大气 PM$_{10}$ 的氧化性损伤能力来源,下面将对 PM$_{10}$ 样品水溶部分的 TD$_{20}$ 值与其相应的水溶的 Zn,As,V,Cr,Mn,Co,Ni,Cu,Cd,Pb,Ti,Ba,Cs,Na,Mg,Ca 和 Fe 这 17 种元素的浓度进行相关分析,样品详细信息见表 6-13。

表 6-12　图书馆和餐厅室内外大气 PM$_{10}$ 样品的全样 TD$_{20}$ 和对应各微量元素的浓度值

Table 6-12　The TD$_{20}$ values and the trace element concentrations in whole samples of PM$_{10}$ in the indoor and outdoor air of the library and canteen

样品号	季节	采样地点	TD$_{20}$(W)(μg/ml)	Na (μg/g)	Mg (μg/g)	Ca (μg/g)	Fe (μg/g)	Zn (μg/g)	Ti (μg/g)	Ba (μg/g)	Mn (μg/g)	Cu (μg/g)	Pb (μg/g)	As (μg/g)	V (μg/g)	Cr (μg/g)	Co (μg/g)	Cd (μg/g)	Cs (μg/g)
4	冬季	餐厅	70	73323.45	16685.6	67217.35	12319.3	12186.75	7175.621	6809.409	862.106	313.146	1161.647	129.682	263.739	392.307	36.995	18.617	7.16
5	冬季	餐厅	185	—	—	—	—	5266.406	3929.602	1694.693	1037.365	273.679	977.606	170.264	87.045	147.5	19.18	15.916	9.229
6	冬季	室外	189.9	—	—	—	—	6484.525	3572.029	1302.871	1020.637	577.167	1895.078	131.861	—	142.022	17.152	38.983	14.939
11	春季	图书馆	280	—	—	—	—	996.408	4279.08	1515.914	958.055	43.281	127.504	19.154	91.373	77.397	13.946	1.898	8.591
12	春季	图书馆	56	49352.2	12175.86	43307.41	19332.69	7171.122	5189.351	3951.113	739.597	191.554	1082.778	80.06	133.502	144.17	7.975	14.655	12.687
13	春季	餐厅	206.3	—	—	—	—	6792.813	4258.717	317.013	565.302	208.732	433.778	69.728	12.098	68.372	5.622	19.779	9.538
16	春季	餐厅	205	30918.15	16710.14	39728.59	32793.05	1899.163	4605.686	2233.132	1109.204	56.19	172.958	25.084	129.83	110.274	15.566	2.379	9.518
17	春季	餐厅	230	—	—	—	—	5697.506	4272.784	2841.859	852.433	299.845	1181.581	105.767	98.739	113.525	12.155	19.644	11.579
20	春季	室外	125	31653.55	12981.99	37923.94	24597.89	852.741	3751.813	1570.411	747.566	81.781	144.006	26.376	107.467	70.695	13.017	1.919	8.275
21	春季	室外	80	16509.92	14007.48	22492.05	28594.13	8286.607	5587.702	4603.414	808.997	445.689	1606.674	147.602	254.716	158.814	13.556	21.307	15.575
26	夏季	餐厅	198	—	—	—	—	6717.072	3203.584	1894.62	679.063	349.259	420.675	73.272	65.14	56.667	45.449	58.576	11.872
27	夏季	室外	30	—	—	—	—	12747.2	4169.619	2547.548	1458.639	868.871	2876.16	302.121	430.037	195.829	25.654	55.263	24.108
28	夏季	室外	158	48319.59	11412.27	33296.12	19969.1	12031.09	2459.04	2450.667	1079.352	917.931	2366.508	182.451	104.538	141.652	27.534	61.002	23.563
29	秋季	图书馆	232	17184.79	16256.2	27046.9	32764.1	6103.477	2588.589	197.101	865.562	340.003	1177.976	75.123	—	83.247	9.456	28.872	18.309
30	秋季	图书馆	130	56281.62	21847.56	77362.17	15672.34	9821.81	4684.588	4251.97	772.509	487.098	1058.76	99.63	152.571	337.232	10.401	24.954	6.483
31	秋季	图书馆	105	—	—	—	—	6667.005	6308.201	2567.899	970.812	785.869	1457.331	178.517	150.282	353.745	18.773	28.64	13.257
35	秋季	餐厅	85	—	—	—	—	6330.868	5549.304	5543.692	949.831	462.544	1473.89	104.818	44.735	93.856	8.978	69.061	16.286
38	秋季	室外	30	—	—	—	—	6746.341	2148.23	938.983	919.448	466.369	1541.41	106.509	45.042	120.139	12.245	31.698	21.082

表 6-13 图书馆和餐厅室内外大气 PM_{10} 样品的水溶样 TD_{20} 和对应各微量元素的浓度值

Table 6-13 The TD_{20} values and the trace element concentrations in soluble fractions of PM_{10} in the indoor air of the library and canteen

样品号	季节	采样地点	TD_{20}(S) (μg/ml)	Na (μg/g)	Mg (μg/g)	Ca (μg/g)	Fe (μg/g)	Zn (μg/g)	Mn (μg/g)	Pb (μg/g)	Ti (μg/g)	Cu (μg/g)	As (μg/g)	V (μg/g)	Cr (μg/g)	Co (μg/g)	Cd (μg/g)	Cs (μg/g)
4	冬季	餐厅	135	18528	5220	41054	1397	6582	424	145	4.16	61.5	129	14.9	23.7	8.64	12.4	9.48
6	冬季	室外	269	—	—	—	—	2391.96	481.008	200.704	17.224	169.968	82.704	9.824	15.272	9.568	24.344	11.552
11	春季	图书馆	360	1312	—	10385	—	1859.63	472.261	81.03	37.984	115.997	117.53	14.551	24.698	7.86	7.032	3.358
12	春季	图书馆	145	6851.43	3600	25657.1	965.714	4988.57	362.857	95.71	2.714	91.714	40.286	17.029	12.571	2.817	11.714	7.486
13	春季	餐厅	330	—	—	—	—	1590.41	358.245	90.72	18.48	59.4	47.055	4.905	14.1	2.49	11.775	6.735
16	春季	餐厅	355	2548	1380	11262	126.8	3028	214.8	2.26	3.62	50	5.8	2.1	37	5.48	30.6	0.01
17	春季	餐厅	267	5204	3500	34196	1034	3324	366	74.2	2.34	66.2	55.8	9.3	10.4	3.12	13.26	3.96
20	春季	室外	356	2770.5	1429	14288	222	2026.7	50.5	0.85	0.174	—	2.06	2.165	2.915	0.225	0.111	0.054
21	春季	室外	165	8568	3272	27928	986	3268	350	120.4	2.32	131.8	47.4	18.56	12.84	8.9	14.4	11.26
26	夏季	餐厅	298	—	—	—	—	2938.65	488.992	96.432	15.344	223.272	32.04	8.048	11.456	34.096	43	10.128
27	夏季	室外	168	—	—	—	—	4439.75	680.918	418.536	8.019	375.318	94.932	6.804	19.476	15.264	32.877	17.082
30	秋季	图书馆	195	5232.5	2879.5	35541	938	5020	274.5	92	3.98	135	60.5	5.85	12.35	2.765	15.9	5.9
31	冬季	餐厅	285	—	—	—	—	3225.66	422.532	168.381	12.834	182.52	60.183	7.155	11.187	5.832	17.433	9.999
35	秋季	餐厅	144	—	—	—	—	3032.25	595.256	569.296	12.552	266.608	63.632	9.168	14.624	3.68	54.728	12.776
38	秋季	室外	175	—	—	—	—	3091.87	573.773	653.135	16.349	277.088	74.952	14.657	19.715	7.929	27.446	19.76

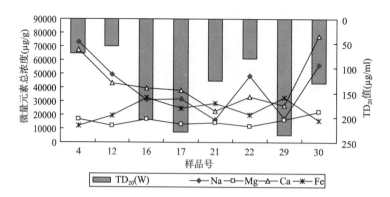

图 6-40　室内 PM$_{10}$ 的全样 TD$_{20}$ 值与其相应微量元素（Na，Mg，Ca，Fe）浓度之间的关系

Fig. 6-40　The relationships between the TD$_{20}$ (W) and the trace element concentrations (Na，Mg，Ca，Fe) in whole fractions of PM$_{10}$ in indoor air

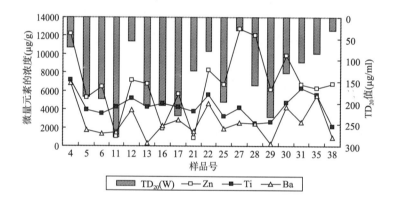

图 6-41　室内 PM$_{10}$ 的全样 TD$_{20}$ 值与相应 Zn，Ti 和 Ba 微量元素浓度之间的关系

Fig. 6-41　The relationships between the TD$_{20}$ (W) and the trace element concentrations (Zn，Ti，Ba) in whole fractions of PM$_{10}$ in indoor air

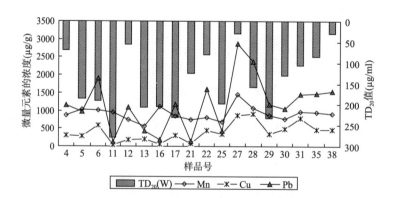

图 6-42　室内 PM$_{10}$ 的全样的 TD$_{20}$ 值与相应 Mn，Cu 和 Pb 微量元素浓度之间的关系

Fig. 6-42　The relationships between the TD$_{20}$ (W) and the trace element concentrations (Mn，Cu，Pb) in whole fractions of PM$_{10}$ in indoor air

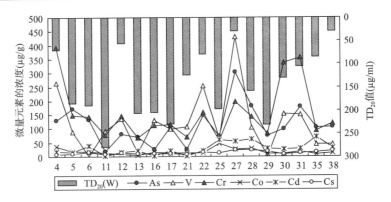

图 6-43　室内 PM$_{10}$ 的全样的 TD$_{20}$ 值与相应 As,V,Cr,Co,Cd 和 Cs 微量元素浓度之间的关系

Fig. 6-43　The relationships between the TD$_{20}$(W) and the trace element concentrations(As, V,Cr,Co,Cd,Cs)in whole fractions of PM$_{10}$ in indoor air

　　图 6-44 和图 6-45 是关于室内 PM$_{10}$ 水溶部分的 TD$_{20}$ 值与相应 Zn,Mg,Fe,Na 和 Ca 等元素浓度的关系图,从图中可以明显看出,对于这些在水溶部分浓度含量较高的元素,当元素浓度越高时,该水溶组分的 TD$_{20}$ 值就越小,也就是氧化性损伤能力越大,即水溶组分中 Zn,Mg, Fe,Na 和 Ca 元素的浓度与水溶部分的氧化性损伤能力都有很好的正相关性。而邵龙义等 (2005b)在关于吸烟室内颗粒物的研究中得出水溶性 Zn 可能对 DNA 的氧化性损伤起重要作用,而与 Fe 的相关性不大,可能是由于不同时间和空间下颗粒物中 Fe 存在的价态与转换的机制不同。从图 6-46、6-47、6-48 和 6-49 这些关于水溶部分含量较少的元素浓度与水溶 TD$_{20}$ 之间的关系图可以看出,虽然这些元素的浓度都很小,但其水溶组分中的元素 Mn,Pb,V,Cs, As,Cu 和 Cd 的浓度都与其相应水溶 TD$_{20}$ 有明显的负相关性,即当这些元素的浓度值越高时,水溶组分的氧化性损伤能力就越大。对于 As 来说,虽然含量只有 50 μg/g 左右,但从图 6-48 中可以看出 As 元素的浓度与 TD$_{20}$ 值相关性很明显,有研究显示 As 等一些有毒有害的元素吸入很少量就会对人造成影响甚至导致死亡,所以对大气中含量较少的元素也不容忽视。此外还有一些含量很低的 Cr、Ti 等元素如图 6-49 所示,这些元素浓度与水溶部分 TD$_{20}$ 值相关关系不是很明显。

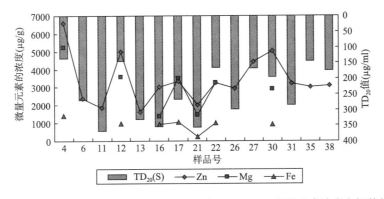

图 6-44　室内 PM$_{10}$ 的水溶部分 TD$_{20}$ 值与相应 Zn,Mg,Fe 微量元素浓度之间的关系

Fig. 6-44　The relationships between the TD$_{20}$(S) and the trace element concentrations(Zn, Mg,Fe)in soluble fractions of PM$_{10}$ in indoor air

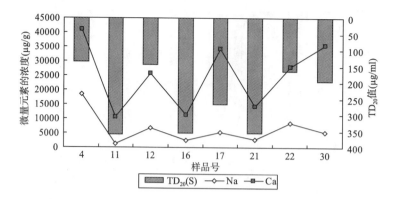

图 6-45　室内 PM_{10} 的水溶部分 TD_{20} 值与相应 Na 和 Ca 微量元素浓度之间的关系

Fig. 6-45　The relationships between the TD_{20} (S) and the trace element concentrations(Na, Ca)in soluble fractions of PM_{10} in indoor air

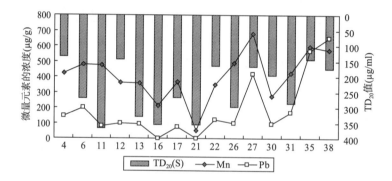

图 6-46　室内 PM_{10} 的水溶部分 TD_{20} 值与相应 Mn 和 Pb 微量元素浓度之间的关系

Fig. 6-46　The relationships between the TD_{20} (S) and the trace element concentrations(Mn, Pb)in soluble fractions of PM_{10} in indoor air

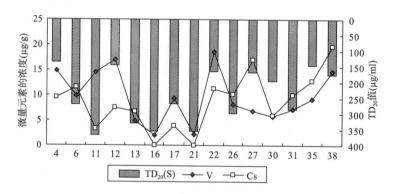

图 6-47　室内 PM_{10} 的水溶部分 TD_{20} 值与相应 V 和 Cs 微量元素浓度之间的关系

Fig. 6-47　The relationships between the TD_{20} (S) and the trace element concentrations(V, Cs)in soluble fractions of PM_{10} in indoor air

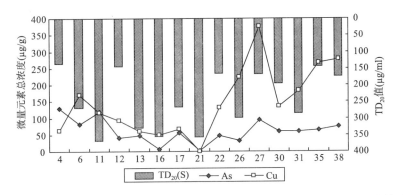

图 6-48　室内 PM₁₀ 的水溶部分 TD₂₀ 值与相应 As 和 Cu 微量元素浓度之间的关系

Fig. 6-48　The relationships between the TD₂₀（S）and the trace element concentrations（As, Cu）in soluble fractions of PM₁₀ in indoor air

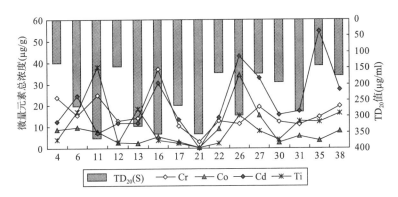

图 6-49　室内 PM₁₀ 的水溶部分 TD₂₀ 值与相应 Cr,Co,Cd 和 Ti 微量元素浓度之间的关系

Fig. 6-49　The relationships between the TD₂₀（S）and the trace element concentrations（Cr,Co, Cd,Ti）in soluble fractions of PM₁₀ in indoor air

　　通过以上分析可知,对于室内元素的组成,不同时间和空间上元素的含量差别很大,对于全样中单个元素来说,其单个元素的浓度与全样 TD₂₀ 均没有明显的相关性,可能是它们共同作用的结果或是其他机制引起的。而对于水溶部分中单个元素来说,Zn,Mg,Fe,Na,Mn,Pb, V,Cs,As,Cu,Cd 和 Ca 等元素的浓度与其水溶 TD₂₀ 都有明显的相关性,Moreno 等（2004）也指出水溶性 Fe,Zn,Mn,As,Pb 等元素与颗粒物的氧化性有一定的相关性,特别是水溶性 Zn 元素。根据以上分析可知,室内 PM₁₀ 的氧化性损伤能力主要是由水溶部分引起的,特别是水溶性样品中 Zn,Fe,Pb,V 等元素对颗粒物氧化性损伤贡献更大。

6.3.4.2　室内 PM₁₀ 氧化性损伤能力大小与颗粒物粒径大小的相关性分析

　　作者分析研究了校园公共场所室内 PM₁₀ 样品中粒径小于 1.0 μm 的颗粒物的数量百分比与大气颗粒物 TD₂₀ 值的相关性,样品详细信息见表 6-14。

表 6-14　室内 PM_{10} 的 TD_{20} 值和粒径小于 $1.0\ \mu m$ 的颗粒物的数量百分比

Table 6-14　The TD_{20} of whole or soluble fractions and the number percentages of indoor PM_{10}

样品号	季节	采样地点	样品类型	采样日期	全样 TD_{20} ($\mu g/ml$)	水溶样 TD_{20} ($\mu g/ml$)	粒径<$1.0\ \mu m$的颗粒物数量百分比(%)
1	冬季	图书馆	PM_{10}	2005-11-13	63.2	156	94.185
3	冬季	图书馆	PM_{10}	2005-11-15	78	178.8	98.1562
8	春季	图书馆	PM_{10}	2006-05-10(白)	780	1056.8	87.52
9	春季	图书馆	PM_{10}	2006-05-10(晚)	1025.6	1985.7	83.12
10	春季	图书馆	PM_{10}	2006-04-25	68	88	89.45
11	春季	图书馆	PM_{10}	2006-04-26	280	360	84.83
12	春季	图书馆	PM_{10}	2006-04-27	56	145	95.09
13	春季	餐厅	PM_{10}	2006-05-20(白)	206.3	330	91.32
14	春季	餐厅	PM_{10}	2006-05-20(晚)	225.4	524.9	92.34
15	春季	餐厅	PM_{10}	2006-04-25	120	140	88.69
16	春季	餐厅	PM_{10}	2006-04-26	205	355	81.7
17	春季	餐厅	PM_{10}	2006-04-27	230	267	88.72
18	春季	室外	PM_{10}	2006-04-18	960	1926	81.62
20	春季	室外	PM_{10}	2006-04-25	42	115	87.89
21	春季	室外	PM_{10}	2006-04-26	125	356	90.18
22	春季	室外	PM_{10}	2006-04-27	80	165	90.46
23	夏季	图书馆	PM_{10}	2006-08-16	485	845.5	87.32
24	夏季	餐厅	PM_{10}	2006-08-26	90	1683.5	96.27
25	夏季	餐厅	PM_{10}	2006-08-27	198	1292	92.72
31	秋季	图书馆	PM_{10}	2006-10-06	105	285	87.39
32	秋季	图书馆	PM_{10}	2006-10-06	500	754	89.59
34	秋季	餐厅	PM_{10}	2006-10-08	24.4	34	91.37
35	秋季	餐厅	PM_{10}	2006-10-09	85	144	96.19
36	秋季	餐厅	PM_{10}	2006-10-10	280	720	90.06
37	秋季	餐厅	PM_{10}	2006-10-11	85	102	87.57

　　如图 6-50 和图 6-51 分别为颗粒物粒径小于 $1.0\ \mu m$ 的颗粒物数量百分比与全样 TD_{20} 值和水溶样 TD_{20} 值的相关关系图。从图 6-50 中可以看出,粒径小于 $1.0\ \mu m$ 的粒子数量百分比与全样 TD_{20} 值存在明显的负相关关系,即样品中小于 $1.0\ \mu m$ 的粒子所占比例越大,该样品的全样 TD_{20} 值就越小,氧化性损伤能力就越大;图中样品 11,16 为沙尘天气采样,矿物颗粒粒径较大,该样品的毒性可能与其他因素有关,下面将进一步讨论。图 6-51 是对于样品的水溶部分 TD_{20} 值与粒径小于 $1.0\ \mu m$ 的粒子数量百分含量的关系图,总的来说它们之间有一定的相关性,但不是很明显,如样品 24,25,虽然粒径小于 $1.0\ \mu m$ 的粒子数量百分比达 95% 以上,但是其水溶样的 TD_{20} 值仍高达 $1500\ \mu g/ml$。

　　因此对于公共场所室内大气颗粒物来说,粒径小于 $1.0\ \mu m$ 的颗粒物含量越多,它的毒性就越强,但对于部分样品的水溶样来说则没有这种特性。大量研究表明,颗粒物所有的理化性质都与粒径有关,它不但决定其能否进入人体以及进入人体的位置,而且还决定其在人体内的沉积作用(Quackenboss 等 1989,BéruBé 等 1999a)。还有研究表明,PM_{10} 中的细颗粒对人体有很大的危害性。飘浮在空气中的气溶胶小粒子很容易被人吸入并沉积在支气管和肺部,粒子越小,越容易通过呼吸道进入肺部,其中特别是粒径小于 1.0 μm 的粒子可以直达肺泡内,沉积在肺部的颗粒物能存留数周至数年(唐孝炎等 1990);而且这种毒性主要来自于样品的可溶组分(Richards 等 1989,Adamson 等 2000,时宗波等 2004;邵龙义等 2005b)。但也有研究表明,巨噬细胞受城市大气颗粒物的损害,如氧化性损伤、释放炎性因子、发生细胞凋亡甚至死亡等的作用既与 PM_{10} 中水溶成分和有机成分有关,也与不溶成分有关(耿红等 2005)。

从图 6-50 和图 6-51 中就可以看出虽然粒径<1.0 μm 的颗粒物含量很大,但对于样品的水溶部分 TD_{20} 值明显高于其全样的 TD_{20} 值,说明全样的氧化性损伤能力远大于水溶样的氧化性损伤能力,这可能是有害物质直接造成的损伤或是由于全样中含有大量难溶和不溶的细颗粒物,这些难溶组分可能通过复杂的表面特性及其携带的有害物质在与质粒 DNA 的作用过程中产生机械性损伤,造成更大的破坏(李金娟 2006)。

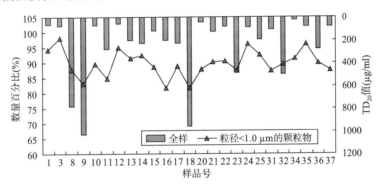

图 6-50　室内 PM_{10} 的全样 TD_{20} 值与粒径小于 1.0 μm 的颗粒物的数量百分比含量之间的关系

Fig. 6-50　The relationships between the TD_{20} of whole fractions and the number percentages of PM_1 of indoor PM_{10}

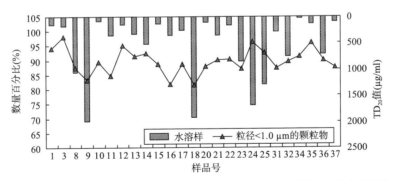

图 6-51　室内 PM_{10} 的水溶样 TD_{20} 值与粒径小于 1.0 μm 的颗粒物的数量百分比含量之间的关系

Fig. 6-51　The relationships between the TD_{20} of soluble fractions and the number percentages of PM_1 of indoor PM_{10}

6.3.4.3　室内 PM_{10} 氧化性损伤能力大小与其微观形貌类型比例的相关分析

通过前面对图书馆和餐厅室内采集的 PM_{10} 的 TD_{20} 值与颗粒物微观形貌和粒度大小的分析知道,可吸入颗粒物的氧化性损伤能力与颗粒物的元素组成和粒径分布有直接的关系,这些特征通过颗粒物的微观形貌类型也可以表现出来。对于不同类型的单颗粒物，它们自身的特性以及所携带的有毒有害物质也有很大差异（赵厚银等 2004，李卫军等 2004，邵龙义等 2005b）。为此作者对已做过质粒 DNA 实验的部分室内样品，利用 FESEM 获取其微观图像，并用图像处理软件获得了其中不同微观颗粒物类型的数量百分比例，试图找出 TD_{20} 值与颗粒物不同微观类型的数量百分比例之间的关系。表 6-15 显示了室内部分样品的 TD_{20} 值与其颗粒物的不同微观类型的数量百分比例。

表 6-15　室内样品的 TD_{20} 值与其颗粒物的不同微观类型的数量百分比例

Table 6-15　TD_{20} values with the percentage of different particles of PM_{10} collected indoors

样品号	季节	采样地点	样品类型	采样日期	全样 TD_{20} （μg/ml）	水溶样 TD_{20} （μg/ml）	烟尘及其集合体（%）	超细颗粒（%）	矿物（%）
1	冬季	图书馆	PM_{10}	2005-11-13	63.2	156	16.47	42.83	7.56
2	冬季	图书馆	PM_{10}	2005-11-14	45	206.7	38.15	26.32	11.24
3	冬季	图书馆	PM_{10}	2005-11-15	78	178.8	24.45	36.86	10.14
4	冬季	餐厅	PM_{10}	2005-11-20	70	135	—	—	—
5	冬季	餐厅	PM_{10}	2005-11-22	185	270	29.62	37.2	8.52
6	冬季	室外	PM_{10}	2005-11-15	189.9	269	30.69	25.87	6.84
7	冬季	室外	PM_{10}	2005-11-18	205	800	21.42	40.67	9.76
8	春季	图书馆	PM_{10}	2006-05-10（白）	780	1056.8	32.58	33.21	15.02
9	春季	图书馆	PM_{10}	2006-05-10（晚）	1025.6	1985.7	44.26	27.03	10.42
10	春季	图书馆	PM_{10}	2006-04-25	68	88	37.28	31.12	12.65
11	春季	图书馆	PM_{10}	2006-04-26	280	360	21	27.74	28.41
12	春季	图书馆	PM_{10}	2006-04-27	56	145	30.91	32.89	12.87
13	春季	餐厅	PM_{10}	2006-05-20（白）	206.3	330	25.55	34.59	13.38
14	春季	餐厅	PM_{10}	2006-05-20（晚）	225.4	524.9	38.46	29.33	11.49
15	春季	餐厅	PM_{10}	2006-04-25	120	140	28.55	29.34	15.6
16	春季	餐厅	PM_{10}	2006-04-26	205	355	15.69	36.33	24.98
17	春季	餐厅	PM_{10}	2006-04-27	230	267	33.83	29.71	17.09
18	春季	室外	PM_{10}	2006-04-18	960	1926	45.4	23.99	11.31
19	春季	室外	PM_{10}	2006-04-19	1024	1980	26.96	26.09	8.26
20	春季	室外	PM_{10}	2006-04-25	42	115	30.62	21.38	18.21
21	春季	室外	PM_{10}	2006-04-26	125	356	9.83	41.96	19.64
22	春季	室外	PM_{10}	2006-04-27	80	165	34.09	25.1	18.26
23	夏季	图书馆	PM_{10}	2006-08-16	485	845.5	35.95	24.07	7.62
24	夏季	餐厅	PM_{10}	2006-08-26	90	1683.5	41.21	28.58	9.7
25	夏季	餐厅	PM_{10}	2006-08-27	198	1292	36.57	29.98	8
31	秋季	图书馆	PM_{10}	2006-10-06	105	285	33.95	28.89	16.33
32	秋季	图书馆	PM_{10}	2006-10-06	500	754	40.08	28.13	13.25
34	秋季	餐厅	PM_{10}	2006-10-08	24.4	34	43.17	27.59	13.43
35	秋季	餐厅	PM_{10}	2006-10-09	85	144	28.35	32.56	12.45
36	秋季	餐厅	PM_{10}	2006-10-10	280	720	41.37	23.79	11.45
37	秋季	餐厅	PM_{10}	2006-10-11	85	102	42.52	25.15	13.68

　　从表 6-15 中可以看出室内大气 PM$_{10}$ 的微观颗粒物类型在数量上主要以烟尘及其集合体和超细颗粒物为主。从图 6-52 烟尘及其集合体的数量百分数与全样和水溶部分的 TD$_{20}$ 值的关系图看出，不论是全样还是水溶部分，烟尘的数量百分数与 TD$_{20}$ 值都没有明显的相关性，样品 1,16,21 最为明显，样品中烟尘比例很低时，TD$_{20}$ 值也很低，即样品的氧化性损伤能力很大；而 9 和 18 则表明烟尘含量很高时，TD$_{20}$ 值达到 1000 μg/ml，水溶部分的 TD$_{20}$ 则高达 2000 μg/ml。可见在本次室内大气 PM$_{10}$ 样品研究中，烟尘颗粒的数量百分比与样品的氧化性损伤能力大小没有直接的相关关系。通过第 3 章中对颗粒物的微观颗粒类型的形貌的分析，我们知道室内大气 PM$_{10}$ 中烟尘集合体的类型主要有链状和蓬松状及少量的"湿"状和密实状等集合体类型，这些集合体均是由多个烟尘颗粒组成，而且每个集合中包含的单个烟尘颗粒的数目是不同的，从几个、几十个至上万个不等。但目前由于分析技术所限，无法将烟尘集合体中的单个烟尘颗粒统计出来。而组成烟尘集合体的烟尘个数不同，就决定了其表面积的大小，而表面积的大小直接决定了其对人体健康产生影响的程度，而将一个烟尘集合体作为一个颗粒来统计，没有考虑其复杂程度，这也可能是上述分析结果相关性不明显的一个原因。所以在研究大气颗粒物健康效应的同时，还应该加强颗粒物微观特征的研究，尤其是其中的复杂颗粒如烟尘和超细颗粒，因为它们对人体健康产生的负面效应起着决定作用。Zhou 等（2003）的研究表明，烟尘可与 Fe 离子等金属元素产生协同作用，从而增强其氧化性能力，因此我们还需要考虑到样品中金属元素的含量及其与烟尘的协同效应，这一机制有待于进一步研究。

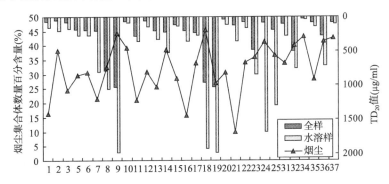

图 6-52　室内 PM$_{10}$ 全样和水溶样的 TD$_{20}$ 值与烟尘及其集合体数量百分比例之间的关系

Fig. 6-52　Relationships of TD$_{20}$ values with the percentage of soot and its aggregates of PM$_{10}$ collected indoors

　　图 6-53 是关于校园公共场所室内 PM$_{10}$ 全样和水溶样的 TD$_{20}$ 值与超细颗粒数量百分比例之间的关系图，从图中可以看出，超细颗粒物的数量百分比与 TD$_{20}$ 值呈明显的负相关关系，特别是水溶部分的 TD$_{20}$ 值相关性更明显。超细颗粒物的比例越高时，TD$_{20}$ 值越小，即相应样品的氧化性损伤能力就越大。有研究表明超细颗粒物的毒性比细颗粒物毒性大，如 Hung 等（2001）、张旻等（2003）、Moreno 等（2004）、Shao 等（2006,2007），因为细颗粒物比表面积大、活性氧含量高，所以表面吸附的过渡金属就多，对肺的损伤也就越大。还有研究者使用化学替代品作为超细颗粒物，如炭黑（Stone 等 1998）、聚苯乙烯（Brown 等 2000）、TiO$_2$（Renwick 等 2001），通过采集空气中细颗粒物（张文丽等 2003）等研究证实，即使表面没有活性物质，超细颗粒物也可通过大的比表面积产生较大的氧化性损伤，而且粒径越小，氧化性损伤能力越强。

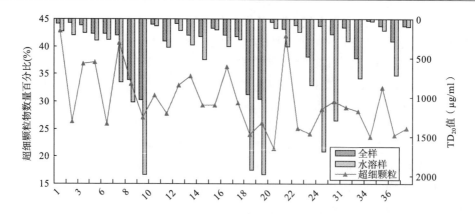

图 6-53　室内 PM$_{10}$ 全样和水溶样的 TD$_{20}$ 值与超细颗粒数量百分比例之间的关系

Fig. 6-53　The relationships of TD$_{20}$ and the percentage of unknown fine particles of PM$_{10}$ collected indoors

　　本次研究中室内 PM$_{10}$ 中的矿物颗粒一般粒径较小(1.0～2.5 μm),呈不规则形状,有的呈粗糙的叠层状,有的是均匀的长条形或多边形等,主要以通过物理和化学过程形成的二次矿物为主,数量上约占总矿物颗粒的 50% 左右。从图 6-54 可以看出,室内矿物颗粒物的数量百分比与全样和水溶部分的 TD$_{20}$ 值有一定的相关性,尤其与水溶部分的相关性更大一些。当矿物颗粒的数量百分比越大时,样品的 TD$_{20}$ 值就越小,即矿物颗粒的量越大,其样品氧化性损伤能力就越大。而时宗波等(2004)对以矿物为主的沙尘暴样品进行研究认为,沙尘样品对 DNA 的氧化性损伤能力小于非沙尘暴样品,这是因为沙尘天气的矿物颗粒粒径一般较大,而且以不规则矿物为主。李金娟(2006)关于 2006 年 4 月 17 日特大沙尘与平日降尘样品氧化性损伤能力的研究中也得出,平日降尘的样品的氧化性损伤能力大于特大沙尘样品的氧化性损伤能力,主要是由于前者的粒径比后者的粒径小的缘故。

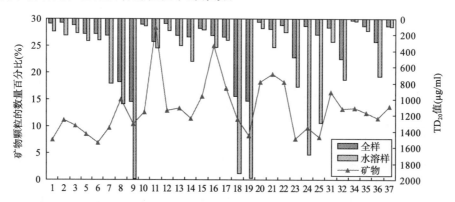

图 6-54　室内 PM$_{10}$ 全样和水溶样的 TD$_{20}$ 值与矿物颗粒数量百分比例之间的关系

Fig. 6-54　The relationships of TD$_{20}$ and the number percentage of minerals of PM$_{10}$ collected indoors

　　室内的矿物颗粒是由室外矿物颗粒通过长期搬运进入室内的整个过程中发生非均相反应,转化成硫酸盐或硝酸盐等复杂的混合物,粒径一般较小且二次生成矿物居多。这种矿物表面富集一些有毒重金属、酸性氧化物、有机污染物、细菌和病毒等,具很强的化学活性,吸入人体后会在呼吸道中沉积以致引起许多病原的紊乱发展,从而导致肺泡病、纤肺病、癌症等(周巧琴等 2002)。对于矿物粉尘导致疾病的生物化学过程均发生在矿物表面或其附近,其对人体呼吸系统的有害影响并不只是尘粒的物理外形所致,它与生物系统间有着复杂的(导致疾病的)的相互作用,其中关键因素便是矿物晶胞的界面,通过其界面性质、化学性质、带电性以及力学性和粒径大小来对生物系统施加影响,矿物粉尘表面的荷电性与其细胞毒性之间存在着一定的相关关系(贺小春等 2005)。而胡伟等(2004)也提出了土壤粒子团假说,认为大气中的矿物颗粒对呼吸健康有直接影响。

6.3.4.4 室内 PM$_{10}$氧化性损伤能力大小与其环境因素的相关性分析

颗粒物的氧化性损伤能力大小还与采样环境有关,因为采样温度、相对湿度等条件影响颗粒物的吸附性、可溶性从而影响颗粒物的微观形貌和化学组成。

(1)室内 PM$_{10}$的氧化性损伤能力大小与采样温度的关系

图 6-55 是室内外样品的水溶和全样 TD$_{20}$值与采样时温度的关系,样品详细信息见表 6-16。从图 6-55 中可以看出全样 TD$_{20}$与温度有一定的相关性,除样品 6,7,8,9 外(可能是其他原因对样品毒性起主要作用),当采样温度越高时,PM$_{10}$全样的 TD$_{20}$值越低,也就是颗粒物的全样的氧化性损伤能力与采样温度成正相关关系,温度越高,颗粒物的氧化性损伤能力就越大。但样品水溶部分的 TD$_{20}$值与采样温度之间则没有明显的相关性,图中样品 24,25 为夏季室内样品,当温度高达 28℃时,水溶样 TD$_{20}$值反而越大,在 1500 μg/ml 左右,说明氧化性损伤能力很小,这可能与样品可溶性有关。前面也有讨论,可能是夏季样品的氧化性损伤能力大小主要与颗粒物不溶部分有关,造成水溶部分的氧化性损伤能力较低。

表 6-16 PM$_{10}$全样和水溶样的 TD$_{20}$值和采样环境信息表
Table 6-16 The TD$_{20}$ of whole or soluble PM$_{10}$ and the collection environment

样品号	季节	采样地点	样品类型	采样日期	全样 TD$_{20}$ (μg/ml)	水溶样 TD$_{20}$ (μg/ml)	温度 (℃)	相对湿度 (%)	大气压强 (hPa)
1	冬季	图书馆	PM$_{10}$	2005-11-13	63.2	156	19.95	21.8	1006.4
2	冬季	图书馆	PM$_{10}$	2005-11-14	45	206.7	18.45	23.85	1023.7
3	冬季	图书馆	PM$_{10}$	2005-11-15	78	178.8	20.2	18.1	1007.4
4	冬季	餐厅	PM$_{10}$	2005-11-20	70	135	17.4	37.85	1024.6
5	冬季	餐厅	PM$_{10}$	2005-11-22	185	270	17.7	33.6	1014.5
6	冬季	室外	PM$_{10}$	2005-11-15	189.9	269	7.6	40.4	1020.4
7	冬季	室外	PM$_{10}$	2005-11-18	205	800	9.7	22.1	1015.1
8	春季	图书馆	PM$_{10}$	2006-05-10(白)	780	1056.8	22.4	40	1008
9	春季	图书馆	PM$_{10}$	2006-05-10(晚)	1025.6	1985.7	21.9	36.1	1010.0
10	春季	图书馆	PM$_{10}$	2006-04-25	68	88	24.1	45.7	998.6
11	春季	图书馆	PM$_{10}$	2006-04-26	280	360	24.7	21.8	1006.4
12	春季	图书馆	PM$_{10}$	2006-04-27	56	145	24.5	46.6	997.5
13	春季	餐厅	PM$_{10}$	2006-05-20(白)	206.3	330	25.85	40.5	1000
14	春季	餐厅	PM$_{10}$	2006-05-20(晚)	225.4	524.9	24.15	41.95	1001.25
15	春季	餐厅	PM$_{10}$	2006-04-25	120	140	26.7	47.9	999.7
16	春季	餐厅	PM$_{10}$	2006-04-26	205	355	26.2	24.4	1007.8
17	春季	餐厅	PM$_{10}$	2006-04-27	230	267	25.7	55.8	998.8
18	春季	室外	PM$_{10}$	2006-04-18	960	1926	17.6	30.1	1002.1

续表

样品号	季节	采样地点	样品类型	采样日期	全样 TD$_{20}$ (μg/ml)	水溶样 TD$_{20}$ (μg/ml)	温度 (℃)	相对湿度 (%)	大气压强 (hPa)
19	春季	室　外	PM$_{10}$	2006-04-19	1024	1980	13	20.9	1012.0
20	春季	室　外	PM$_{10}$	2006-04-25	42	115	31.2	29.4	996
21	春季	室　外	PM$_{10}$	2006-04-26	125	356	28.5	15.2	1004.1
22	春季	室　外	PM$_{10}$	2006-04-27	80	165	28.4	39.1	995.1
23	夏季	图书馆	PM$_{10}$	2006-08-16	485	845.5	25.8	39.2	1004.1
24	夏季	餐　厅	PM$_{10}$	2006-08-26	90	1683.5	28.6	63.9	1002.2
25	夏季	餐　厅	PM$_{10}$	2006-08-27	198	1292	27.7	57.4	1002.5
28	夏季	室　外	PM$_{10}$	2006-08-17	158	1364	23.6	50.7	997.9
29	秋季	图书馆	PM$_{10}$	2006-10-04	232	397	16.7	44.7	1008.8
30	秋季	图书馆	PM$_{10}$	2006-10-05	130	195	16	52.2	1007.8
31	秋季	图书馆	PM$_{10}$	2006-10-06	105	285	17.6	29.9	1006.7
32	秋季	图书馆	PM$_{10}$	2006-10-06	500	754	16.7	49.6	1009.2
33	秋季	图书馆	PM$_{10}$	2006-10-07	65.3	122.2	17.4	45.7	1008.5
34	秋季	餐　厅	PM$_{10}$	2006-10-08	24.4	34	21.7	66.3	1005.9
35	秋季	餐　厅	PM$_{10}$	2006-10-09	85	144	21.5	58.4	1013.5
36	秋季	餐　厅	PM$_{10}$	2006-10-10	280	720	20.1	55.4	1014.8
37	秋季	餐　厅	PM$_{10}$	2006-10-11	85	102	21.1	70.6	1012.3
38	秋季	室　外	PM$_{10}$	2006-09-28	30	175	25.9	52	1010.9
39	秋季	室　外	PM$_{10}$	2006-09-29	25	85	22.5	64.1	1007.4

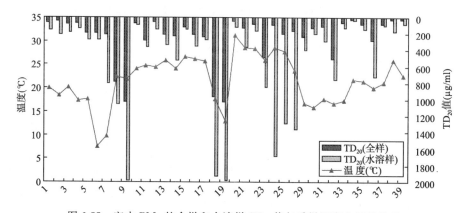

图 6-55　室内 PM$_{10}$ 的全样和水溶样 TD$_{20}$ 值与采样温度之间的关系

（注：样品 4 为雾天采集；样品 11～21 为沙尘天气期间采样；样品 11，16 和 21 是沙尘天气采样）

Fig. 6-55　The relationships between the TD$_{20}$ of whole and solube fractions and the temperature of indoor PM$_{10}$

　　(2)室内 PM$_{10}$ 的氧化性损伤能力大小与相对湿度的关系

　　图 6-56 是 PM$_{10}$ 样品的全样和水溶样品的 TD$_{20}$ 值与采样时空气的相对湿度的关系，样品详细信息见表 6-16。图中全样和水溶样大部分样品的 TD$_{20}$ 值与相对湿度都有明显的负相关性，即当空气相对湿度越大时，其全样 TD$_{20}$ 的值就越小，PM$_{10}$ 的氧化性损伤能力越大。所以，空气的相对湿度与样品的氧化性损伤能力大小成正相关关系。这可能是由于空气湿度大，颗粒物表面的吸附能力强，颗粒物不易扩散，有助于二次污染物的累积，导致颗粒物的氧化性损伤能力比较大(胡敏等 2006)。TD$_{20}$ 值与相对湿度的这种关系在特殊天气时并不符合，如图中样品 24

和 25 都是夏季样品,水溶部分的 TD$_{20}$与相对湿度没有明显的相关性,相对湿度为 60％时,TD$_{20}$值则高达 1500 μg/ml 以上;而样品 11,16 和 21 都是浮尘天气的样品,相对湿度都低于 25％,但其氧化性损伤能力都很大,这可能与浮尘天颗粒物较细,而且在空气中停留时间长所致。

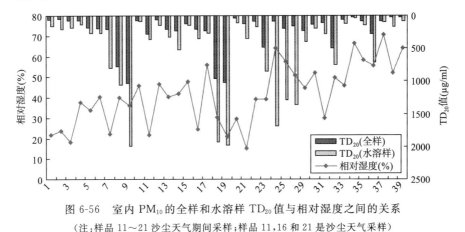

图 6-56　室内 PM$_{10}$的全样和水溶样 TD$_{20}$值与相对湿度之间的关系

(注:样品 11～21 沙尘天气期间采样;样品 11,16 和 21 是沙尘天气采样)

Fig. 6-56　The relationships between the TD$_{20}$ of whole and solube fractions and corresponding humidity of indoor PM$_{10}$

(3)室内 PM$_{10}$的氧化性损伤能力大小与大气压强的关系

图 6-57 是 PM$_{10}$样品的全样和水溶样品的 TD$_{20}$值与采样时大气压强的关系,样品详细信息见表 6-16。图中全样和水溶样大部分样品的 TD$_{20}$值与大气压强都有明显的正相关关系,即当大气压强越大时,其全样 TD$_{20}$的值也越大,PM$_{10}$的氧化性损伤能力就越小。所以,大气压强与样品的氧化性损伤能力大小成负相关关系。可能是由于大气压强越低,空气中颗粒物容易发生化学反应和变性,所以氧化性损伤能力大。而在特殊天气下采集的样品就没有这种特性,如图中样品 4 是雾天气采集的样品,虽然当时的大气压强高达 1025 Pa,但是其全样和水溶部分的 TD$_{20}$值均小于 100 μg/ml,氧化性损伤能力仍然很大,这与雾天颗粒物的组分特征有关。对于 24 和 25 这两个夏季样品的水溶样部分的 TD$_{20}$值与大气压强也没有明显的正相关性。

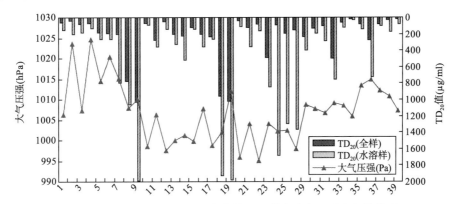

图 6-57　室内 PM$_{10}$的全样和水溶样 TD$_{20}$值与大气压强之间的关系

(注:样品 4 为雾天气采样;样品 11～21 沙尘天气期间采样;样品 11,16 和 21 是沙尘天气采样)

Fig. 6-57　The relationships between the TD$_{20}$ of whole and solube fractions and the atmospheric pressure of indoor PM$_{10}$

6.3.5　校园公共场所室内 PM₁₀ 氧化性损伤能力大小与其质量浓度的相关性分析

可吸入颗粒物的质量浓度不仅是流行病学调查研究的基础,也是目前国内外环境保护部门制定空气质量标准的重要依据之一,是衡量空气质量的主要指标之一。但大气颗粒物的质量浓度是否就决定了单颗粒物的毒性和对人体健康的危害的程度呢?下面作者将对前面质粒 DNA 实验得到的 PM_{10} 样品的 TD_{20} 值与其质量浓度进行相关趋势分析。

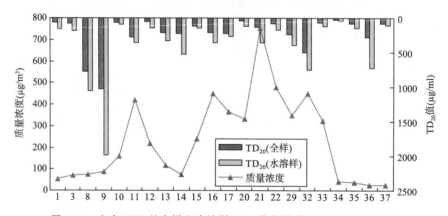

图 6-58　室内 PM_{10} 的全样和水溶样 TD_{20} 值与其质量浓度之间的关系

Fig. 6-58　The relationships between the TD_{20} of whole or solube fractions and the mass concentrations of indoor PM_{10}

图 6-58 分别显示了全样和水溶部分的 TD_{20} 值与质量浓度的关系,样品详细信息见表6-7。从图中可知,公共场所室内大气颗粒物,无论是全样还是水溶样的 TD_{20} 值与质量浓度之间都并没有明显的相关趋势,相关系数还不到 0.01。以样品 32 为例,当 PM_{10} 的质量浓度高达 460 $\mu g/m^3$ 左右时,全样和水溶样的 TD_{20} 值均高达 600 $\mu g/ml$ 以上,即该样品的氧化性损伤能力不大。而对于样品 34 来说,它的质量浓度只有 40 $\mu g/m^3$,但其水溶部分的 TD_{20} 值则为 34 $\mu g/ml$,全样的 TD_{20} 值更小还不到 25 $\mu g/ml$,表现出较大的氧化性损伤能力,样品 1,3,35,36 和 37 都有相似的情况出现。也有部分样品出现质量浓度和 TD_{20} 值成反比的情况,即质量浓度和氧化性损伤能力成正比,比如样品 8,9 都是质量浓度很低,其样品的氧化性损伤能力也很小,样品 21 则是质量浓度高,样品的氧化性损伤能力也很高的情况。这与李金娟关于北京市室外 PM_{10} 的质量浓度与 TD_{20} 值的相关分析结论一致。因此仅以颗粒物的质量浓度来评价大气颗粒物氧化性损伤能力大小的方法并不能真实地反映其对人体健康的危害程度,起决定作用的还是颗粒物的化学组成及其表面吸附的有害成分,因而利用颗粒物的质量浓度来评价其对人体健康效应的方法是不科学的(李金娟等 2006)。

6.4　小结

(1)在居室室内和室外的样品中,室内 PM_{10} 对超螺旋 DNA 的氧化性损伤略高于室外;在吸烟室内 PM_{10} 对 DNA 的破坏性最大,TD_{50} 低达 100 $\mu g/ml$。

(2)不同季节校园公共场所室内 PM_{10} 的亦有较大的氧化性损伤能力差异,其 PM_{10} 的氧化性损伤能力大小依次为冬季>秋季>夏季>春季;冬季和春季室内 PM_{10} 的氧化性损伤能力大于室外,而夏季和秋季室内 PM_{10} 的氧化性损伤能力则小于室外。白天 PM_{10} 的氧化性损伤能力大于晚上,且 $PM_{2.5}$ 的氧化性损伤能力大于 PM_{10}。

(3)居室大气颗粒物中微量元素是造成 DNA 氧化性损伤的主要原因,室内 PM_{10} 的氧化性损伤能力大小与 Zn,As,V,Cr,Mn,Co,Ni,Cu,Cd,Pb,Ti,Ba 和 Cs 这 13 种水溶性重金属元素的浓度总和有明显的正相关性。研究发现引起 PM_{10} 对质粒 DNA 损伤的主要元素是水溶性的 Zn 元素,所分析的样品中,厨房及吸烟室内 PM_{10} 的水溶组分中较高的 Zn 含量伴随有较低的 TD_{50} 值,因此水溶 Zn 可能是导致居室室内颗粒物对 DNA 氧化性损伤的主要元素。Fe 元素虽然在文献中被认为是最具氧化性损伤能力的元素之一,但是在北京市室内样品中 Fe 元素多是以不可溶状态存在,因此对 DNA 几乎不造成损伤。

(4)校园公共场所室内 PM_{10} 的氧化性损伤能力与水溶部分中 Zn,Mg,Fe,Na,Mn,Pb,V,Cs,As,Cu,Cd 和 Ca 等单个元素的浓度都有明显的相关性,说明公共场所室内 PM_{10} 的氧化性损伤能力主要是由水溶部分引起的,特别是水溶性样品中 Zn,Fe,Pb,V 等元素对颗粒物氧化性损伤贡献更大。

(5)室内 PM_{10} 的氧化性损伤能力大小与超细颗粒物和矿物颗粒的数量百分比呈明显的正相关性,此外还与 PM_{10} 中粒径 $<1.0\ \mu m$ 的颗粒物数量百分比例呈明显的正相关性,说明颗粒物越细,毒性越强。

7　颗粒物物理特征的分形表征及其应用

　　被誉为大自然的几何学的分形理论,是现代数学的一个新分支。它的基本特点是承认事物的局部可能在一定条件或过程中,在某些方面(形态、结构、信息、功能、时间、能量等)表现出与整体的相似性;且空间维数的变化既可以是离散的(欧几里得几何就是这样)、也可以是连续的。随着分形理论的发展和维数计算方法的逐步提出与改进,1982 年以后,分形理论逐渐得到广泛的应用,分形为人们处理复杂对象提供了一个强有力的工具,是非线性科学中的一个重要分支。

　　分形几何与传统的几何学完全不同,传统的欧几里得几何的对象具有一定的特征长度和标度,其所描述的是人类生产的产品的规则形状;分形几何的研究对象则是无特征长度与标度的,它擅长描述自然界普遍存在的景物。由于分形的自相似性使其内部结构不存在特征长度(或标度),具有无标度性,它只能使用描述空间和客体的另一个重要参数——分形维数(Fractal Dimension)。分形维数可用来表示分形集的不规则程度,分形中维数一般为分数。将维数从整数扩大到分数,突破了一般拓扑集维数为整数的局限。

　　由于很多环境系统具有自相似性,即其内部结构不存在特征尺度,所以分形理论建立后,立即在环境科学领域得到应用。本章主要介绍应用分形几何的理论表征大气颗粒物的物理性质的研究。

7.1　分形理论概述

　　分形几何的概念是美籍法国数学家 Mandelbrot 在 1975 年首先提出的(Falconer 2001,谢和平等 1997)。1960 年,Mandelbrot 在研究棉价变化的长期形态时,发现了价格在大小尺度的对称性,后来,在对尼罗河水位和英国海岸线的数学分析中,发现类似规律。他总结自然界中很多现象从标度变换角度表现出的对称性,将这类集合称作自相似集。他认为欧氏测度不能刻画这类集的本质,从而转向维数研究,发现维数是尺度变换下的不变量,主张用维数来刻画这类集合。基于测量对象体形上的自相似性与标度不变性,Mandelbrot 提出了分形理论。1975 年,Mandelbrot 用法文出版了分形几何第一部著作《Fractal:form, chance and dimension》,在 1982 年出版了第二本著作:《The fractal geometry in nature》,从而奠定了这门新科学的基础,标志着分形几何学正式成为数学的一个新分支。随着分形理论的发展和维数计算方法的逐步提出与改进,1982 年以后,分形理论逐渐得到广泛的应用。目前,分形的研究已大大地超出了数学、物理学的范畴,它不仅广泛用于处理自然科学中相关问题,像雷电、相变、聚合物生长等,而且还扩展到生态、生命、经济、人文的许多领域,在地震、气象的预报预测、石油的多次开采等应用领域,甚至在股票涨落分析、汉字字形分析等方面,分形也都得到了广泛的应用(林夏水 2001)。可见,分形为人们处理复杂对象提供了一个强有力的工具,是非线性科学中的一个重要分支。

7.1.1 分形理论的基本概念

"分形(Fractal)"一词是从拉丁文"fractus"转化而来的,它的原意是"不规则的,分数的,支离破碎的"物体,既是名词又是形容词(Kaye 1994)。

与传统的几何学相比,分形几何有以下特点:

(1)从整体上看,分形几何图形是处处不规则的。例如,海岸线和山川形状等,从远距离观察,其形状是极不规则的。

(2)在不同尺度上,图形的规则性又是相同的,即分形具有自相似性,亦即具有标度不变性。对于一些数学模型,这类自相似性是严格的,称为有规分形;在物理学或其他自然界中存在的分形,它们的自相似是近似的或者是统计意义的,则称为无规分形。

到目前为止科学家还无法对分形下一个确切的严格的定义。Mandelbrot 曾指出,Hausdorff Besicovitch 维数严格大于拓扑维数的集合称为分形(A fractal is by definition a set for which the Hausdorff Besicovitch dimension strictly exceeds the topological dimension)。但这仅是实验性定义,很不严格,也无操作性。而后 B. B. Mandelbrot 修改了这个定义,提出"其组成部分以某种方式与整体相似的形体叫分形"(A fractal is a shape made of parts similar to the whole in some way)。

对于某一集合 A,如果具有下面性质的集合,就可以称为分形集:

(1)集合 A 的分维数严格大于其拓扑维数。一般来说,分维数不是整数而是分数;

(2)集合 A 具有近似的,或统计的自相似性,亦即满足标度不变性;

(3)集合 A 具有不规则性,从整体到局部均难以用传统的几何学描述;

(4)集合 A 具有精细结构,也就是说,它具有任意小的比例细节;

(5)在许多情况下,集合 A 可以用非常简单的方法定义,它具有递归性,可在计算机上用递归的方法生成。

可见,分形几何与传统的几何完全不同,传统的欧几里得几何的对象具有一定的特征长度和标度,其所描述的是人类生产的工业产品的规则形状;分形几何则是无特征长度与标度的,它擅长描述自然界普遍存在的景物。

分形的类型主要可以分成以下几类:

(1)自然分形

凡是自然界客观存在的或经过抽象而得到具有自相似性的几何对象,均称为自然分形。它包括的内容极其丰富,涉及的领域也极为广泛。在形态和结构上存在着自相似性的几何对象,称为几何分形。如线状分形(Koch 曲线、高分子链等)、表面分形(二维 Sierpinski 地毯、催化剂表面等)、体积分形(Sierpinski 海绵、凝胶等),又可分为有规分形和无规分形。在功能、信息上存在着自相似的几何对象,分别称为功能分形和信息分形,从植物细胞到城市结构的分布,都属于此范畴。在能量传播上存在着自相似的体系,称为能量分形,这种分形主要表现在地震中的地震波的传播和无线电通讯中。

(2)时间分形

在时间轴上具有自相似性的研究对象,称为时间分形。生物学中的重演律和社会学中人类社会发展规律,都是时间分形的具体体现。

（3）社会分形

凡是人类社会活动和社会现象中所表现出来的自相似性现象，均称为社会分形。一个城市，一个乡村，一个工厂，一个学校，乃至一个小家庭，在一定条件下都可以成为一个社会分形。

（4）思维分形

思维是人类特有的认识过程，思维分形指的是人类在认识、意识上所表现出来的自相似性特征。每个人的思维都在某种程度上反映了整体的思维。人类每个健全的个体的认识发生过程，都是人类进化史的一个缩影。

7.1.2　分形的定量表示

在欧氏空间中，点对应零维，线、面、球面分别对应一、二、三维，还可以引入更高维的空间，但都是整数维。由于分形的自相似性使其内部结构不存在特征长度（或标度），具有无标度性，人们已经不能像对普通物体所习惯的那样，通过度量以长度、重量、体积等参数来刻画分形的特征。它只能使用描述空间和客体的另一个重要参数——分形维数（Fractal Dimension）。分形维数可用来表示分形集的不规则程度，分形中维数一般为分数。将维数从整数扩大到分数，突破了一般拓扑集维数为整数的界限。

在分形理论和实际应用中，人们对维数的概念进行了更深入的研究，提出了许多关于维数的新概念，不同的研究对象采用不同的维数定义方法。在理论分析中经常用到的分形维数有Hausdorff维数、容量维数、相似维数等，它们有数学上非常严密的定义（高安秀树 1989），但要广泛应用于自然科学，有时又有不适合之处，如定义中都有将覆盖球的半径的极限趋近于 0，这在具体试验测定时是不可能的（根据 Heisenberg（1901—1976）提出的量子力学基本原理——测不准原理），因此，在实际应用分形理论过程中定义了很多分形维数。

经常使用的分形维数定义方法可以分为 5 类：

（1）改变粗视化程度求维数的方法；（2）根据测度关系求维数的方法；（3）根据相关函数求维数的方法；（4）根据分布函数求维数的方法；（5）根据光谱求维数的方法。

7.2　分形几何在环境科学中的应用

由于很多环境系统具有自相似性，即其内部结构不存在特征尺度，所以分形理论建立后，立即在环境科学领域得到应用（王海云 2004），主要应用领域包括以下几个方面。

7.2.1　生态学方面

随着生态学研究的逐步深入，人们已经意识到尺度在生态学中具有极为重要的意义。不同的生命层次利用着不同尺度上的环境资源，不同尺度上的生命结构具有不同的秩序特点，不同层次上的空间格局的特征及机制都是与尺度（实际上是不同尺度上起作用的因素）紧密联系，只有关注尺度效应，才能得出切实结论。要探究尺度依赖现象背后的本质关联及不同层次之间的相互影响，分形理论被认为是一个有用的工具。Harris（1994）、蔡庆华等（1998）、赵斌等（2000）用分形理论对水生态系统空间格局进行了研究；Morse（1985）、Palmer（1988）应用分形理论分析了植被类型；马克明等（1993）、张喜军等（1993），祖元刚等（1997）对东北羊草草原群落格局和主要环境因子进行了分形分析；Milne（1988）分析了景观格局的分形维数；黄子蔚等(2004)应用分形理论对农业生态经济系统进行了定量分析。Li(2000)对分形在生态学中的应用作了很好的综述;马克明等(2000)对分形理论在植被格局中的应用作了详细的综述,包括植物的分枝格局分形特征、植冠格局分形特征、种群格局分形特征、群落格局分形特征、景观格局分布特征。

7.2.2　混凝过程

　　环境科学领域(特别是水处理过程)中许多现象和技术都与混凝技术有关,混凝由混合和絮凝两部分组成,混凝整体过程(集混合、凝聚、絮凝及后续分离流程)具有非常大的纷繁复杂性,以往大量的研究均局限于对混凝化学形态分布与转化规律的表征,以及基于著名的 Smol-uchowski 方程所进行的混凝线性动力学的探索与改进,将分形理论应用于混凝领域的研究并加以丰富与发展,成为一个显著的前沿热点,并为混凝理论研究提供了一个崭新的生长点。金同轨等(2003)研究发现分形维数不同反映了絮凝体结构所具有的开放程度不同,应用分形维数可以对不同条件下形成的絮体结构进行更为准确的数学描述;王晓昌等(2000a,b)从理论和实验两方面建立并验证了絮凝体分形构造和密度之间的关系模型,讨论了絮凝体的分形维数和絮凝体成长过程中影响其密度的重要因素,论述了促进致密型絮凝体生成的途径和相应的絮凝操作模式。Li 等(1989)、Tang 等(2000)、Logan 等(1995)、Jiang 等(1991)、陆谢娟等(2003)对水中凝聚体的分形维数进行了深入的研究。王东升等(2001),李剑超等(2002)对国内外在絮凝分形研究中的最新成果作了综述。

7.2.3　大气环境

　　悬浮于气体中的固体颗粒,无论是凝聚尘还是单一尘,无论是形状、聚集状态还是粒径分布,都有一定的自相似性,因此,都可以用颗粒物的分形特征来表征。国外从 20 世纪 80 年代以来就开始应用分形理论研究大气颗粒物的几何特征(Kaye 1994),分形理论在大气气溶胶凝聚状态、颗粒物形貌、气溶胶粒径分布等方面得到了深入研究,取得了不少研究成果。近年来我国也有对大气颗粒物进行分形分析的报道。下一节将具体介绍分形理论在这几方面的应用。

　　除了大气颗粒物表现出的这些分形特征外,有人对大气环境时序数据的分形特征进行研究(金致凡 2001)。

7.3　分形理论在颗粒物研究中的应用及进展

　　分形理论在颗粒物研究中的应用领域主要集中在大气颗粒物凝聚状态、颗粒物形貌、大气颗粒物粒径分布三个方面,这三个方面分别表现了不同的尺寸范围上颗粒物的物理性质。下面分别介绍分形理论在这些领域的具体研究进展。

7.3.1　大气颗粒物凝聚状态的分形研究

7.3.1.1　分形维数与大气颗粒物凝聚动力学

　　燃烧产生的烟尘集合体是大气气溶胶中的一个主要组成部分,主要来自化石燃料的燃烧和汽车尾气的排放,它是在高温下产生的凝聚体,具有十分特别的形貌。在高温燃烧生成烟尘气溶胶的过程中,产生的这些凝聚体是由大量初始颗粒凝聚而成的(Harris 等 2002)。Faeth 等(1995a)发现,初始颗粒形状为球形,颗粒直径约为 $10\sim50$ nm,为单分散系,即颗粒粒径大小基本一致,称为初级粒子,初级粒子迅速产生凝集合并,形成烟尘集合体(炭黑)颗粒,粒径约为 $0.1\sim3$ μm。凝聚是较细的分散物质试图变为整体的一种机制。这些凝聚体的动力学行为和组成它的颗粒有很大的区别,最后的凝聚体的性质与凝聚体的尺寸分布有关(Margaritis 等 2001)。凝聚体有较复杂的几何形状,这些复杂形状导致其物理和化学性质变化极大,如吸收过程、凝聚或烧结过程和沉降强烈受这些气溶胶形状的影响,它们之间的作用是相互耦合的(Bessagnet 等 2001)。由于科学技术发展的原因,原来大多数大气气溶胶被理想化地描述成密实的球形,直接计算他们的几何性能(直径、表面积、体积)继而描述辐射、动力学和化学性能。但由于凝聚意味着一定的随机性,对这些气溶胶颗粒采用确定性的方法来描述是不合适的。

在一般的气溶胶动力学方程中,颗粒物体积(或直径)被传统用作唯一的独立变量,这在不考虑颗粒物的形状的情况下是有效的,这种情况下,所有的性质如表面积等唯一由体积确定。但研究发现,烟老化过程即烟颗粒的凝聚过程中,其体积不变但尺寸分布改变,说明烟的光学性能不仅与体积有关,而且与颗粒物的结构和他们的平均尺寸有关(Yu 等 2001)。因此仅用颗粒物的直径来描述其众多性质是不够的,需要其他的独立变量来共同描述这些凝聚体的性质。

应用 Mandelbrot 的分型概念描述这些聚合体的几何和物理性能已经取得了相当的成功(Zurita-Gotor 等 2002)。聚集体的体积和他们的回转半径有幂指数关系,这个关系的指数就称为质量分形维数 D_f。每一个聚集体的单体个数 N 和全部聚集体的半径 R_g 之间满足以下关系

$$N = k_o (R_g/a)^{D_f} \tag{7-1}$$

式中:k_o 是系数,R_g 是簇的回转半径。a 单体半径。不同的研究得出的结果类似,对于气溶胶和多数胶体 $D_f = 1.8$,和计算机模拟的扩散限制的簇凝聚(DLCA)是一致的。最近,已经确定对于 DLCA 凝聚的 $k_o = 1.3 \pm 0.1$。其他研究的分形维数结果分别有 $1.7\sim2.1$、$1.7\sim1.9$、$1.89\sim2.07$ 之间变化(Dekkers 等 2002)。

近年来国外很多学者利用扫描电镜、透射电镜或原子力学显微镜等显微装置观察了燃烧烟雾中炭黑凝并产生的分形现象(Colbeck 等 1997),通过对烟雾图像进行分析处理,得到不同燃料燃烧时烟雾炭黑的分形维数(方俊 等 2003)。研究发现(Faeth 等 1995),大多不同燃料燃烧烟雾炭黑分形维数与燃料类型无关,趋于一致,一般取 $1.8\sim2$。

分形维数对凝聚气溶胶的动力学和尺寸分布有很大影响,早期的气溶胶动力学模型是基于这样的假设,颗粒物碰撞后立即接合。瞬间接合产生凝聚的气溶胶理论的经典方程是 Smoluchowski 凝聚方程(Dekkers 等 2002)。假定颗粒体积尺度呈连续谱分布,则相应颗粒数目浓度随时间的变化关系可以写成:

$$\frac{\partial n(\nu,t)}{\partial t} = \frac{1}{2}\int_0^\nu \beta(\bar{\nu}, \nu-\bar{\nu})n(\bar{\nu})n(\nu-\bar{\nu})d\bar{\nu} - \int_0^\infty \beta(\nu,\bar{\nu})n(\bar{\nu})n(\nu)d\bar{\nu} \tag{7-2}$$

式中:n 为数量浓度函数;t 为时间;$\bar{\nu},\nu$ 为颗粒体积;β 为凝并系数。

公式左边描述的是时刻 t 体积在 ν 到 $\nu+d\nu$ 的颗粒数的浓度 n 的变化,方程右边第一项是

通过较小的颗粒物碰撞增加,第二项表示在这个尺寸范围内颗粒的损失。凝并系数是与环境温度、颗粒质量密度、尺度以及外形相关的函数,对于在空气中布朗运动的炭黑颗粒,其运动性能依赖于颗粒与空气特性长度的相对比例。这种比例参数常采用 Knudsen 数 K_n:

$$K_n = l/d_{po} \tag{7-3}$$

式中:l 为空气分子平均自由程(单位:nm);空气分子自由程采用 Allen 和 Raabe 修正公式,可得:

$$l = l_o \frac{P_0}{P} \left(\frac{T}{T_0}\right)^2 \frac{T_0 + Ts}{T + Ts} \tag{7-4}$$

式中:$Ts = 110.4$ K;P 为空气大气压;l_o 为在标准大气压 $P_0 = 1.01325 \times 10^5$ Pa,温度 $T_0 = 296.15$ K 时的空气分子自由程,l_0 取 65 nm。

$K_n \geqslant 1$ 为空气分子自由程区,$K_n < 1$ 为连续区。对于不同的 K_n 值,凝并系数函数有着不同的表达式(Vemury 等 1995)。

Smlouchowski 方程将求颗粒浓度函数的复杂问题转化为求凝并系数的问题。对于实际中的 β,这个积分微分方程通常不能得到理论解。一般采用数值计算来求解这个方程。

对连续区和自由分子区,进行了数值模拟以计算颗粒物尺寸分布。已经有很多关于液体(非分形体)或固体(分形体)在连续区、分子自由程区和过渡区(K_n 接近 1)的研究。这些研究显示了在实验和理论之间很好的一致性(Oh 等 1997)。研究发现(Vemury 等 1995),如果凝聚体的结构更不规则,凝聚的速率会增加;凝聚能导致自保持分布(分形分布);凝聚体的分形维数依赖于材料性能和合成条件。研究表明,在处理具有不同分形维数的积聚体时应该把分形维数作为独立的变量,分形维数足以担当一个实用的积聚体的形貌描述的变量。

7.3.1.2 烟尘集合体的分形维数的确定

烟尘集合体的分形维数具有十分重要的意义,与其生成、物理、光学等性质之间有很大关系,要研究这些问题,首先要对烟尘集合体的分形维数进行计算。

凝聚状态的分型维数的确定主要有三类方法,一是利用光散射法测量聚集体的分形维数;二是对得到的凝聚体的图像进行图像处理,以计算其分形维数;三是采用沉降法确定凝聚体的分形维数。沉降法(Bushell 等 2000)主要确定较大的凝聚体(10 μm),特别是在废水处理中的凝聚体,在此不作详述。下面简要介绍光散射法和图像处理法求分形维数。

(1)利用光散射法测量凝聚状态的分形维数

光散射法测定凝聚体的分形维数的基本原理是(Bushell 等 2000;Kim 等 2003;Bushell 等 1996;Oh 等 1997):

被颗粒物散射的光密度 $S_{vv}(\theta)$,可以表达成:

$$S_{vv}(\theta) = Q_{vv}(\theta)\eta\Delta V \Delta\Omega I_{vv} = Q_{vv}(\theta)SR(\theta) \tag{7-5}$$

式中:η,ΔV,$\Delta\Omega$,和 I_{vv} 分别是光学系统的效率、测量体积、收集光线的立体角和入射光束流。$Q_{vv}(\theta)$ 是体积微分散射截面(volumetric differential scattering cross section),$SR(\theta)$ 是系统响应(system response)。因为 $Q_{vv}(\theta)$ 和 $SR(\theta)$ 互相独立,$Q_{vv}(\theta)$ 可以从测量的散射强度获得,$SR(\theta)$ 由系统标定确定。

对于分形凝聚体,$Q_{vv}(\theta)$ 可以写成:

$$Q_{vv}(\theta) = \int C_{vv}^a(\theta)n(N)\mathrm{d}N \tag{7-6}$$

式中:$n(N)$是N(就是初始颗粒的数目)的分布函数,由 Rayleigh-Debye-Gans 理论,每一个凝聚体的微分散射截面 $C_{vv}^a(\theta)$可以表达为

$$C_{vv}^a(\theta) = N^2 C_{vv}^p f(qR_g) \tag{7-7}$$

式中:C_{vv}^p是一个初始颗粒的微分散射截面,根据测量角度,结构系数 $f(qR_g)$可以分别表达成 Guinier 形式(小角度)和幂指数形式(大角度):

$$f(qR_g) = \exp(-(qR_g)^2/3) \approx \left(1 - \left(\frac{q^2 R_g^2}{3}\right)\right) \quad (\text{Guinier 区}) \tag{7-8}$$

$$= (qR_g)^{-D_f} \quad (\text{幂指数区}) \tag{7-9}$$

式中:q是散射矢量的模数,$q=(4\pi/\lambda)\sin(\theta/2)$,$\lambda$是光源的波长,根据 Dobbins 和 Megaridis 研究,Guinier 形式和幂指数区的边界被设在 $qR_g=(3D_f/2)^{1/2}$

将式(7-7)~(7-9)代入式(7-6),积分,可得下列关系:

对小角度,有

$$Q_{vv}(\theta) = Q_{vv}(0)(1 - q^2 \overline{R_g^2}/3) \quad (\text{Guinier 区}) \tag{7-10}$$

这里,
$$\overline{R_g^2} = \int [R_g(N)]^2 N^2 n(N)\mathrm{d}N \Big/ \int N^2 n(N)\mathrm{d}N \tag{7-11}$$

式中:$\overline{R_g^2}$是N^2加权平均的回转半径的平方,可以通过 $Q_{vv}(\theta) - q^2/3$ 图像的直线斜率得到,进而得到 D_f。

对大角度,有

$$Q_{vv}(\theta) = n_p k_f C_{vv}^p (qd/2)^{-D_f} \quad (\text{幂指数区}); \tag{7-12}$$

式中:$n_p = \int Nn(N)\mathrm{d}N$。$D_f$ 可以通过 $\log(Q_{vv}(\theta)) - \log(q^{-1})$ 图像的直线斜率获得。

(2)根据图像分析计算凝聚状态的分形维数

这类方法主要是根据显微镜(光学或电子)得到的图像,对图像进行处理分析得出需要的数据,进而根据公式求出分形维数。

凝聚体计算方法有以下几种:

①根据投影面积求维数

Sigrist 等(2001)介绍了一种利用凝聚体的投影图的面积和尺寸分析其分形维数的方法。具体过程是先将所得投影图像转换为 512×512 数字化图像,每个像素有 256 个灰度水平,灰度图像再转换为二值图,根据二值图测量投影表面的面积(S)、包围这个图像的矩形的长(a)和宽(b),炭黑凝聚体或气溶胶簇的特征尺寸选择为它的几何平均值 T,$T = \sqrt{ab}$。

研究证明,这样处理计算出的 D 值和采用其他平均尺寸($\sqrt{a^2+b^2}$,$(a+b)/2$)的结果区别不大。

将投影表面积 S 作为尺寸 T 的函数,画出双对数图,所得点可以拟合成一条直线,其斜率就是分形维数,满足以下方程

$$S = KT^D \tag{7-13}$$

作者将计算结果和其他方法得到的结果比较,表明该方法和其他方法有较好的一致性。

②考虑投影重叠求维数

Brasil 等(1999)介绍了利用透射电镜图像求凝聚体分形维数的方法,在计算过程中考虑了由立体向平面投影时产生的重叠,使计算更加贴近实际。其计算具体过程是:

　　(i)从投影图像测量重叠系数 C_{ov}。识别若干对初始颗粒(在靠近投影图的尖端的地方)，测量投影图的重叠系数 $C_{ov, proj}$，利用以下公式得到 C_{ov}。

$$C_{ov} = (d_p - d_{ij})/d_p \tag{7-14}$$

$$C_{ov} = \zeta_1 C_{ov, proj} - \zeta_2 \quad (\zeta_1 = 1.1 \pm 0.1, \zeta_2 = 0.2 \pm 0.02) \tag{7-15}$$

式中：d_p 和 d_{ij} 分别是初始颗粒的直径和相邻颗粒之间的距离。

　　(ii)从投影图测量 L, a 和 A_a。最大长度和投影面积可以通过图形处理软件得到，初始颗粒半径可以通过识别若干单个单体得出，并计算平均值。

　　(iii)利用以下公式估算 N(把 A_a, a 和 C_{ov} 作为原始数据)；

$$N = k_a (A_a/A_p)^{\alpha_a} \tag{7-16}$$

式中：k_a 和 α_a 是经验参数，参见 Brasil 等(1999)。

　　(iv)用以下公式估算 R_g(把 a 和 L 作为原始数据)

$$L/(2R_g) = 1.50 \pm 0.05 \tag{7-17}$$

　　(v)利用下式估算 S_a(把 A_a, a, N 和 C_{ov} 作为原始数据)

$$S_a/S_{a(C_{0v}=0)} = 1 - \varphi C_{0v}(1 - 1/N), \varphi = 1.3 \tag{7-18}$$

　　(vi)对研究的所有凝聚体在双对数图上画 N-$L/2a$ 图形，拟合此曲线，得到 D_{fL}(斜率)和 k_L(数据的最小平方线性拟合数值)，由下列公式得出 D_f 和 k_g

$$D_f = D_{fL} = \ln(N/k_L)/\ln(L/2a) \tag{7-19}$$

$$k_g = k_L(1.5)^{D_f} \tag{7-20}$$

　　据此计算的分形维数和计算机模拟及其他方法计算的结果吻合较好。

　　③根据定义求维数

　　Xiong & Friedlander 将气溶胶采集在透射电镜网上进行 TEM 分析，将图像导入 COREL DRAW 系统，围绕初始颗粒物画圆，采用 VISUAL BASIC 程序确定初始颗粒物的大小和位置，将这些数据导入 EXECL，从而计算出 R_g, N，根据双对数图像求出分形维数 D_f。

　　这种计算方法与前两种相比，可以直接计算单个凝聚体的分形维数，对于大气气溶胶的分形维数分析十分有利。

　　④嵌套正方形法求维数

　　嵌套正方形法(The nested squares method)是经常使用的对单个气溶胶凝聚体进行分形分析的方法(Wentzel 等 2003)。在这个方法中，将一系列同心的正方形放置在每个凝聚体上，每一个正方形中含有凝聚体的像素数 N_{sq} 和长度 l_{sq} 可以确定下来，分形维数可以通过 N_{sq} 和 l_{sq} 的双对数图形得出，图中直线的斜率就是分形维数。使用嵌套正方形法，分形前系数 k_g 不能确定，因为这个方法是基于像素数，也就是说像素的大小没有考虑。由嵌套正方形法得到的分形维数依赖于凝聚体在图形中的位置、正方形的中心位置和初始颗粒围绕凝聚体质心的分布。例如，分析图形在不同位置时结果的误差能达到 20%，还有，嵌套正方形法没有考虑凝聚体的初始颗粒物的重叠，而这种情况经常能观察到，根据研究，嵌套正方形低估了真实的分形维数，原因是集合体的有限大小，对于接近于 $D_f = 2$ 的分形体这个数值是大约 0.3。

　　第 1 和第 2 种方法获得的是凝聚体的集合的分形维数，就是说是统计结果，因为在计算时要对较多凝聚体分析。第 3 和第 4 种方法是对单个凝聚体的分形分析。两类方法可以满足不同的研究目的：如果对描述单个凝聚体的形貌特征有兴趣，就要使用方法 3 和方法 4；如果想研究气溶胶的动力学性能，进一步推导凝聚机制，就应该应用从大量集合体推导分形性能的方法,这样可以包含较大尺寸,可以与单个及聚合体相比减少统计误差,避免分析单个凝聚体的不确定性(如图形的不同位置,初始颗粒绕质心的不同一分布,初始颗粒的重叠等)。

除此之外,Mavrocordatos 等(2002)介绍了采用原子力显微镜分析木材燃烧产生的烟尘集合体的分形特征的方法,用凝聚体的像素数乘以对应的像素的灰度值代表的高度作为凝聚体的体积 V_{agg},根据凝聚体的体积与回转半径 R_g 之间的关系求得分形维数 D_f:

$$V_{agg} = k \left(\frac{R_g}{a} \right)^{D_f} \tag{7-21}$$

Bushell 等(2002)对凝聚体的质量分形的分析方法作了很好的综述。

7.3.1.3 凝聚状态的分形维数与其他物理性质的关系

关于凝聚体的物理性质的研究,主要集中在物理性质与分形特征的关系的研究,如凝聚体的有效密度(Maricq 等 2004),光学性质(Yablokov 等 2001,Naumann 2003,Filippov 等 2000,Rannou 等 1995),电学性质(Onischuk 等 2003)方面,也有关于凝聚体的催化作用(Yablokov 等 2001,Naumann 2003)的研究。

国内关于大气中烟尘聚集体的分形的研究很少,邓昭镜等(1997)介绍了超微粒聚集体的几何特征以及生长演化诸方面呈现的分形特征;向晓东等(1999)简述了测定粉尘分形维数的方法,在分析凝聚尘和单一尘分形几何特征的研究基础上,探讨了粉尘分维在除尘技术中的应用可行性;方俊等(2003)将分形凝并理论应用于分析火灾燃烧物有焰燃烧烟雾炭黑凝聚现象,从理论上证明了火焰区及火焰区上方两个不同区域内炭黑颗粒凝并均存在自保尺度分布,为火灾机理研究及发展探测技术开辟了新的途径。

7.3.2 大气颗粒物形貌的分形研究

对大气颗粒物形貌的分形几何研究主要是分析颗粒物的分形维数,进而研究颗粒物的分形维数与颗粒物的产生、输运、物理化学性质及其对人体健康、气候、能见度等的影响之间的关系。国外早在 20 世纪 80 年代就对大气颗粒物的分形特征进行研究,取得了一定的成果。

大气中的颗粒物形貌的分形维数的研究和其他类型的颗粒物的原理是相同的(Fernandez 等 2001),因此其他领域的颗粒物(如金属粒子、岩石颗粒、煤炭颗粒等),甚至类似于颗粒物的分形体〔如金相图片、混凝土断口图片(彭瑞东等 2004)等〕的分形维数测量研究方法都可以用来对大气颗粒物进行研究,因此大气颗粒物形貌分形维数的测量方法很多。经常采用的方法如下文介绍。

7.3.2.1 吸附法求分形维数

对于物质表面性质的研究,主要采用表面分形维数(容量维数)表征,其定义是根据全部覆盖物体表面积的小球数量 $N(\varepsilon)$ 与小球的大小 ε 之间的指数关系求出来。

$$D_c = \lim_{\varepsilon \to 0} \frac{\lg N(\varepsilon)}{\lg(1/\varepsilon)} \tag{7-22}$$

具体测量时,一般是根据吸附原理,采用单分子层吸附法,用不同截面的吸附质对同一吸附剂进行吸附或用相同吸附质对不同粒径 d 的吸附剂进行吸附,根据覆盖全部表面所需的最少吸附质分子数目和 d 之间的关系求分形维数。吸附质可以是氮气(晁晓波等 1997),有机物的分子(王毅力等 2005),CO_2(徐龙君等 1997,王荣杰等 1997)。这种方法需要有专门的吸附试验设备。

7.3.2.2　图像分析法求分形维数

在通常的研究过程中,研究对象的物理信息可以通过各种途径加以记录,得到包括各种图形图像的结果。这些图形图像包括了研究对象的众多物理信息,是计算分形维数的载体,根据图像处理计算颗粒物轮廓的分形维数的方法的研究得到了广泛的研究,Allen 等(1995),Fernandez 等(2001)对这些方法进行了综述,将这些分析方法分为两大类:基于矢量的测量法和基于矩阵方法。基于矢量法包括构造步长法[圆规法 Caliper Method(或称码尺法 Yardstick Method)];基于矩阵法包括计盒维数法(Box Counting Method)、香肠法(Minkowski-Bouligand dimension)、膨胀法(Pixel Dilation Method)、距离映射法(Euclidean Distance Mapping (EDM))等,基于矩阵法是分析图像分形维数的理想方法。下面分别介绍这些方法。

(1)圆规法(Calliper Method)(或码尺法,Yardstick Method)

顾名思义,圆规法(Allen 等 1995)就是用尺寸逐渐减少的圆规测量图形的边界,边界的长度等于圆规尺寸乘以跟踪边界的测量次数,根据测量次数和圆规尺寸之间的关系求出分形维数。这个方法的缺点是在测量不连续或狭长边界时会出现较大偏差,同时图像处理不容自动实现。

(2)计盒维数法(Box Counting Method)

计盒维数的应用非常广,有一系列的等价定义,其中包括网格覆盖法(冯志刚等 2001)。在对二值图进行计盒维数计算时考虑到已经储存在计算机内的图像是由大小为 δ 的点(像素点)组成,该方法又被称为像素点覆盖法。

像素点覆盖法求计盒维数的具体步骤是(丁保华等 1999):首先把图像进行二值化处理,得到一个数据文件,其行列数分别对应于二值图的行列数;然后把得到的数据文件依次划分成若干块,使得每一块的行数和列数均为 k,把所有那些包含 0(或 1)的块的个数记作 $N_{\delta k}$(简记为 N_k),通常取 $k=1,2,4,\cdots,2^i$,即以 1 个、2 个、$\cdots$、2^i 个像素点的尺寸为边长作块划分,从而得到盒子数 $N_1,N_2,N_4,\cdots,N_2^i$。

因为像素点的尺寸 δ=图像的长度/图像一行中像素点的个数,所以行和列都由 k 个像素点组成的块的边长为 $\delta_k=k\delta(k=1,2,4,\cdots,2^i)$,由于对于一个具体的图像的 δ 是一个常数,因此在具体计算时可以直接用 k 值代替 δ_k。在双对数坐标平面内,以最小二乘法用直线拟合数据点($-\log\delta_k,\log N_k$),$k=1,2,4,\cdots,2^i$,所得到的直线的斜率 D 就是该图像的物理计盒维数也有采用递减序列进行像素点覆盖的,递减序列的构造有多种方法,普遍使用的是二等分序列也就是将图像逐次二等分。所采用的序列的最小值都将取决于图像的大小。网格的最小值始终为 1,这是划分网格的极限。

(3)Minkowski-Bouligand 维数法(香肠法)

香肠法(Allen 等 1995)是用圆沿着边界连续扫描,得到像香肠一样的图形,根据所覆盖的面积和圆直径的双对数图,求出分形维数。

(4)膨胀法(Pixel Dilation Method)

和香肠法类似,将边界上的像素都用多个像素组成的圆代替,根据所覆盖的面积和圆直径的双对数图,求出分形维数(Allen 等 1995)。

(5)距离映射法(Euclidean Distance Mapping(EDM))

欧几里得距离映射法(EDM)是对黑白图像的一种处理方法,结果是根据距离边界特征的像素的距离,按正比的关系转换成不同的亮度,得到灰度图像,从而得到边界特征是黑色的脊椎,离边界越近越白,到背景又变为黑色的图形,在不同的灰度水平上分析这个图形,可以得到绕着边界的对称带,根据带长和带宽的双对数关系图可以求出分形维数(Berube 等 1999)。实际应用中,根据带子的面积和选择的灰度水平计算分形维数。

7.3.2.3　大气颗粒物形貌分形维数的应用

Xie 等(1994)研究了大气颗粒物的形状分形维数,Kaye(1995)综述了分形几何研究在有关大气气溶胶方面的应用情况。他指出:边界分形维数可以用来研究粉末的流动性能和悬浮物的黏性,人们试图计算气溶胶细颗粒的质量分形维数(它影响细颗粒物的散射性能)和边界分形维数[它控制颗粒物在大气中的沉降速率和/或与空气中其他物质(如酸雨滴)作用的方式]以了解被气溶胶包围的地球的辐射平衡。在工业应用中,分形理论在粉尘技术和气溶胶物理中有广泛的应用:如工人经常暴露在有呼吸危险的烟雾中,而当前测量有呼吸危险的灰尘性能的技术很简单,主要是根据空气动力学直径。但空气动力学直径严重低估了灰尘的表面积,这意味着在许多职业健康的研究中,灰尘的健康危害被严重低估了,特别是如果灰尘包含来自吸烟和柴油机尾气吸附的有致癌化学物质;再者,灰尘细颗粒被滤膜捕集的可能性并不与轮廓的空气动力学直径有关,因此呼吸器的滤膜的结构和通过捕集在滤膜上形成的沉积物的灰尘结构是分形研究的热点领域。与评价可吸入灰尘的健康危险紧密联系的领域是治疗病人的药物气溶胶的评价。因为药物的化学活性由单个细颗粒物的分形结构决定的,灰尘在肺中的寄宿性是细颗粒物的物理结构的函数,气溶胶进入肺的系统的效率的研究是分形几何研究的热点,对药物传输系统的效率的研究会有越来越大的重要性。

Kindratenko 等(1994)介绍了基于扫描电镜获得的图像得出的分形维数将颗粒物分成飞灰和土壤灰尘两类的方法。结果显示,球形颗粒物由飞灰组成的不具有分形特征,很少遇到的不规则的飞灰具有分形特征,而土壤灰尘颗粒具有分形特征。根据分形分析可以确定颗粒物的来源,特别是当颗粒物的化学成分相同时。

Luo 等(2004)分析了高碳含量的燃烧颗粒、含 Fe 和 Cu 的工业颗粒、含 V 颗粒、有机颗粒和含 Al,Si,Fe,Ca 的土壤中的黏土颗粒等 5 种可吸入颗粒物的分形维数,指出分形维数可以用来表征细颗粒物的形貌、确定颗粒物的毒性、确定颗粒物的来源、实现颗粒物通过自动分类的自动监测。

国内向晓东等(1999)分析了粉尘分维在除尘技术中的应用,研究发现,虽然为了描述粉尘的粒度和形态,人们引入了等效粒径、形状系数、球形度等概念,但这些概念都是与规则球体相比较来定义的,无法反映出粒子复杂多变的几何特征,采用分形维数可以更科学地描述粉尘的几何特征,对于不同类型的粉尘,只要分形维数相同,在相同的运行条件下,除尘设备对它们的收尘性能相同,增加了不同设备之间的可比性。

曾凡桂等(1999)应用分形几何的方法对煤粉碎过程中颗粒的不规则程度进行度量。研究结果表明,不同组成的颗粒其颗粒形状分维 D_P 不同,矿物质组成的颗粒形状分维最大;相同组成的颗粒的形状分维基本不随粉碎时间发生变化。他们还分析了造成这种不同的原因,是不同的煤显微组分的力学性质及微裂纹的分布不同。而对于同一组分来说,其微裂纹的分布又具有自相似性。表明颗粒形状分形维数不但能反映颗粒的不规则程度,而且能反映煤的粉碎机理。

7.3.3　大气颗粒物粒径分布的分形研究

颗粒物的粒径分布是颗粒物的主要物理性质之一,但通常表示粒径分布的方法平均值和方差,不能完全科学地表达颗粒物粒径的组成情况,没能给出颗粒物粒径的总体分布情况。在分形理论建立后,采用分形理论对粒径分布的描述得到了深入的研究。

7.3.3.1　颗粒物粒径分布及分形分析

(1)常用的表达粒径分布的经验公式有(薛祥立 1997,贺承祖等 1997):

①Gandin-Schuhman(G-S)方程

G-S 方程表示了粒度 x 与负积累(筛下积累,小于粒径 x 的颗粒)质量频率 $W(x)$ 和正积累(筛上积累,大于粒径 x 的颗粒)质量频率 $R(x)$ 之间的关系,具体表达式为:

$$W(x) = 100\left(\frac{x}{x_{\max}}\right)^m = 100\left(\frac{x}{a}\right)^m \tag{7-23}$$

$$R(x) = 100\left(1 - \left(\frac{x}{a}\right)^m\right) \tag{7-24}$$

式中:a 为粒度模数,即 $W(x=a)=100\%$ 时对应的粒度;m 为分布模数,它与物料性质有关。

②Rosin-Rammler(R-R)方程

R-R 方程表示了粒度 x 与负积累质量频率 $W(x)$ 和正积累质量频率 $R(x)$ 之间的关系,具体表达式为:

$$W(x) = 100(1 - e^{-(x/a)^m}) \tag{7-25}$$

$$R(x) = 100e^{-(x/a)^m} \tag{7-26}$$

式中:a 是粒度模数,$R(a)=36.8\%$;其他字母意义与 G-S 方程相同。

如果将 R-R 方程按级数展开,可得

$$W(x) = 100\left[\left(\frac{x}{a}\right)^m - \frac{1}{2!}\left(\frac{x}{a}\right)^{2m} + \frac{1}{3!}\left(\frac{x}{a}\right)^{3m} + \cdots + (-1)^{n+1}\frac{1}{n!}\left(\frac{x}{a}\right)^{nm}\right] \tag{7-27}$$

当 $x/a \ll 1$ 时,取上式得首项,可得到

$$W(x) = 100\left(\frac{x}{a}\right)^m \tag{7-28}$$

这即是 G-S 方程,G-S 可以看做小颗粒情况时 R-R 方程的近似式。

此外,还有对数分布方程等。

(2)粒度分布分形维数

按照 Mandlbrot 分形理论:如果颗粒的粒度分布是分形的,则应满足(缪林昌等 2003,胡卸文等 1997,李嘉等 2003)

$$N_{(>x)} = C \cdot x^{-D} \tag{7-29}$$

式中:$N_{(>x)}$ 为系统中粒度大于 x 的颗粒数目;D 为分布分形维数;C 为常数。

如果已知不同粒径 x 及其对应的颗粒数目,可以由 $N_{(>x)}-x$ 的双对数曲线的斜率求出颗粒物的粒径分布分形维数 D。

如果已知的是颗粒的质量分布函数,可以通过以下的证明得出质量分布函数与粒径分布分形维数 D 之间的关系。

由式(7-29)可得颗粒数密度函数

$$n(x) = \lim_{\Delta x \to 0} \frac{-\Delta N_{(>x)}}{\Delta x} = -\frac{d_{N(>x)}}{\mathrm{d}x} \tag{7-30}$$

有

$$n(x) = CDx^{-(D+1)} \tag{7-31}$$

假设颗粒为球形,从而可得累积质量 $M_{(>x)}$ 为

$$M_{(>x)} = \int_x^{x_{\max}} \rho C_v x^3 n(x)\mathrm{d}x = \rho C_v C \frac{D}{3-D}(x_{\max}^{3-D} - x^{3-D}) \tag{7-32}$$

式中:C_v 是颗粒体积形状系数,ρ 是颗粒密度,这里假设颗粒物是均匀分布的,即颗粒密度 ρ 是常数。

系统的总质量:

$$M_T = \int_0^{x_{\max}} \rho C_v x^3 n(x)\mathrm{d}x = \rho C_v C \frac{D}{3-D} x_{\max}^{3-D} \tag{7-33}$$

从而得到负积累质量频率 $W(x)$

$$W(x) = \frac{M_{(<x)}}{M_T} \times 100 = \frac{M_T - M_{(>x)}}{M_T} \times 100 = 100 \left(\frac{x}{x_{\max}}\right)^{3-D} \tag{7-34}$$

正积累质量频率

$$R(x) = \frac{M_{(>x)}}{M_T} \times 100 = 100 \left(1 - \left(\frac{x}{x_{\max}}\right)^{3-D}\right) \tag{7-35}$$

令 $m = 3-D$,得

$$W(x) = 100 \left(\frac{x}{a}\right)^m \tag{7-36}$$

$$R(x) = 100 \left(1 - \left(\frac{x}{a}\right)^m\right) \tag{7-37}$$

这正是正积累的 G-S 方程,即 G-S 方程是分形的,可以根据 G-S 方程求出粒径分布分形维数 D。

同理可以证明 R-R 方程当 $x/a \ll 1$ 时,即对于细粒子群,也是分形的,分型维数 D 可由 $D = 3-m$ 求得。

(3)粒径分布分形维数的意义

由式(7-29)可知,当 $D=0$ 时,

$$N_{(>x)} = C \tag{7-38}$$

$N_{(>x)}$ 为一常数,说明系统由等粒径的颗粒构成,即没有粒径分布(贺承祖等 1997)。

由式(7-31)可知,当 $D=2$ 时,

$$n(x) \cdot x^3 = 2C \tag{7-39}$$

表示不同粒径的颗粒的质量是相同的,即质量上,不同粒径均匀分布;当 $D>2$ 时,小粒径颗粒的累积质量大于大粒径颗粒的累积质量,$D<2$,正好相反。

研究表明(张季如等 2004)粒径越小,细粒含量越高,质地越细,其分维数就越大,分维数表征了颗粒粒径的大小和数量;粒径大小相差较大,粒径分布的连续性相对较差,它们的分维数也较大,不同粒级分布的连续性较好,质地相对均匀,其分维数相对较小,可见分维数体现了颗粒组成的均匀程度;颗粒在单一粒级分布的集中程度对分维数的数值也会产生重要的影响。

由于粒径分布分形维数表征的是颗粒物的粒径的不均匀程度,很多与粒径有关的性质都可以找出与粒度分布分形维数之间的定量关系。

7.3.3.2　颗粒物粒径分布分形分析的应用

粒径分布分形维数在土壤颗粒粒度分布、岩石破碎粒度分布、泥石流颗粒粒度分布、煤的粒度分布、砂岩粒度分布等方面得到广泛应用,国内外很多学者对此做了大量工作,深入研究了分布分形维数在这些方面的应用。

在土壤粒径分布分形维数研究方面的工作最多,如 Perfect 等(1995)综述了分形理论在土壤和耕地方面的研究,Erzan 等(1995)讨论了三种不同高岭土的颗粒的粒度分布;Hyslip 等(1997)研究了土壤粒状物体的粗糙程度和粒度分布;杨秀春等(2004)对砂质壤土与壤质砂土短期吹蚀的粒度分形结构及其分维变化进行了探讨;王志亮(2003)通过推求膨胀土颗粒粒径的质量分形特征函数得出了膨胀土颗粒粒径的分形分维;孔令德等(2001)测量了不同工况下的正转旋耕机耕作后的土壤破碎的分形维数;张季如等(2004)给出了用粒径的数量分布表征的土壤分形维数;李哲等(2004)研究了粗粒土的粒度分布分维。

在土壤颗粒粒度分布分形维数与土壤性质的研究方面,Gimenez 等(1997),徐永福等(1997a,1997b),孙大松等(2004)研究了土壤的水传导和水保持性能与土壤的颗粒尺寸分布分形维数之间的关系,建立了土体孔隙分布的分形模型,导出用分维和进气值表示的水分特征曲线和渗透系数的理论表达式;何东进等(2001),梁士楚等(2003a,2003b)研究了土壤团粒结构的分形维数与土壤肥力及盐分和有机质含量的关系;赵文智等(2002),Su 等(2004),章予舒等(2004)研究了用颗粒分形维数来表征土壤荒漠化;柯昌松(1997)研究了冻土分形维数与试样冻结温度及冻土抗压强度的关系;胡卸文等(1997)探讨了分维与土体物质成分、结构特征的关系;倪福全等(1998)研究了南水北调干渠中细粒土的强度随粒度分维的变化关系。此外,贺承祖等(1997)研究了黏土和砂岩的粒度与钻井液的性能的关系。

在岩石破碎粒径分布分形维数研究方面,谢学斌等(2003),薛祥立(1997),王永强等(2001)分别研究了露天矿排土场散体岩石粒度和超微粉颗粒的分形分布特征;Brown 等(1996),曹文贵等(1998),赵斌(1997),邓跃红等(1998),单晓云等(2003)分别探讨了岩石破碎的分形规律,讨论了岩石的破裂机理,论述了破碎岩石块度分布分形维数与其物理力学性质的关系,运用分形理论推导出了强度与缺陷分布分维数之间的关系;建立了粉碎颗粒粒度分布模型。

在煤粉碎粒径分布分形维数研究方面,杨志远等(2004),董平等(2004),夏德宏等(2005)计算了不同工艺条件下的煤粉体的颗粒分布分形维数,建立了煤粉碎粒度分布的分形模型,姜秀民等(2003)研究了煤粉颗粒的分形特征及其煤粉粒度分布分形维数与其固定碳及挥发分含量的关系。

在煤矸石粒径分布分形维数研究方面,缪林昌等(2003),潘兆科等(2004)研究了煤矸石散粒料的粒度分布的分维,分析了煤矸石的击实特性和强度特性与分维特征的关系。

在砂岩矿物及沉积物粒径分布分形维数研究方面,陈冬梅等(2004)计算了主要来自干旱地区已知成因环境的 8 组代表性沉积物的分维值,发现粒度分维具有明显的区域性特征,不同区域同种成因类型沉积物的分维值可能相差甚大;涂新斌等(2005)对风化花岗岩矿物成分的粒度分布特征进行了分析和统计,讨论了碎裂分形维数和岩石强度与颗粒结构的关系,并根据岩石的降维碎裂演化得到以分形维数描述的岩石风化速率;余继峰等(2004)应用砂岩薄片粒度统计数据研究了粒度分布分形特征,结果表明计算得出的无标度区分形维数是描述砂岩形成环境差别及形成背景复杂性的定量参数。

在钢渣粉体粒径分布分形维数研究方面,唐明等(1999,2003)应用分形理论探讨钢渣粉体粒度分布的特征,并分析评价其形态、细度对水泥基材料早期和后期活性的影响。

在泥沙颗粒和泥石流流体及堆积物粒径分布分形维数研究方面,武生智等(1999)研究了沙粒粗糙度和沙粒粒径分布的分形维数;易顺民等(1997)分析了泥石流流体和堆积物粒度分布的分形结构特征;李嘉等(2003)应用分形分布函数讨论了不同粒径分布的泥沙吸附重金属污染物的问题。

在复合材料颗粒粒径分布分形维数研究方面,王积森等(1998)分析了聚合物矿物复合材料颗粒级配的分形特性;徐涛等(2002)考察了滑石粉填充 PP 材料颗粒分布的分形特征,研究了分形维数与冲击强度的关系。

在摩擦磨损中的磨粒粒径分布分形维数研究方面,张怀亮等(2003)对铁谱磨粒的分形特性进行了探讨;陆永耕等(2004)介绍了基于链码的磨粒分形参数及其计算方法,发现磨粒分布分形维数的变化与磨损状态改变相对应。

此外,王安良等(2003)还研究了核态池沸腾过程中产生的凹坑的尺度分布分形特征。

可见,分形理论在颗粒物粒度分布中的应用可以分为三方面:(1)有关颗粒的粒度分布的定量描述;(2)建立颗粒物粒度分布分形维数与有关性质的物理模型;(3)表征颗粒物粒度和物理性质的空间、时间变化。越来越多的研究集中在建立不同的分形模型,收集数据验证这些模型、对颗粒物的物理性质进行预测。

7.3.3.3 大气颗粒物粒径分布的分形分析

对大气颗粒物来说,颗粒物粒径分布决定了颗粒物对健康效应、能见度、对气候的影响,几乎所有的颗粒物的性质及颗粒物对人体健康、环境、气候等的影响都与粒径分布有关,因此研究用分形理论定量表征颗粒物的粒径分布,对颗粒物的研究具有十分重要的意义。但遗憾的是,对大气颗粒物粒径分布的分形几何研究还比较少,仅见到少量介绍分形理论对大气颗粒物的研究(Harris 等 2001,向晓东等 1999)。

7.4 大气颗粒物粒径分布分形维数分析

根据粒径分布分形理论,可以根据(7-29)式,得出反映粒径分布程度的分形维数 D。分形维数反映了颗粒物的整体分布情况,D 值一般在 0～3 之间,值越大,反映颗粒物中细颗粒物越多,也有一些分布的分形维数大于 3。本节根据颗粒物粒径分布分析得出的数据,计算每个样品的矿物颗粒、烟尘集合体和总体颗粒物的粒径分布的分形维数,并对粒径分布分形维数的结果进行讨论。

7.4.1 大气颗粒物粒径分布分形维数分析步骤

根据第 4 章颗粒物粒径分布分析得出的粒径分布的数据,可以很方便地进行粒径分布分形维数的计算。下面以 2005 年 11 月 18 日在中国矿业大学(北京)室外采集样品的粒径分布分析结果(参见图 4-22)为例,说明粒径分布分形维数的计算。

表 7-1 是经分析后得到的不同种类颗粒物不同等效粒径范围内的数量百分比,计算分形

维数时先将表格改变成颗粒物在大于某一粒径的数量百分比的形式将粒径值和数量百分比值取对数,在双对数坐标系内画出对应的散点图,进行线性拟合(见图7-1),即可得到该类型颗粒物的粒径分布分形维数 D:

$$分形维数 D = -直线斜率$$

表 7-1　2005 年 11 月室外采集样品的粒径分布结果

Table 7-1　Size distribution of the outdoor ambient particulate matter in November,2005.

粒径范围(μm)	数量百分比(%)		
	总体	矿物	烟尘
<0.1	54.7514	0	0.180288
0.1~0.2	19.13757	0	4.825619
0.2~0.3	10.25888	0.046642	4.937101
0.3~0.4	5.664195	0.473797	3.498556
0.4~0.5	3.076436	0.274581	2.199832
0.5~0.6	2.017966	0.169528	1.687505
0.6~0.7	1.617823	0.232748	1.289796
0.7~0.8	0.769853	0	0.709757
0.8~0.9	0.611055	0.061275	0.54978
0.9~1.0	0.281972	0	0.281972
1.0~2.5	1.493928	0.358601	1.082361
>2.5	0.318924	0.141619	0.177305

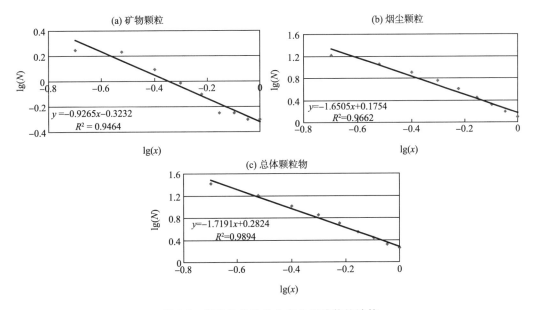

图 7-1　颗粒物的粒径分布分形维数的计算

Fig. 7-1　Computing of size distribution fractal dimension of particle

R^2 表示了数据点直线拟合时的符合程度。若颗粒物数量较少时,会出现 R^2 较小的情况。

从图 7-1 可以得出,2005 年 11 月 18 日矿业大学(北京)室外采集样品的粒径分布分形维数分别为:总体颗粒物 1.719,矿物颗粒 0.9265,烟尘颗粒 1.651。

所有的粒径分布的分形维数的分析结果见表 7-2。可见,由于样品中矿物颗粒的数量较少,计算粒径分布分形维数时的 R^2 较小。由于颗粒物中的其他种类颗粒的数量较少,分析误差较大,没有对其他种类颗粒分布的分形维数进行计算。

7.4.2　大气颗粒物粒径分布分形维数结果分析

从表 7-2 可以看出,在所分析的室外、校园公共场所的颗粒物粒径分布样品中,总体颗粒物中粒径分布分形维数最大的是 2006 年 10 月 9 日在矿业大学餐厅的样品,达到 1.722,占全部数量 75.35% 的颗粒物分布在等效粒径<0.5 μm 范围内,颗粒物较细,粒径分布分形维数恰当地表示了颗粒物的分布;粒径分布分形维数最小的是 2006 年 4 月 26 日在图书馆采集的样品,只有 0.5489,表明颗粒物中有较多的粗粒子,在 0.4~1.0 μm 范围内颗粒物的分布比较均匀,变化不大,1.0~2.5 μm 范围内的数量比例占到 23.74%,较粗颗粒物占了相当大的部分。矿物颗粒的粒径分布分形维数的最大值(2.2244)出现在 2005 年 11 月 15 日室外样品,矿物颗粒主要集中在<0.6 μm 范围内;矿物颗粒的粒径分布分形维数的最小值(0.2068)和总体颗粒物一致。烟尘集合体粒径分布分形维数的最小值(0.8329)是 2006 年 10 月 11 日在餐厅采集的样品;最大值(2.0639)是 2006 年 11 月 9 日在餐厅采集的样品,占全部烟尘颗粒数量 80.6% 的烟尘分布在等效粒径<0.6 μm 范围内,颗粒物非常细。可以看出,粒径分布分形维数相当好地表示了颗粒物的分布情况。有了粒径分布分形维数这个定量的描述颗粒物分布的指标后,就可以对样品的粒径分布进行定量比较(杨书申等 2007,邵龙义等 2008)。

表 7-2　室外及校园公共场所颗粒物粒径分布的分形维数

Table 7-2　Size distribution fractal dimension of indoor and outdoor particles

序号	采样编号	采样地点	采样日期	粒径分布分形维数					
				总体颗粒物	R^2	矿物	R^2	烟尘	R^2
1	2005-11-A	室外	2005-11-15	1.3693	0.9601	2.2244	0.8081	1.077	0.9426
2	2005-11-B	室外	2005-11-18	1.7191	0.9894	0.9265	0.9464	1.6505	0.9662
3	2006-4-K	室外	2006-04-18	1.2492	0.9662	0.5187	0.8063	1.5517	0.9490
4	2006-4-L	室外	2006-04-19	1.2524	0.9778	0.4416	0.6942	1.2900	0.9197
5	2006-5B	室外	2006-04-25	0.8651	0.9653	0.3265	0.7359	1.0756	0.9333
6	2006-5C	室外	2006-04-26	0.7836	0.9696	0.3701	0.813	1.7146	0.9186
7	2006-5D	室外	2006-04-27	0.9216	0.9424	0.3306	0.7358	1.3517	0.9187
8	2006-5-16C	餐厅	2006-04-25	0.8167	0.9834	0.2463	0.7041	0.9578	0.9474
9	2006-5-17C	餐厅	2006-04-26	0.6413	0.9933	0.2494	0.7022	1.5843	0.9754
10	2006-5-18C	餐厅	2006-04-27	0.8679	0.9799	0.2650	0.7512	1.1967	0.9565
11	2006-9-1B	餐厅	2006-10-08	1.2373	0.9620	0.8000	0.8617	1.3082	0.9588
12	2006-10-9B	餐厅	2006-10-09	1.7220	0.9221	1.0051	0.8338	2.0639	0.9325
13	2006-10-10B	餐厅	2006-10-10	1.1840	0.9745	0.6532	0.8803	1.2387	0.9546
14	2006-10-11B	餐厅	2006-10-11	0.7899	0.9331	0.3697	0.7703	0.8329	0.9361
15	2006-5-16L	图书馆	2006-04-25	1.1163	0.9347	0.8852	0.8148	1.0000	0.9165
16	2006-5-17L	图书馆	2006-04-26	0.5489	0.9663	0.2068	0.6695	1.4329	0.9051
17	2006-5-18L	图书馆	2006-04-27	1.5307	0.9156	0.6133	0.7664	1.7524	0.8904
18	2005-11-3B	图书馆	2006-10-06	1.1805	0.9419	0.8110	0.7673	1.0963	0.9525

7.4.3　室内颗粒物粒径分布分形维数与颗粒物化学元素组成关系分析

不同时间不同地点的大气颗粒物的粒径分布变化很大,而不同粒径的颗粒物表面吸附病毒、细菌和有毒有害元素的能力差别很大。显然,要正确描述大气颗粒物对病毒、细菌和有毒有害元素的吸附,进而深入研究大气颗粒物的健康效应,就必然要考虑大气颗粒物组成的非均匀性和非恒定性,以正确评价大气颗粒物的健康效应及其与病毒、细菌和有毒有害元素之间的关系。

颗粒物对污染物的吸附与颗粒物的比表面积及质量比表面积有关,比表面积越大,吸附污染物的能力越强。因此,大气颗粒物对有毒有害污染物的吸附能力与颗粒物的粒径分布特征有很大关系,即可以用粒径分布的分形维数作为吸附能力的表征。下面讨论颗粒物比表面积及质量比表面积与颗粒物粒径分布分形维数之间的关系。

由式(7-29),假设颗粒物是粒径为 x 的球形颗粒,可以将累积表面积 $S_{(>x)}$、总累积表面积 S_T 和颗粒物分形维数联系起来:

$$S_{(>x)} = \int_x^{x_{\max}} C_S x^2 \, \mathrm{d}n(x) = C_S C \frac{D}{2-D}(x_{\max}^{2-D} - x^{2-D}) \tag{7-40}$$

$$S_T = \int_{x_{\min}}^{x_{\max}} C_S x^2 \, \mathrm{d}n(x) = C_S C \frac{D}{2-D}(x_{\max}^{2-D} - x_{\min}^{2-D}) \tag{7-41}$$

式中:C_S 是面积形状系数。

因此,累积比表面积 $R_{(>x)}$:

$$R_{(>x)} = \frac{S_{(>x)}}{S_T} \times 100\% = \frac{x_{\max}^{2-D} - x^{2-D}}{x_{\max}^{2-D} - x_{\min}^{2-D}} \tag{7-42}$$

根据前面计算得出的颗粒物的粒径分布分维数据,可以计算出粒径小于 x 的表面积累积百分率 $R_{(<x)}$($R_{(<x)} = 1 - R_{(<x)}$)。由计算结果可得出,随着分布分维 D_S 值增大,大气颗粒物中细粒径颗粒的比重增加,表面积累百分率 $R_{(<x)}$ 迅速增大。如果大气颗粒物粒径分布是分形的,式(7-40)~(7-42)就反映了该颗粒物的分形粒径分布的根本特征,分布分维 D_S 就是其粒径分布的不均匀程度的量度。$D_S = 0$ 表明系统中所有大气颗粒物具有相同的粒径大小,不存在粒径分布,这是不可能存在的;$D_S > 0$ 表明在一定的粒径范围(无标度区)内存在自相似的粒径分布。因此,分布分维 D_S 形象直观和定量准确地反映了大气颗粒物的粒径分布和表面积分布情况。

大气颗粒物的累积比表面积 $R_{(>x)}$ 与分布分维 D_S 有关,随着分布分维 D_S 值增大,颗粒物比表面积等参数迅速增大,大气颗粒物吸附有毒有害污染物的能力增大。表 7-3 是部分室内、室外大气颗粒物样品全样及水溶样品的化学元素分析结果,结合表 7-2,可以得出部分室内、室外大气颗粒物样品全样及水溶样品的化学元素组成与颗粒物分形维数关系曲线(图 7-2,图 7-3)。可以看出,不管是全样样品,还是水溶样品,其中的大部分颗粒物化学元素组成与总体颗粒物粒径分布分形维数有明显的正相关关系,如全样样品中的 Se,Cd,Sb,Zn,Pb,As,Ba,水溶样品中的 Mn,Zn,As,Cr,Cd,Ti,Ba,Se,Sb;还有些元素与总体颗粒物粒径分布分形维数有较好的正相关关系,如与全样样品中的 Cr,Mn,Cu,Ti,水溶样品中的 V,Co,Cu,Pb;只有很少的元素,如全样样品中的 V,Co,Ni 和水溶样品中的 Ni 与总体颗粒物粒径分布分形维数没有明显的正相关关系。而除了水溶样品中部分元素与矿物颗粒物的粒径分布分形维数有一定的相关关系外,大部分元素与矿物及烟尘颗粒物的粒径分布分形维数没有明显的相关关系。

表 7-3 室内外,校园公共场所颗粒物化学元素组成

Table 7-3 The element composition of particle samples of outdoor and indoor

(a) 全样品

(a) whole sample

单位：ng/μg unit: ng/μg

序号	采样编号	Zn	As	V	Cr	Mn	Co	Ni	Cu	Cd	Pb	Ti	Ba	Se	Sb	总浓度
1	2005-11-A	6.4845	0.1319	0.0000	0.1420	1.0206	0.0172	0.4413	0.5772	0.0390	1.8951	3.5720	1.3029	0.0025	0.0862	15.7123
2	2005-11-B	13.2195	0.3057	0.1410	0.2058	2.4170	0.0256	0.3145	0.7450	0.0745	3.9322	7.7541	5.0593	0.0028	0.1252	34.3221
3	2006-5C	0.4264	0.0264	0.1075	0.0707	0.7476	0.0130	0.0505	0.0818	0.0019	0.1440	3.7518	1.5704	0.0004	0.0061	6.9984
4	2006-5D	4.1433	0.1476	0.2547	0.1588	0.8090	0.0136	0.3142	0.4457	0.0213	1.6067	5.5877	4.6034	0.0015	0.0720	18.1795
5	2006-5-17C	0.9496	0.0251	0.1298	0.1103	1.1092	0.0156	0.0000	0.0562	0.0024	0.1730	4.6057	2.2331	0.0005	0.0063	9.4167
6	2006-5-18C	2.8488	0.1058	0.0987	0.1135	0.8524	0.0122	0.0750	0.2998	0.0196	1.1816	4.2728	2.8419	0.0011	0.0548	12.7780
7	2006-9-1B	10.7253	0.1628	0.1471	0.0843	0.7817	0.0329	1.9449	1.0868	0.0627	1.7481	3.5444	3.2344	0.0021	0.0719	23.6294
8	2006-10-9B	6.3309	0.1048	0.0447	0.0939	0.9498	0.0090	0.1606	0.4625	0.0691	1.4739	5.5493	5.5437	0.0035	0.0598	20.8554
9	2006-5-17L	0.4982	0.0192	0.0914	0.0774	0.9581	0.0139	0.0000	0.0433	0.0019	0.1275	4.2791	1.5159	0.0005	0.0088	7.6351
10	2006-5-18L	3.5856	0.0801	0.1335	0.1442	0.7396	0.0080	0.0000	0.1916	0.0147	1.0828	5.1894	3.9511	0.0015	0.0480	15.1698

(b) 水溶样品

(b) water solution

单位：ng/μg unit: ng/μg

序号	采样编号	Zn	As	V	Cr	Mn	Co	Ni	Cu	Cd	Pb	Ti	Ba	Se	Sb	总浓度
1	2005-11-A	3.9839	0.0827	0.0098	0.0153	0.4810	0.0096	0.2914	0.1700	0.0243	0.2007	0.0172	0.2905	0.0021	0.0368	5.6154
2	2005-11-B	5.1125	0.0772	0.0092	0.0072	0.9894	0.0080	0.1287	0.1246	0.0278	0.0880	0.0103	0.1517	0.0014	0.0370	6.7730
3	2006-5C	0.0134	0.0021	0.0022	0.0029	0.0505	0.0002	0.0000	0.0000	0.0001	0.0009	0.0002	0.0000	0.0001	0.0015	0.0739
4	2006-5D	3.2680	0.0474	0.0186	0.0128	0.3500	0.0089	0.4500	0.1318	0.0144	0.1204	0.0023	0.0638	0.0018	0.0386	4.5288
5	2006-5-17C	0.0151	0.0006	0.0021	0.0037	0.1148	0.0005	0.0000	0.0000	0.0003	0.0023	0.0004	0.0000	0.0000	0.0009	0.1408
6	2006-5-18C	1.6620	0.0558	0.0093	0.0104	0.3660	0.0031	0.0000	0.0662	0.0133	0.0742	0.0023	0.0708	0.0012	0.0276	2.3622
7	2006-9-1B	5.1507	0.0774	0.0079	0.0137	0.4357	0.0231	1.5473	0.8218	0.0480	0.9252	0.0065	0.0859	0.0018	0.0424	9.1875
8	2006-10-9B	3.0322	0.0636	0.0092	0.0146	0.5953	0.0037	0.1236	0.2666	0.0547	0.5693	0.0126	0.1353	0.0020	0.0348	4.9175
9	2006-5-17L	0.0000	0.0022	0.0018	0.0040	0.0191	0.0001	0.0000	0.0000	0.0001	0.0000	0.0004	0.0000	0.0000	0.0030	0.0308
10	2006-5-18L	2.4943	0.0403	0.0170	0.0126	0.3629	0.0028	0.0000	0.0917	0.0117	0.0957	0.0027	0.1954	0.0019	0.0291	3.3582

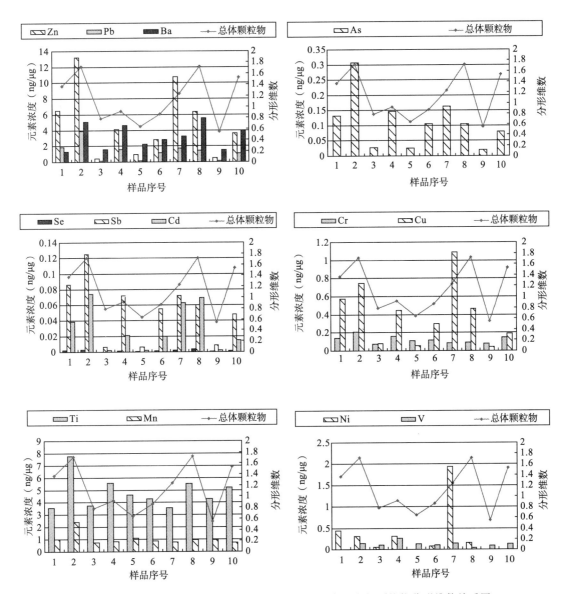

图 7-2 室外、校园公共场所颗粒物（全样）化学元素组成与颗粒物分形维数关系图

Fig. 7-2 Relationship between chemistry composition and fractal dimension of indoor and outdoor particles（whole sample）

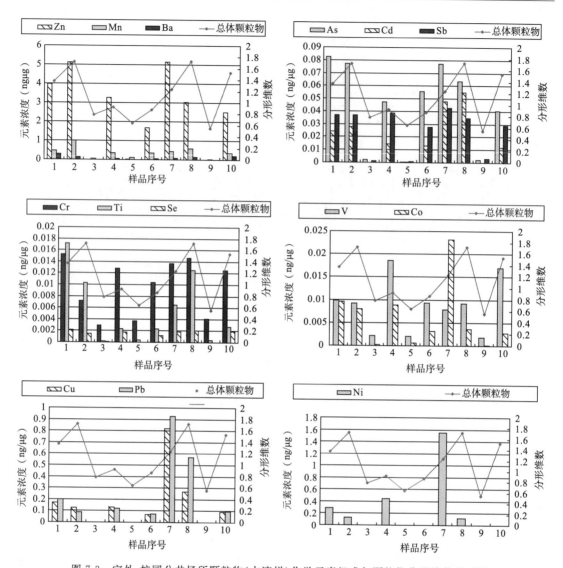

图 7-3　室外、校园公共场所颗粒物(水溶样)化学元素组成与颗粒物分形维数关系图

Fig. 7-3　Relationship between chemistry composition and fractal dimension of indoor and outdoor particles (water solution sample)

表明随着颗粒物粒径分布分形维数的增加,颗粒物中细粒子占有的比例增大,其吸附的元素的浓度增加,两者有很好的一致性。表 7-4 给出了室外、校园公共场所颗粒物化学元素组成与颗粒物分形维数之间相关系数。颗粒物化学元素组成与矿物及烟尘颗粒物粒径分布分形维数之间没有明显的正相关关系的原因,可能与分析颗粒物粒径分布时,对于较小的颗粒物(可能为矿物颗粒、烟尘颗粒或其他颗粒),由于不能清晰地判断类别,都归入了未知超细颗粒物,这样,在统计时总体颗粒物更能反映实际的颗粒物分布情况,总体颗粒物的粒径分布分形维数与颗粒物的比表面积之间的关系就比较准确,总体颗粒物的粒径分布分形维数与颗粒物的表面吸附的元素之间就有了很好的正相关关系。

表 7-4　室外、校园公共场所颗粒物化学元素组成与颗粒物分形维数相关系数

Table 7-4　Correlation coefficient between chemistry composition and fractal dimension of indoor and outdoor particles

| | | 颗粒物分形维数 | | | | | 颗粒物分形维数 | | |
		总体颗粒物	矿物	烟尘			总体颗粒物	矿物	烟尘
全样样品	Zn	0.756226	0.50412	−0.02824	水溶样品	Zn	0.7668706	0.591767	−0.16371
	As	0.6707	0.386213	−0.10399		As	0.7629678	0.686874	−0.24872
	V	−0.220548	−0.61049	−0.01725		V	0.4978122	0.182232	−0.06533
	Cr	0.514031	0.296917	−0.09301		Cr	0.6320744	0.595503	−0.17575
	Mn	0.4140121	0.191855	0.133772		Mn	0.858019	0.498815	0.125024
	Co	0.1430306	0.212542	−0.35748		Co	0.3427398	0.379951	−0.40003
	Ni	0.2055432	0.254554	−0.33378		Ni	0.1480087	0.190205	−0.33749
	Cu	0.5802954	0.492629	−0.24596		Cu	0.3560237	0.271793	−0.15143
	Cd	0.8191966	0.529192	0.165236		Cd	0.7412527	0.493426	0.189184
	Pb	0.7466405	0.483471	−0.0584		Pb	0.4342648	0.304377	0.035462
	Ti	0.5215354	−0.07144	0.45607		Ti	0.7467844	0.932298	−0.06046
	Ba	0.6774513	−0.0441	0.525149		Ba	0.7717583	0.870802	−0.1375
	Se	0.9083566	0.673531	0.221735		Se	0.7979057	0.62247	−0.06748
	Sb	0.7517983	0.573357	−0.1825		Sb	0.7336014	0.52719	−0.18895

7.4.4　室内颗粒物粒径分布分形维数与颗粒物氧化性损伤能力关系分析

室外、校园公共场所颗粒物 TD_{20} 及相应的颗粒物粒径分布分形维数见表 7-5,图 7-4 是室外、校园公共场所颗粒物 TD_{20} 及相应的颗粒物粒径分布分形维数关系图,可以看出,无论是全样,还是水溶样,它们的 TD_{20} 和总体颗粒物、矿物、烟尘粒径分布分形维数之间都没有明显的相关关系,经计算,它们之间的相关系数见表 7-6。说明颗粒物的氧化性损伤能力 TD_{20} 的影响因素非常多,不仅与颗粒物的粒径分布有关,还与颗粒物的种类、化学组成等有非常大的关系,需要深入研究。

表 7-5　室外、校园公共场所颗粒物 TD_{20} 及粒径分布分形维数

Table 7-5　TD_{20} and fractal dimension of indoor and outdoor particles

| 序号 | 采样编号 | 采样地点 | 采样日期 | 粒径分布分形维数 | | | $TD_{20}(\mu g/ml)$ | |
				总体颗粒物	矿物	烟尘	全样	水溶样
1	2005-11-A	室外	2005-11-15	1.3693	2.2244	1.077	189.9	269
2	2005-11-B	室外	2005-11-18	1.7191	0.9265	1.6505	205	800
3	2006-4-K	室外	2006-4-18	1.2492	0.5187	1.5517	960	1926
4	2006-4-L	室外	2006-4-19	1.2524	0.4416	1.2900	1024	1980
5	2006-5B	室外	2006-4-25	0.8651	0.3265	1.0756	42	115
6	2006-5C	室外	2006-4-26	0.7836	0.3701	1.7146	125	356
7	2006-5D	室外	2006-4-27	0.9216	0.3306	1.3517	80	165
8	2006-5-16C	餐厅	2006-4-25	0.8167	0.2463	0.9578	120	140
9	2006-5-17C	餐厅	2006-4-26	0.6413	0.2494	1.5843	205	355
10	2006-5-18C	餐厅	2006-4-27	0.8679	0.2650	1.1967	230	267
11	2006-9-1B	餐厅	2006-10-8	1.2373	0.8000	1.3082	24.4	34

续表

序号	采样编号	采样地点	采样日期	粒径分布分形维数			TD$_{20}$（µg/ml）	
				总体颗粒物	矿物	烟尘	全样	水溶样
12	2006-10-9B	餐厅	2006-10-9	1.7220	1.0051	2.0639	85	144
13	2006-10-10B	餐厅	2006-10-10	1.1840	0.6532	1.2387	280	720
14	2006-10-11B	餐厅	2006-10-11	0.7899	0.3697	0.8329	85	102
15	2006-5-16L	图书馆	2006-4-25	1.1163	0.8852	1.0000	68	88
16	2006-5-17L	图书馆	2006-4-26	0.5489	0.2068	1.4329	280	360
17	2006-5-18L	图书馆	2006-4-27	1.5307	0.6133	1.7524	56	145
18	2005-11-3B	图书馆	2006-10-6	1.1805	0.8110	1.0963	500	764

表 7-6 　室外、校园公共场所颗粒物 TD$_{20}$ 与颗粒物分形维数相关系数

Table 7-6 　Correlation coefficient between TD$_{20}$ and fractal dimension of indoor and outdoor particles

	总体颗粒物	矿物	烟尘
全样	0.11486	−0.0759	0.032838
水溶样	0.225829	−0.05955	0.128793

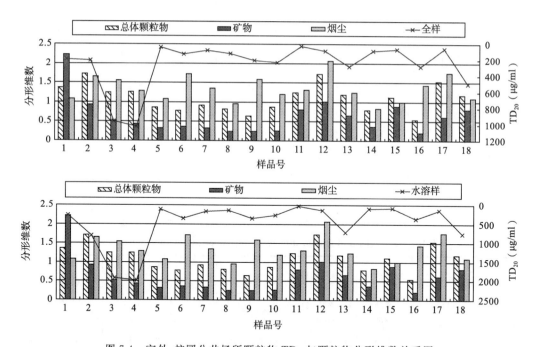

图 7-4 　室外、校园公共场所颗粒物 TD$_{20}$ 与颗粒物分形维数关系图

Fig. 7-4 　Relationship between TD$_{20}$ and fractal dimension of indoor and outdoor particles

7.5 　小结

分形理论被称为"大自然的分形理论"，它可以定量地描述以往难以描述的不规则复杂现象，以往描述一些复杂现象只能用定性的描述，造成这些复杂程度无法进行精确比较。颗粒物

的形状和来源有很大的相关性,如有同样类似成分的土壤尘和飞灰,土壤尘一般具有不规则的形状,而飞灰一般是圆滑的球形,从形状上可以很容易区分。但对颗粒物的形状、不规则程度和粗糙程度的比较过程中有很大的主观性,为了避免这种主观性,人们引入了各种系数,如凹度、圆度等复杂的定量估计方法,使用起来非常不方便。引入分形理论后,仅靠一个分形维数就可以准确表征颗粒物的不规则程度,可以很方便地进行比较(Kindratenko 等 1994)。再如对大气颗粒物粒径分布的比较,虽然人们引入了多种分布函数,如正态分布函数、对数正态分布函数、Gandin-Schuhman(G-S)粒径分布方程、Rosin-Rammler(R-R)粒径分布方程等经验公式(薛祥立,1997),但它们只能描述各种粒径的颗粒在总颗粒物数量中的比例等分布情况,不能表示颗粒物的总体分布特征,是趋于较小的粒径,还是趋于较大粒径,在需要了解整体颗粒物中总体分布特征的情况下就无能为力了。而粒径分布的分形维数可以方便准确地表征颗粒物在整个粒径范围内的分布情况。

从本工作的研究结果看,对室内、外的颗粒物粒径分布的分析表明,粒径分布分形维数 D 恰当地表示了颗粒物的粒径分布,D 值越大,反映颗粒物中细颗粒物越多。粒径分布分形维数和颗粒物比表面积等物理性能有直接关系,D 越大,细粒子所占的比表面积越多,也有可能吸附更多的有毒有害污染物,有了粒径分布分形维数这个定量的描述颗粒物分布的指标后,就可以对样品的粒径分布与颗粒物的物理化学性能进行定量比较。在对大气颗粒物进行来源分析和研究颗粒物的气候、环境及健康效应时,利用分形维数定量表征颗粒物形貌的复杂程度,从而科学分析颗粒物的形貌特征、粒径分布等对气候、环境及健康效应的影响,具有重要的科学意义和实际意义,值得深入研究。

参考文献

蔡庆华,赵斌,潘文斌.1998.芦苇生长格局分形特征的初步研究.水生生物学报,**22**(2):123-127.

蔡治平,施介宽,秦艳.1999.现代建筑物室内空气质量的影响因素分析.上海环境科学,**15**(10):17-22.

曹慧敏,杜红.1997.室内污染对人体的危害及防治.山东环境,**78**(4):35-36.

曹守仁.1989.室内空气污染与测定方法.北京:中国环境科学出版社,22-24.

曹守仁,陈秉衡.1992.煤烟污染与健康.北京:中国环境科学出版社,153-200.

曹文贵,方祖烈,唐学军.1998.破碎岩石物理力学性质的分形度量.中国矿业,**7**(3):27-30.

曹仲宏,韩天玮,胡伟,等.2003.可吸入颗粒物活性氧产生及肺损伤.城市环境空气颗粒物源解析技术国际研讨会,293-302.

常辉,杨绍晋,董金泉,等.2000.大气气溶胶中元素种态研究.环境化学,**19**(6):485-500.

晁晓波,赵文谦,邱大洪.1997.表面分形原理在研究泥沙吸附乳化油特性中的应用.水利学报,(9):1-5.

车凤翔.1999.中国城市气溶胶危害评价.中国粉体技术,**5**(3):4-10.

陈冬梅,穆桂金.2004.不同沉积环境下沉积物的粒度分形特征的对比研究.干旱区地理,**27**(1):47-51.

陈丽华,缪昕,于众.1986.扫描电镜在地质上的应用.北京:科学出版社,1-8.

陈宗良,葛苏,张晶.1994.北京大气气溶胶小颗粒的测量与解析.环境科学研究,**7**:3-9.

戴海夏,宋伟民,高翔,等.2004.上海市 A 城区大气 PM_{10}、$PM_{2.5}$ 污染与居民日死亡数的相关分析.卫生研究,**33**(3):293-296.

戴树桂,张林.1998.论城市室内环境中气溶胶污染问题.城市环境与城市生态,**11**(1):55-58.

德利克·埃尔森著.1999.烟雾警报.田学文,编译.北京:科学出版社,48-53.

邓朝生,尚金城,陈鹏.2003.我国环境污染的因子分析.内蒙古环境保护,**15**(3):6-9.

邓跃红,张智铁.1998.物料粉碎分形行为的研究.矿冶工程,**18**(3):32-36.

邓昭镜,邹旭敏.1997.超微粒聚集体的分形特征.物理,**26**(1):18-22.

丁保华,李文超,王福明.1999.分形图像分析与分形维数计算程序的设计.北京科技大学学报,**21**(3):304-307.

董平,单忠健.2004.超细煤粉粒度分布的分形描述.黑龙江科技学院学报,**14**(2):69-73.

董树屏,刘涛,孙大勇,等.2001.用扫描电镜技术识别广州市大气颗粒物主要种类.岩矿测试,**20**:202-207.

段学军,范晓伟,陈启石.2005.室内环境生物性污染分析与控制.中原工学院学报,**16**(3):8-11.

Falconer K J.2001.分形几何——数学基础及其应用.曾文曲,刘世耀,戴连贵,等,译.沈阳:东北大学出版社.

方俊,袁宏永,疏学明,等.2003.火灾烟雾炭黑分形凝并自保尺度分布.消防科学与技术,**22**(6):441-444.

冯沈迎,仝青,杨芳.2002.空气中有机污染物在不同粒径颗粒物上的分布与污染特征.第九届全国大气环境学术会议论文集,160-165.

冯志刚,周宏伟.2001.图像的分形维数计算方法及其应用.江苏理工大学学报(自然科学版),**22**(6):92-96.

高安秀树著.1989.分数维.沈步明,常子文译.北京:地震出版社.

戈鹤山,沈少林,谢明.2005.大型候车室内空气离子与室内空气质量相关性调查.中国卫生监督杂志,**12**(3):168-170.

耿红,孟紫强,张全喜.2005.沙尘暴细颗粒物对大鼠肺泡巨噬细胞钙水平和脂质过氧化的影响.环境科学学报,**25**(6):845-850.

龚幸颐,白郁华,虞江平,等.1998.北大园区室内挥发性有机物(VOCs)的研究.环境科学研究,**11**(6):52-54.

贡建伟,程宝义,师奇威.2005.室内空气生物污染及其防治措施.制冷空调专题研讨,**104**(26):25-28.

郭璇华,高瑞英,黄瑞毅,等.2006.大气颗粒物中无机元素特性的研究.环境科学与技术,**6**:49-51.

国家卫生部.1996.室内空气中可吸入颗粒物的卫生标准(GB 3095—1996).

国家卫生部.2002.室内空气质量标准(GB 18883—2002).

韩京秀.2003.环境香烟烟雾对妊娠结局影响的研究进展.卫生研究,**32**(3):291-294.

何东进,洪伟,吴承祯,等.2001.杉木拟赤杨混交林土壤肥力表征指标的研究.山地学报.**19**(增刊):98-102.

何新星,王跃思,温天雪,等.2005.2004年春季北京一次沙尘暴的理化特性分析.环境科学:**26**(5)354-358.

贺承祖,华明琪.1997.用分形几何描述黏土及砂岩的粒度分布特征.钻井液与完井液 **14**(6):2-4.

贺小春,董发勤.2005.大气粉尘中的矿物及其环境健康效应研究进展.岩石矿物学杂志,**24**(4):349-354.

胡敏,刘尚,吴志军,等.2006.北京夏季高温高湿和降水过程对大气颗粒物谱分布的影响.环境科学,**27**(11):2293-2298.

胡伟,魏复盛,滕恩江,等.2000.空气污染对儿童及其父母呼吸系统健康的影响.中国环境科学,**20**(5):425-428.

胡伟,吴国平,滕恩江,等.2001.儿童呼吸系统疾病对肺功能影响的探讨.中国环境监测,**17**(特刊):66-68.

胡伟,魏复盛.2003.中国4城市空气颗粒物元素的因子分析.中国环境监测,**19**(3):39-42.

胡伟,魏复盛.2004.成人呼吸健康与空气颗粒物中元素浓度的关系.环境与健康杂志,**21**(4):195-198.

胡卸文,宋跃.1997.裂隙性黏土粒度成分的分形结构.山地研究,**15**(4):219-223.

黄子蔚,杨德刚,李秀萍,等.2004.塔里木河中下游农户能流分析及生态经济分形特征.干旱区研究,**21**(3):0308-312.

姜秀民,杨海平,李彦,等.2003.煤粉颗粒粒度分形分析.煤炭学报,**28**(4):414-418.

蒋红梅,王定勇.2001.大气可吸入颗粒物的研究进展.环境科学动态,**1**:11-15.

金同轨,高湘,张建锋,等.2003.黄河泥沙的絮凝形态学和絮体构造模型问题.泥沙研究,(5):69-73.

金艳凤,钱立群.2005.室内环境质量对健康影响的研究进展.宁夏医学院学报,**27**(2):25-29.

金致凡.2001.分形学理论在大气环境时序数据分析中的应用研究.福建地理,**16**(1):1-4.

亢燕铭,钟珂,成天涛,等.2003.居民建筑室内外气溶胶粒子浓度的关系.第十届全国大气环境学术会议论文集,422-427.

Kaye B H 著.1994.分形漫步.徐新阳,康雁,陈旭,刘丹译.沈阳:东北大学出版社:1-8,10-15.

柯昌松.1997.人工冻土破碎块度分布的分形性质.冰川冻土,**19**(1):79-83.

孔令德,桑正中.2001.正转旋耕土壤破碎情况的研究.农业机械学报,**32**(3):31-33.

孔祥瑜.2005.室内空气污染及其防治.生活与质量,(1):31-33.

雷红玉,郭桂枝.2004.室内环境污染及其对居民健康的影响.职业与健康,**20**(9):18-22.

黎彤,倪守斌.1997.中国大陆岩石圈的化学元素丰度.地质与勘探,**33**(1):47-51.

李红,曾凡刚,邵龙义,等.2002.可吸入颗粒物对人体健康危害的研究进展.环境与健康杂志,**19**(1):85-87.

李嘉,周鲁,李克锋.2003.泥沙粒径分布函数的分形特征与吸附性能.泥沙研究,(3):17-20.

李剑超,褚君达,林广发,等.2002.絮凝过程的分形研究进展.福建农林大学学报(自然科学版),**31**(1):128-131.

李金娟.2006.城市可吸入颗粒物的生物活性研究.中国矿业大学(北京)博士毕业论文.

李金娟,邵龙义,杨书申,等.2006.可吸入颗粒物生物活性及其微观特征分析.环境科学,**27**(3):572-577.

李卫军,邵龙义,吕森林.2004.北京西北城区2002年春季大气可吸入颗粒物的粒度分布特征.电子显微学报,**23**(5):589-593.

李兴中.2004.室内环境监测前景分析.安徽化工,(3):12-16.

李哲,王芝银,谢永利.2004.粗粒土类别的分形图解.长安大学学报(自然科学版).**24**(6):15-19.

梁汉东,于春海,刘咸德,等.2001.大气单颗粒物中无机元素的二次离子质谱研究.中国矿业大学学报,**30**(5):442-445.

梁汉东.2002.简明地质束分析技术—扫描电镜和 X 射线粉末衍射.徐州:中国矿业大学出版社,1-31.

梁士楚,董鸣,王伯荪,等.2003a.英罗港红树林土壤粒径分布的分形特征.应用生态学报,**14**(1):11-14.

梁士楚,王伯荪.2003b.广西英罗港红树林区木榄群落土壤粒径分布的分形特征.热带海洋学报,**22**(1):17-22.

廖乾初,蓝芬兰.1990.扫描电镜原理及应用技术.北京:冶金工业出版社,1-177.

林玲,赵妮等.2006.空气污染对人群生殖健康的影响.国外医学卫生分册,**33**(6):348-350.

林夏水.2001.分形的哲学漫步.北京:首都师范大学出版社:99-155.

林治卿,袭著革,杨丹凤,等.2005a.PM$_{2.5}$的污染特征及其生物效应研究进展.解放军预防医学杂志,(3):13-17.

林治卿,袭著革,杨丹凤,等.2005b.采暖期大气中不同粒径颗粒物污染及其重金属分布状况.环境与健康杂志,(1):15-18.

刘桂建,杨萍月,彭子成.2003.煤灰基本特征及其微量元素的分布规律.煤炭转化,**26**(2):81-86.

刘闽生.2004.室内环境空气污染对人体健康的影响及预防.能源与环境,(2):23-27.

刘炜,马文秀,冯威,等.2006.廊坊市不同类型住宅室内空气中甲醛污染状况.环境与健康杂志,**23**(1):13-15.

刘咸德,贾红,齐建兵,等.1994.青岛大气颗粒物的扫描电镜研究和污染源识别.环境科学研究,**7**(3):10-17.

刘阳生,陈睿,沈兴兴,等.2003.北京冬季室内空气中 TSP,PM$_{10}$,PM$_{2.5}$和 PM$_1$ 污染研究.应用基础与工程科学学报,**11**(3):255-264.

刘阳生,沈兴兴,毛小苓,等.2004.北京市冬季公共场所室内空气中 TSP,PM$_{10}$,PM$_{2.5}$和 PM$_1$ 污染研究.环境科学学报,**24**(2):190-196.

刘宇,褚庆辉,马波.1997.抚顺地区大气总悬浮微粒元素浓度季节变化的研究.光谱实验室,**14**(1):41-43.

陆谢娟,李孟,唐友尧.2003.絮凝过程中絮体分形及其分形维数的测定.华中科技大学学报(城市科学版),**20**(3):46-49.

陆亚松,宋伟民,蒋蓉芳,等.2001.室内可吸入颗粒物与气传真菌致大鼠肺损伤的实验研究.中国公共卫生,(10):19-23.

陆永耕,赵淳生,葛世荣.2004.基于链码的金属磨粒分形参数计算.中国机械工程.**15**(7):614-617.

吕森林,邵龙义,吴明红,等.2005.北京城区可吸入颗粒物(PM$_{10}$)的矿物学研究.中国环境科学,**25**(2):129-132.

吕森林.2003.北京市大气 PM$_{10}$的矿物学特征及质粒 DNA 损伤研究.中国矿业大学(北京校区)博士论文.

吕森林,邵龙义.2003.北京市可吸入颗粒物(PM$_{10}$)中单颗粒的矿物组成特征.岩石矿物学杂志,**22**(4):421-424.

罗晓熹,张寅平,吴琼,等.2005.室内生物污染治理方法研究述评与展望.暖通空调,**35**(9):23-29.

马克明,张喜军,陈继红,等.1993.东北羊草草原群落格局的分数维(Fractal)理论研究.辛厚文.分形理论及其应用.合肥:中国科学技术大学出版社.258-264.

马克明,祖元刚.2000.植被格局的分形特征.植物生态学报,**24**(1):111-117.

孟建峰,庄志雄,倪祖尧.1997.单细胞凝胶电泳法测定镍化物对人血细胞的 DNA 损伤.中华劳动卫生职业病杂志,**15**(6):334-338.

孟紫强,张全喜,耿红.2006.沙尘暴细颗粒物致大鼠肺泡巨噬细胞 DNA 损伤.环境与职业医学,**23**(3):185-188.

缪林昌,邱钰,刘松玉.2003.煤矸石散粒料的分形特征研究.东南大学学报(自然科学版).**33**(1):79-81.

倪福全,宣树学,申林,等.1998.分形理论在北水南调干渠细粒土研究中的应用.东北水利水电,(5):24-27.

牛生杰,章澄昌.2000.贺兰山地区春季沙尘气溶胶的化学组分和富集因子分析.中国沙漠,**20**(3):264-268.

欧小兰.1989.家庭主妇肺癌与生活用煤的关系.环境与健康杂志,**6**(1):4-7.

潘兆科,刘志河.2004.矸石破碎块度的分形性质及计算方法.太原理工大学学报,**35**(2):115-117.

彭瑞东,谢和平,鞠杨.2004.二维数字图像分形维数的计算方法.中国矿业大学学报,**33**(1):19-25.

彭中贵,陈军,张毅,等.2001.重庆大气污染与儿童肺功能横截面研究.中国环境监测,**17**(7):98-103.

齐文启,孙宗光,李国刚,等.1997.ICP-MS 及其在环境分析中的应用.环境科学研究,**10**(2):40-44.

秦晋蜀,党平华,周光.2004.室内环境污染的危害探讨.建筑材料,(4):32-36.

仇志军,郭盘林.2001.基于质子探针研究的大气气溶胶单颗粒源解析.环境科学,**22**(2):50-54.

任炽刚,承焕生,汤国魂,等.1981.质子 X 荧光分析和质子显微镜.北京:原子能出版社.

任志鸿,刘宁.1998.T-2 毒素致 DNA 损伤的单细胞电泳观察.中国地方病学杂志,**17**(4):241-243.

沙因,谷英梅,汪安璞.1995.用核子微探针进行单个大气颗粒物的分析.环境化学,**14**(6):518-523.

单晓云,李占金.2003.分形理论和岩石破碎的分形研究.河北理工学院学报,**25**(2):11-17.

邵龙义,时宗波.2000.都市大气环境中可吸入颗粒物的研究.环境保护,(1):24-26.

邵龙义,时宗波.2003.北京西北城区与清洁对照点夏季大气 PM_{10} 的微观特征及粒度分布.环境科学,**24**(5):11-16.

邵龙义,杨书申,李卫军,等.2005a.大气颗粒物单颗粒分析方法的应用现状及展望.古地理学报,**7**(4):535-548.

邵龙义,赵厚银,Jones T P,等.2005b.室内 PM_{10} 对 DNA 氧化性损伤及其与微量元素组成关系.自然科学进展,**15**(4):417-422.

邵龙义,杨书申,时宗波,等.2006.城市大气可吸入颗粒物物理化学特征及生物活性研究.北京:气象出版社.209.

邵龙义,沈蓉蓉,杨书申,等.2008.北京市 PM_{10} 粒度分布分形维数特征,中国矿业大学学报,**37**(3):407-411.

时宗波,邵龙义,李红,等.2002.北京市西北城区取暖期环境大气中 PM_{10} 的物理化学特征.环境科学,**23**(1):30-34.

时宗波.2003.北京市大气 PM_{10} 和 $PM_{2.5}$ 的物理和化学特征及生物活性研究.中国矿业大学(北京校区)博士论文.

时宗波,邵龙义,Jones T P,等.2004.城市大气可吸入颗粒物对质粒 DNA 的氧化性损伤.科学通报,**49**(7):673-678.

宋宇,唐孝炎,方晨,等.2003.北京市能见度下降与颗粒物污染的关系.环境科学学报,**23**(4).:23-27.

孙大松,刘鹏,夏小和,等.2004.非饱和土的渗透系数.水利学报,(3):71-75.

孙俊民.1999.燃煤飞灰结构演化与元素富集机制.中国矿业大学(北京校区)博士论文

汤达祯,Harvey C.2000.燃煤电厂飞灰物质成分筛分磁选实验研究.中国矿业大学学报,**29**(5):469-471.

唐明,刘普清,李颖.1999.超细钢渣粉体分形特征的测试与评价.沈阳建筑工程学院学报,**15**(1):51-55.

唐明,王涛,戚无恙.2003.激光仪下矿渣粉颗粒群分形特征的快速评价.沈阳建筑工程学院学报(自然科学版),**19**(3):200-202.

唐孝炎,李金龙,粟欣,等.1990.大气环境化学.北京:高等教育出版社,16-220.

滕恩江,胡伟,吴国平.1999.中国四城市空气中粗细颗粒物元素组成特征.中国环境科学,**19**(3):238-242.

滕恩江,胡伟,吴国平,等.2001.室内燃煤取暖与烟雾程度对呼吸道健康的影响研究.中国环境监测,**17**(7):28-32.

童永彭,倪新伯,张元勋,等.2001.气溶胶自由基毒理学机制的研究.环境科学学报,**21**(6):654-659.

童永彭,张桂林,叶舜华.2003.大气颗粒物致毒效应的研究进展.环境与职业医学,**20**(3):43-47.

涂新斌,王思敬,岳中琦.2005.风化岩石的破碎分形及其工程地质意义.岩石力学与工程学报,**24**(4):587-595.

完莉莉,汪玉庭.2001.室内空气有机污染的研究现状.环境监测管理与技术,**13**(2):12-17.

汪安璞.1999.大气气溶胶研究新动向.环境化学,**18**(1):10-153.

汪安璞,杨淑兰,沙因.1996.北京大气气溶胶单个颗粒的化学表征.环境化学,**15**(6):488-494.

汪新福.1998.北京市中心和远郊农村冬天大气气溶胶的研究.北京师范大学学报(自然科学版),**34**(3):360-364.

王安良,吴玉庭,杨春信.2003.沸腾表面凹坑的尺度分布特征.热能动力工程,**18**(3):291-296.

王东升,汤鸿霄,栾兆坤.2001.分形理论及其研究方法.环境科学学报,**21**(suppl):1-7.

王庚辰,谢骅,万小伟,等.2004.北京地区空气中 PM_{10} 的元素组分及其变化.环境科学研究,**17**(1):41-44.

王海云.2004.混沌、分形学应用于环境科学的实证分析与探讨.环境技术,(4):1-4.

王荟,王格慧,高士祥,等.2003.南京市大气颗粒物春季污染的特征.中国环境科学,**23**(1):55-59.

王积森,孙杰,陈艳秋,等.1998.聚合物矿物复合材料颗粒级配的分形描述.山东科学,**11**(4):43-46.

王菊凝,张月.1990.北京市三类住宅室内 CO、颗粒物污染及其元素分析.环境科学,**11**(1):28-31.

王开燕,张仁健,王雪梅,等.2006.北京市冬季气溶胶的污染特征及来源分析.环境化学,**25**(6):776-780.

王明星.1980.大气化学.北京:气象出版社:1-300.

王荣杰,陈义胜,李保卫,等.1997.用气体吸附法研究煤的分形维数.包头钢铁学院学报,**16**(3):188-192.

王玮,张晶,汤大钢.1999.可吸入颗粒物(IP)源解析.国家环境保护局科技发展计划科研报告,北京:中国环境科学研究院,1-45.

王玮,汤大钢,刘红杰,等.2000.中国 $PM_{2.5}$ 污染现状和污染特征的研究.环境科学研究,**13**(1):1-5.

王玮,潘志,刘红杰,等.2001.交通来源颗粒物粒径谱分布及其与能见度关系.环境科学研究,**14**:17-22.

王晓昌,丹保宪仁.2000.絮凝体形态学和密度的探讨(Ⅰ)——从絮凝体分形构造谈起.环境科学学报,**20**(3):257-262.

王晓昌,丹保宪仁.2000.絮凝体形态学和密度的探讨(Ⅱ)——致密型絮凝体形成操作模式.环境科学学报,**20**(4):385-390.

王毅力,芦家娟,周岩梅,等.2005.沉积物颗粒表面分形特征的研究.环境科学学报,**25**(4):457-463.

王永强,王成端.2001.超微粉颗粒分形分布规律的研究.西南工学院学报,**16**(4):70-73.

王玉秋,张林,戴树桂,等.1998.可吸入颗粒物上铁介导的活性氧产生及其对肺损伤的影响.环境科学进展,**5**:118-123.

王志亮.2003.合肥地区膨胀土颗粒粒径的分形分维研究.岩土工程技术,(4):226-229.

魏复盛.1990.中国土壤元素背景值.北京:中国环境科学出版社.87-490.

魏复盛,胡伟.2000.中国四城市空气污染及其对儿童呼吸健康影响的分析.世界科技研究与发展,**22**(3):9-14.

魏复盛.2001.空气细颗粒物污染对呼吸健康的影响.工程科技论坛(第十四场)—"燃烧源可吸入颗粒物的环境问题"报告专家论文集,北京,31-35.

魏复盛,Chapman R S.2001a.空气污染对呼吸健康影响研究.北京:中国环境科学出版社,12-36.

魏复盛,胡伟,吴国平,等.2001b.空气污染对儿童肺功能指标影响的初步分析.中国环境监测,(7):61-65.

吴国平,胡伟,滕恩江,等.1999.吸烟室内污染对家庭成员呼吸系统健康的影响.环境监测管理与技术,**11**(6):15-17.

吴水平,左谦,李玉,等.2004.京津地区不同粒径大气颗粒物中的有机污染物.农业环境科学学报 **23**(3):578-583.

武辉,房靖华,钱志强.2002.室内外多环芳烃及 PM_{10} 的测量与分析.太原理工大学学报,**33**(1):19-23.

武生智,魏春玲,马崇武,等.1999.沙粒粗糙度和粒径分布的分形特性.兰州大学学报,**35**(1):53-56.

裘著革,晁福寰,孙咏梅.2002.香烟侧流烟雾引起的 DNA 分子氧化损伤.环境与健康杂志,**19**(1):29-32.

裘著革,晁福寰,孙咏梅,等.2003.燃汽油机动车尾气致核酸分子氧化损伤效应研究.解放军预防医学杂志,**21**(3):34-39.

袭著革,晁福寰,孙咏梅,等.2004.柴油废气成分分析及对DNA生物氧化能力.中国公共卫生,**20**(4):419-421

袭著革,李官贤,张华山,等.2005.小城镇厨卫间空气污染及其主要来源.小城镇建设,(5):23-27.

夏德宏,张省现,吴祥宇.2005.煤粉碎粒度分布的分形模型.矿冶,**14**(1):36-39.

向晓东,陈宝智,张国权.1999.粉尘分形几何特征及在除尘技术中的应用探讨.建筑热能通风空调,(2):14-18.

晓开提·依不拉音,吴军,地里拜尔,等.2005.乌鲁木齐市部分公共场所空气质量的监测与评价.现代预防医学,**32**(1):45.

谢和平,薛秀谦.1997.分形应用中的数学基础与方法.北京:科学出版社.

谢骅,王庚辰,任丽新,等.2001.北京市大气细粒态气溶胶的化学成分研究.中国环境科学,**21**:432-435.

谢学斌,潘长良.2003.露天矿排土场散体岩石粒度分布的分形特征.湘潭矿业学院学报,**18**(3):43-47.

熊艳.2005.室内环境毒理学分析与研究.包装工程,**26**(1):14-17.

熊志明,张国强,彭建国,等.2004.室内可吸入颗粒物污染研究现状.科技综述,**34**(4):32-36.

修光利,赵一先,张大年.1999.办公室内可吸入颗粒物污染初析.上海环境科学,**18**(5):202-204.

徐东群,张文丽,王焱,等.2004.大气颗粒物污染特征研究.中国预防医学杂志,**5**(1):31-34.

徐龙君,张代钧,鲜学福.1997.煤的超细物理结构特征.重庆大学学报(自然科学版),**20**(1):31-37.

徐涛,雷华,于杰,等.2002.滑石粉填充PP材料中颗粒分布分形特征及其与冲击性能的关系.高分子材料科学与工程,**18**(1):135-139.

徐永福,史春乐.1997a.用土的分形结构确定土的水分特征曲线.岩土力学,**18**(2):40-43.

徐永福,孙婉莹,吴正根.1997b.我国膨胀土的分形结构的研究.河海大学学报,**25**(1):18-23.

薛祥立.1997.粒度分布函数的分形表示.青岛建筑工程学院学报,**18**(4):1-5.

杨复沫,马永亮,贺克斌.2000.细微大气颗粒物PM$_{2.5}$及其研究概况.世界环境,(4):32-34.

杨复沫,贺克斌,马永亮等.2003.北京大气PM$_{2.5}$中微量元素的浓度变化特征与来源.环境科学,**24**(6):33-37.

杨建军,马亚萍.1997.太原市大气颗粒物中金属元素的富集特征.卫生研究,**26**(2):87-89.

杨丽萍,陈发虎,张成君.2002.兰州市大气降尘的化学特性.兰州大学学报,**38**(5):115-120.

杨钦元.2001.室内氡浓度及其控制措施.辐射防护通讯,**21**(6):26-29.

杨书申.2006.上海市大气PM$_{10}$微观形貌、粒度分布及分形特征研究.中国矿业大学(北京)博士论文.

杨书申,邵龙义,肖正辉,等.2005.中国典型城市2004年大气质量及颗粒物浓度与气象条件关系分析.中原工学院学报,**16**(5):5-9.

杨书申,邵龙义,沈蓉蓉,等.2007.上海市大气可吸入颗粒物的粒度分布分形特征.中国环境科学,**27**(5):594-598.

杨秀春,刘连友,严平.2004.土壤短期吹蚀的粒度分维研究.土壤学,**41**(2):176-182.

杨志远,周安宁,曲建林.2004.超细煤粉的颗粒分布分形与球磨工艺关系研究.煤炭科学技术,**32**(1):32-34.

伊冰.2001.室内空气污染与健康.国外医学卫生学分册,**28**(3):167-169.

易顺民,孙云志.1997.泥石流的分形特征及其意义.地理科学,**17**(1):24-31.

余继峰,刘焕杰,李增学.2004.砂岩粒度分布分形特征研究方法探讨.中国矿业大学学报,**33**(4):480-485.

曾凡桂,王祖讷.1999.煤粉碎过程中颗粒形状的分形特征.煤炭转化,**22**(1):27-30.

张大年.1999.城市大气可吸入颗粒物的研究.上海环境科学,**18**(4):154-157.

张代洲,赵春生,秦瑜.1998.沙尘粒子的成分和形态分析.环境科学学报,**18**(5):42-47.

张怀亮,卜英勇.2003.铁谱磨粒分形特性探讨.湖南大学学报(自然科学版),**30**(1):43-46.

张慧,李小彦,郝琦.2003.中国煤的扫描电子显微镜研究.北京:地质出版社,1-5.

张季如,朱瑞赓,祝文化.2004.用粒径的数量分布表征的土壤分形特征.水利学报,(4):67-73.

张建平,王运泉,张汝国.1999.煤及其燃烧产物中砷的分布特征.环境科学研究,**12**(1):27-30.

张金良,李艳宏,王燕玲,等.2001.儿童肺功能与其居住区大气污染水平的关系.北京大学学报(医学版),**33**(6):578-579.

张晶,陈宗良,王玮.1998.北京市大气小颗粒物的污染源解析,环境科学学报,**18**(1):63-67.

张旻,付娟玲,何凌燕,等.2003.北京市大气细颗粒物的遗传和非遗传毒性研究.中国环境科学,**23**(4):337-340.

张仁健,王明星,戴淑玲,等.2000a.北京地区气溶胶粒度谱分布初步研究.气候与环境研究,**5**:85-89.

张仁健,王明星,浦一芬,等.2000b.2000年春季北京特大沙尘暴物理化学特征的分析.气候与环境研究,**5**:259-266.

张仁健,王明星,胡非,等.2002.采暖期前和采暖期北京大气颗粒物的化学成分研究.中国科学院研究生院学报,**19**:75-81.

张文丽,徐东群,崔九思.2003.大气细颗粒物污染监测及其遗传毒性研究.环境与健康杂志,**20**(1):3-6.

张喜军,马克明,陈继红,等.1993.东北羊草草原主要环境因子的分形分析.辛厚文.分形理论及其应用.合肥:中国科学技术大学出版社.252-257.

张永,李心意,姜丽娟,等.2005.住宅室内空气颗粒物污染状况及其与大气浓度关系的初探.卫生研究,**34**(4):407-409.

张元勋,王荫淞,李德禄,等.2005.上海冬季大气可吸入颗粒物的PIXE研究.中国环境科学,**25**(1):1-5.

张远航.2001.北京市大气颗粒物细粒子污染特征和来源分析.工程科技论坛(第十四场)—"燃烧源可吸入颗粒物的环境问题"报告专家论文集,13-16.

章予舒,王立新,张红旗,等.2004.塔里木河下游沙漠化土壤性质及分形特征.资源科学,**26**(5):11-17.

赵越,潘钧,张红远,郭继勇,魏强,时建纲.2004.北京地区大气中可吸入颗粒物的污染现状研究.环境科学研究,**17**(1):67-69.

赵斌.1997.岩石破碎块度分布分形预测.矿业研究与开发,**17**(3):14-16.

赵斌,蔡庆华.2000.分形理论对水生态系统空间格局研究初探.水生生物学报,**24**(5):474-480.

赵厚银,邵龙义,时宗波.2003a.室内空气污染物的种类及控制措施.重庆环境科学,**25**(7):3-6.

赵厚银,邵龙义,吕森林.2003b.北京市市区与郊区室内PM_{10}的污染水平研究,第十届全国大气会议论文集,417-420.

赵厚银,邵龙义,时宗波.2003c.室内空气$PM_{2.5}$研究现状及发展趋势.环境与健康杂志,**20**(5):310-312.

赵厚银,邵龙义,王延斌,等.2004.北京市冬季室内空气PM_{10}微观形貌及粒度分布.中国环境科学,**24**(4):505-508.

赵厚银.2004.北京市室内PM_{10}的物理化学特征及生物活性研究.中国矿业大学(北京)博士学位论文.

赵厚银,邵龙义,姚强.2006.北京市冬季部分住宅室内PM_{10}的化学元素研究.环境与健康杂志,**23**(1):14-16.

赵金辉,张锐,刘玉敏,等.2005.室内装修装饰产生的苯系物污染及其影响因素调查.预防医学论坛,**11**(2):137-139.

赵伦.1997.大气颗粒物对人体健康影响的研究进展.山东环境,**1**:75-76.

赵淑利.1999.室内空气污染及对人体健康的影响.世界环境,(2):31-33.

赵文智,刘志民,程国栋.2002.土地沙质荒漠化过程的土壤分形特征.土壤学报,**39**(5):45-48.

赵越,潘钧,张红远,等.2004.北京地区大气中可吸入颗粒物的污染现状分析.环境科学研究,**17**(1):67-69.

郑灿军,王菲菲,郭新彪.2006.大气$PM_{2.5}$对原代培养大鼠心肌细胞的毒性.环境与健康杂志,**23**(1):17-20.

郑聪,张国强.2005.长沙市某大学教室内外空气品质调查.建筑热能通风空调,**24**(2):15-18.

周巧琴,蔡传荣,李耕.2002.大气悬浮颗粒物的电镜观察.电子显微学报,**21**(5):804-805.

周志平,裴清清.2005.火车站售票厅内空气品质的监测与评价.广州大学学报(自然科学版),**4**(4):366-369.

周中平,赵寿堂,朱立.2002.室内污染检测与控制.北京:化学工业出版社,10-391.

朱广一.2002.大气可吸入颗粒物研究进展.环境保护科学,**28**(113):3-5.

朱利中,刘勇建,松下秀鹤.2001.室内空气中多环芳烃的污染特征、来源及影响因素分析.环境科学学报,**21**(1):64-69.

庄国顺,郭敬华,袁蕙,等.2001.2000 年我国沙尘暴的组成、来源、粒径分布及其对全球环境的影响.科学通报,**46**:191-197.

邹庐泉,季学李.2000.自然通风对办公室内气溶胶的影响.上海环境科学,**19**(1):20-29.

祖元刚,马克明,张喜军.1997.植被空间异质性的分形分析方法.生态学报,**17**(3):333-337.

Abt E, Suh H H, Koutrakis P. 2000. Characterization of indoor particle sources: a study conducted in the metropolitan Boston area. *Environmental Health Perspectives*, **108**(1):35-44.

Adamson I Y R, Prieditis H, Vincent R. 1999. Pulmonary toxicity of an atmospheric particulate sample is due to the soluble fraction. *Toxicology and Applied Pharmacology*, **157**:43-50.

Adamson I Y R, Prieditis H, Hedgecock C, *et al*. 2000. Zinc is the toxic factor in the lung response to an atmospheric particulate sample. *Toxicology and Applied Pharmacology*, **166**:111-119.

Adgate J L, Willis R D, Buckley T J, *et al*. 1998. Chemical mass balance source apportionment of lead in house dust. *Aerosol Science and Technology*, 32, 108-114.

Adgate J L, Ramachandran G, Pratt G C, *et al*. 2003. Longitudinal variability in outdoor, indoor, and personal PM$_{2.5}$ exposure in healthy non-smoking adults. *Atmospheric Environment*, **37**:993-1002.

Adgate J L, Mongin S J, Pratt G C, *et al*. 2007. Relationships between personal, indoor, and outdoor exposures to trace elements in PM$_{2.5}$. *Science of the Total Environment*, **386**:21-32.

Allen A G, Nemitz E, Shi J P, *et al*. 2001. Size distributions of trace metals in atmospheric aerosols in the United Kingdom. *Atmospheric Environment*, **35**:4581-4591.

Allen M, Brown G J, Miles N J. 1995. Measurement of boundary fractal dimensions: review of current techniques. *Powder Technology*, **84**:1-14.

Al-Rajhi M A, Seaward M R D. 1996. Metal levels in indoor and outdoor dust in Riyadh, Saudi Arabia. *Environment International*, **22**(3):315-324.

Anderson J R, Aggett F J, Buseck P R, *et al*. 1988. Chemistry of individual aerosol particles from Chandler, Arizona, an arid urban environment. *Environmental Science and Technology*, **22**:811-818.

Ando M, Katagiri K, Tamura K, *et al*. 1994. Study on size distribution of 8 polycyclic aromatic hydrocarbons in airborne suspended particulates indoor and outdoor. *Journal of Western China University of Medical Sciences*, **25**(4):442-446.

Ando M, Katagiri K, Tamura K, *et al*. 1996. Indoor and outdoor air pollution in Tokyo and Beijing supercities. *Atmospheric Environment*, **30**:695-702.

Artaxo P, Rabello M L C, Maenhaut W, *et al*. 1992. Trace elements and individual particle analysis of atmospheric aerosols from the Antarctic peninsula. *Tellus*, **44B**:331-334.

Ashmore M R, Dimitroulopoulou C. 2009. Personal exposure of children to air pollution. *Atmospheric Environment*, **43**:128-141.

Auana K, Pan X C. 2004. Exposure-response functions for health effects of ambient air pollution applicable for China- a meta-analysis. *Science of the Total Environment*, **329**:3-16.

Ayse E, Nurfer G. 1995. Fractal geometry and size distribution of clay particles. *Journal of Colloid and Interface Science*, **176**:301-307.

Baek S O, Kim Y S, Perry R. 1997. Indoor air quality in homes, offices and restaurants in Korean urban areas-indoor/outdoor relationships. *Atmospheric Environment*, **31**(4):529-544.

Bates D B, Caton R B. 2002. A citizen's guide to air pollution. Canada: David Suzuki Foundation.

Baulig A, Sourdeval M, Meyer M, *et al*. 2003. Biological effects of atmospheric particles on human bronchial epithelial cells. Comparison with diesel exhaust particles. *Toxicology in vitro*, **17**:567-573.

Berube D, Jebrak M. 1999. High precision boundary fractal analysis for shape characterization. *Computers &*

Geosciences **25**:1059-1071.

BéruBé K A, Jones T P, Williamson B J. 1997. Electron microscopy of urban airborne particulate matter. *Microscopic Analysis*, **61**:11-13.

BéruBé K A, Jones T P, Williamson B J, *et al*. 1999a. Physicochemical characterization of diesel exhaust particles:factors for assessing biological activity. *Atmospheric Environment*,**33**:1599-1614.

BéruBé K A, Richards R J. 1999b. The physicochemical identification and comparative biopersistance of indoor and outdoor airborne particulate matter. *The Lung and Particles Research Group*:5-269.

Bessagnet B, Rosset R. 2001. Fractal modelling of carbonaceous aerosols application to car exhaust plumes. *Atmospheric Environment*, **35**:4751-4762.

Bettinelli M, Baroni U, Pastorelli N. 1987. Analysis of coal fly ash and environmental materials by inductively coupled plasma atomic emission spectrometry:comparison of different decomposition procedures. *Journal of Analytical Atomic Spectrometry*, **2**:485-489.

Blifford I H,Meeker G O. 1967. A factor analysis model of large scale pollution. *Atmospheric Environment*,1:147-157

Borrego C, Valente J,Carvalho A,*et al*. 2009. Contribution of residential wood combustion to PM_{10} levels in Portugal. *Atmospheric Environment*, doi:10.1016/j. atmosenv. 2009. 11. 020.

Botkin D B. 1998. Environmental Science:Earth as a living planet. *Journal of Wiley & Sons*:New York.

Braniš M, Pavla R, Markéta D. 2005. The effect of outdoor air and indoor human activity on mass concentration of PM_{10},$PM_{2.5}$ and PM_1 in a classroom. *Environmental Research*,**99**(2):143-149.

Brasil A M, Farias T L and Carvalho M G. 1999. A Recipe For Image Characterization of Fractal-Like Aggregates. *Journal of Aerosol Science* **30**(10):1379-1389.

Brook J R, Dann T F, Burnett R T. 1997. The Relationship Among TSP, PM_{10}, $PM_{2.5}$, and inorganic constituents of atmospheric particulate matter at multiple Camaelian locations. *Journal of Air & Waste Management Association*, **47**:2-10.

Brown D M, Stone V, Findlay P, *et al*. 2000. Increased inflammation and intracellular calcium caused by ultrafine carbon black is independent of transition metals or other soluble component. *Occupational and Environmental Medicine*, **57**(10):685-691.

Brown G J,Miles N J and Jones T F. 1996. A fractal description of the progeny of single impact single particle breakage. *Minerals Engineering*, **9**(7):715-726.

Brunekreef B, Janssen N A H, de Hartog J J, *et al*. 2002. Personal, indoor, and outdoor exposures to $PM_{2.5}$ and its components for groups of cardiovascular patients in Amsterdam and Helsinki. *HEI Res Rep*, **127**:71-78.

Buonanno G, Morawska L. 2009. Stabile Particle emission factors during cooking activities. *Atmospheric Environment*, **43**:3235-3242.

Bushell G C, Amal R and Raper J A. 1996. The effect of a bimodal primary particle size distribution on scattering from hematite aggregates. *Physica A*, **233**(3-4), 859-866

Bushell G C and Amal R. 2000. Measurement of fractal aggregates of polydisperse particles using small-angle light scattering. *Journal of Colloid and Interface Science*, **221**:186-194.

Bushell G C, Yan Y D, Woodfield D, *et al*. 2002. On techniques for the measurement of the mass fractal dimension of aggregates. *Advances in Colloid and Interface Science*,**95**:1-50.

Buzica D, Gerboles M, Borowiak A, *et al*. 2006. Valerio Pedroni Comparison of voltammetry and inductively coupled plasma-mass spectrometry for the determination of heavy metals in PM_{10} airborne particulate matter. *Atmospheric Environment*,**40**:4703-4710.

Cao M X, Lin S, Liu J L. 1997. Study on human exposure assessment to indoor/outdoor air pollutants. *Transactions of Tianjin University*, **3**(2):189-192.

Casteel S W, Vernon R J, Bailey E M. 1987. Formaldehyde: toxicology and hazards. *Veterinary and Human Toxicology*, **29**(1):31-33.

Chan Y C, Simpson R W, Mctainsh G H, *et al*. 1999. Source apportionment of visibility degradation problems in Brisbane (Australia) using the multiple linear regression techniques. *Atmospheric Environment*, **33**:3237-3250.

Chao C Y, Wong K K, Cheng E C. 2001. Size distribution of indoor particulate matter in 60 homes in Hong Kong. *Indoor and Built Environment*, **11**:18-26.

Chao C Y, Cheng E C. 2002a. Source Apportionment of Indoor $PM_{2.5}$ and PM_{10} in Homes. *Indoor and Built Environment*, **11**:27-37.

Chao C Y, Wong K K. 2002b. Residential indoor PM_{10} and $PM_{2.5}$ in Hong Kong and the elemental composition. *Atmospheric Environment*, **36**:265-277.

Chapman R S, Watkinson W P, Dreher K L, *et al*. 1997. Ambient particulate matter and respiratory and cardiovascular illness in adults: particle-borne transition metals and the heart-lung axis. *Environmental Toxicology and Pharmacology*, **4**:331-338.

Charles J. Weschler. 2009. Changes in indoor pollutants since the 1950s. *Atmospheric Environment*, **43**:153-169.

Chau C K, Hui W K, Tse M S. 2007. Evaluation of health benefits for improving indoor air quality in workplace. *Environment International*, **33**:186-198.

Chen L W A, Doddridge B G, Dickerson R R, *et al*. 2002. Origins of fine aerosol mass in the Baltimore-Washington corridor: Implications from observation, factor analysis, and ensemble air parcel back trajectories. *Atmospheric Environment*, **36**:4541-4554.

Chesson J, Hatfield J, Schult E B. 1990. Airborne asbestos in public buildings. *Environmental Research*, **51**:100-107.

Chio C P, Chen S C, Chiang K C, *et al*. 2007. Oxidative stress risk analysis for exposure to diesel exhaust particle-induced reactive oxygen species. *Science of the Total Environment*, **387**:113-127.

Chow J C, Watson J G, Ashbaugh L L, *et al*. 2003. Similarities and differences in PM_{10} chemical source profiles for geological dust from the San Joaquin Valley, California. *Atmospheric Environment*, **37**:1317-1340.

Chow J C, Watson J G, Lowenthal D H, *et al*. 1992. PM_{10} source apportionment in California's San Joaquin valley. *Atmospheric Environment*, **26A**:3335-3354.

Chow J C, Watson J G, Lowenthal D H, *et al*. 1996. Sources and chemistry of PM_{10} aerosol in Santa Barbara county, CA. *Atmospheric Environment*, **30**:1489-1499.

Christiani D C. 1996. Organic dust exposure and chronic airway disease. *American Journal of Respiratory Criteria Care Medicine*, **154**:833-834.

Colbeck I, Atkinson B, Johar Y. 1997. The morphology and optical properties of soot produced by different fuels. *Aerosol Science*, **28**(5):715-723.

Conner T L, Norris G A, Landis M S, *et al*. 2001. Individual particle analysis of indoor, outdoor and community samples from the 1998 Baltimore particulate matter study. *Atmospheric Environment*, **35**:3935-3946.

Costa D L, Dreher K L. 1997. Bioavailable transition metals in particulate matter mediate cardiopulmonary injury in healthy and compromised animal models. *Environmental Health Perspectives*, **105**(Supp 5):1053-1060.

Curtis L, Rea W, Smith-Willis P, Fenyves E, *et al*. 2006. Adverse health effects of outdoor air pollutants. *Environment International*, **32**:815-830.

De Book L A, Van Grieken R E, Camuffo D, *et al*. 1996. Micro-analysis of museum aerosols to elucidate the soiling of paintings: case of the Correr Museum, Venice, Italy. *Environmental Science and Technology*, **30**:3341-3350

Dekkers P J, Friedlander S K. 2002. The Self-Preserving Size Distribution Theory I. Effects of the Knudsen Number on Aerosol Agglomerate Growth. *Journal of Colloid and Interface Science*, **248**:295-305.

Dentener F J, Carmichael G R, Zhang Y, *et al*. 1996. Role of mineral aerosol as a reactive surface in the global troposphere. *Journal of Geophysical Research*, **101D**:22869-22889.

Dimitroulopoulou C, Ashmore M R, Byrne M A. 2001. Modelling the contribution of Passive Smoking to exposure to PM$_{10}$ in UK homes. *Indoor and Built Environment*, **10**:209-213.

Dockery D W, Spengler J D. 1981. Indoor-outdoor relationships of respirable sulfates and particulates. *Atmospheric Environment*, **15**:335-343.

Dockery D W, Schwarte J, Spengler J D. 1992. Air pollution and daily mortality:associations with particulates and acid aerosols. *Environment Research*, **59**:362-373.

Dockery D W, Pope C A, Xu X, *et al*. 1993. An association between air pollution and mortality in six United States cities. *New England Journal of Medicine*, **329**:1753-1759.

Dockery D W, Pope C A. 1994. Acute respiratory effects of particulate air pollution. *Annual Review of Public Health*, **15**(1):107-132.

Donaldson K, Beswick P H, Gilmour P S. 1996. Free radical activity associated with the surface of the particles:a unifying factor in determining biological activity. *Toxicology Letter*, **88**:293-298.

Donaldson K, Brown D M, Mitchell C, *et al*. 1997. Free radical activity of PM$_{10}$:iron-mediated generation of hydroxyl radicals. *Environmental Health Perspective*, **105**(suppl 5):1285-1289.

Donaldson K, Li X Y, MacNee W. 1998. Ultrafine (nanometre) particle mediated lung injury. *Aerosol Science*, **29**:553-560.

Dreher K, Jaskot R H, Lehmann J R, *et al*. 1995. Soluble transition metals mediate residual oil fly ash induced lung injury. *Journal of Toxicology and Environmental Health*, **50**:285-305.

Erzan A and Güngör N, 1995. Fractal geometry and size distribution of clay particles. *Journal of Colloid Interface Science*, **176**:301-307

Evisken M P, Maistre C A, Newell G R. 1988. Health hazards of passive smoking. *Annual Review of Public Health*, **9**(1):47-70.

Faeth G M, Koylu U O. 1995. Fractal and projected structure properties of soot aggregates. *Combustion and Flame*, **100**(4):621- 633.

Faeth G M, Koylu U O. 1995. Soot morphololgy and optical properties in nonpremixed turbulent flame environments. *Combust Science and Technology*, **108**:207- 229.

Fan X, Okada K, Niimura N, *at al*. 1996. Mineral particles collected in China and Japan during the same Asian dust-storm event. *Atmospheric Environment*, **30**(2):347-361.

Fang M, Zheng F, Wang F,*et al*. 1999. The long-range transport of aerosols from northern China to Hong Kong—a multi—technique study. *Atmospheric Environment*, **33**(11):1803-181

Fernandez E and Jelinek H F. 2001. Use of fractal theory in neuroscience:methods, advantages, and potential problems. *Methods*, **24**:309-321.

Feron V J,Cassee F R, Groten J P. 1998. Toxicology of chemicalmixtures:international perspective. *Environmental Health Perspectives*, **106**(6):1281-1289.

Filippov A V, Zurita M and Rosner D E. 2000. Fractal-like Aggregates:Relation between Morphology and Physical Properties. *Journal of Colloid and Interface Science*, **229**:261-273.

Fischer P H, Hoek G, Reeuwijk H V, *et al*. 2000. Traffic-related differences in outdoor and indoor concentrations of particles and volatile organic compounds in Amsterdam. *Atmospheric Environment*, **34**:3713-3722.

Formenti P, Piketh S J. 1999. Detection of non-sea salt sulphate aerosol at a remote coastal site in South Africa:A PIXE study. *Nuclear Instruments and Methods in Physics Research*, **150B**:332-338.

Franck U, Herbarth O, Manjarrez M, *et al*. 2003. Indoor and outdoor fine particles:exposure and possible health impact. Sino-German Workshop on Urban Dust Pollution in Beijing. Sino-German Center for Scientific Research, Beijing, China, **1**:15-18.

Franklin P J. 2007. Indoor air quality and respiratory health of children. *Paediatric Respiratory Reviews*,**8**:281-286.

Fromme H, Diemer J, Dietrich S,et al. 2008. Chemical and morphological properties of particulate matter (PM$_{10}$, PM$_{2.5}$) in school classrooms and outdoor air. *Atmospheric Environment*, **42**:6597-6605.

Funasaka K, Miyazaki T, Tsuruho K,et al. 2000. Relationship between indoor and outdoor carbonaceous particulates in roadside households. *Environmental Pollution*, **110**:127-134.

Gao Y, Nelson E D, Field M P, et al. 2002. Characterization of atmospheric trace elements on PM$_{2.5}$ particulate matter over the New York-New Jersey harbor estuary. *Atmospheric environment*, **36**:1077-1086.

Geller M D, Chang M, Sioutas C, et al. 2002. Indoor/outdoor relationship and chemical composition of fine and coarse particles in the southern California deserts. *Atmospheric Environment*, **36**:1099-1110.

Ghio A J, Kennedy T P, Schapira R M. 1990. Hypothesis:is lung disease after silicate inhalation caused by oxidant generation? *Lancet*, **336**:967-969.

Gilmour P S, Brown D M, Beswick P H, et al. 1997. Free radical activity of industrial fibers:role of iron in oxidative stress and activation of transcription factors. *Environmental Health Perspectives*, **105**(S5):1313-1317.

Gilmour P S, Ziesenis A, Morrison E R,et al. 2004. Pulmonary and systemic effects of short-term inhalation exposure to ultrafine carbon black particles. *Toxicology and Applied pharmacology*,**195**(1):35-44.

Gimenez D, Perfect E, Rawls W J,et al. 1997. Fractal models for predicting soil hydraulic properties:a review. *Engineering Geology* **48**:161-183.

Giustranti C, Rousset S, Balanzat E, et al. 2000. Heavy ion-induced plasmid DNA damage in aerated or deaerated conditions. *Biochemistry*, **83**:79-83.

Greenwell L L, Moreno T, Jones T P,et al. 2002. Particle-induced oxidative damage is ameliorated by pulmonary antioxidants. *Free Radical Biology & Medicine*, **32**(9):898-905.

Halek F, Boghozian S, Aghdaie N. 1990. Simultaneous size distribution study of indoor and outdoor particulates in Tehran. *Journal of Aerosol Science*, **21**:361-364.

Haller L, Claiborn C, Larson T,et al. 1999. Airborne particulate matter size distributions in an arid urban area. *Journal of Air and Waste Management Association*, **49**:161-168.

Hardy J A, Aust A E. 1995. Iron in asbestos chemistry and carcinogenicity. *Chemistry Review*, **95**:97-118.

Hargreaves M, Parappukkaran S, Morawska L. 2003. A pilot investigation into associations between indoor airborne fungal and non-biological particle concentrations in residential houses in Briesbane, Australia. *The Science of the Total Environment*, **312**:89-101.

Harper M, Glowacki C R, Michael P R. 1997. Industrial hygiene. *Analytical Chemistry*, **69**:307R-327R.

Harris G P. 1994. Pattern, process and prediction in aquatic ecology-a limnological view of some general ecological problems. *Freshwater Biology*, **32**:143-160.

Harris S J and Maricq M. 2001. Signature size distributions for diesel and gasoline engine exhaust particulate matter. *Journal of Aerosol Science* **32**:749-764.

Harris S J,Maricq M. 2002. The role of fragmentation in defining the signature size distribution of diesel soot. *Journal of Aerosol Science* **33**:935-942.

He K, Yang F, Ma Y, et al. 2001. The characteristics of PM$_{2.5}$ in Beijing, China. *Atmospheric Environment*, **36**:4954-4970.

Heidi O, Gaarder P I, Johansen B V. 1997. Quantification and characterisation of suspended particulate matter in indoor air. *The Science of the Total Environment*, **193**:185-196.

Higgins M. 1991. Risk factors associated with chronic obstructive lung disease. *Annals of the New York Academy of Sciences*, **624**:7-17.

Hill M K. 1997. Understanding environmental pollution. Cambridge University Press.

Hill M T R, Dimitroulopoulou C, Ashmore M R, *et al.* 2001. Measurement and modelling of short-term variations in particle concentrations in UK homes. *Indoor and Built Environment*, **10**: 132-137.

Hoek G, Kos G, Harrison R, *et al.* 2008. Indoor-outdoor relationships of particle number and mass in four European cities. *Atmospheric Environment*, **42**: 156-169.

Hopke P K, Gladney E S, Gordon G E, *et al.* 1976. The use of multivariate analysis to identify sources of selected elements in the boston urban aerosol. *Atmospheric Environment*, **10**: 1015-1025

Horoshi N, Masanori I, Manabu S, *et al.* 1994. A new approach based on a covariance structure model to source apportionment of indoor fine particles in Tokyo. *Atmospheric Environment*, **28**: 631-636.

Horvath H, Kasaharat M, Pesava P. 1996. The size distribution and composition of the atmospheric aerosol at a rural and nearby urban location. *Journal of Aerosol Science*, **27**(3): 417-435

Huang H, Lee S, Cao J, *et al.* 2007. Characteristics of indoor/outdoor $PM_{2.5}$ and elemental components in generic urban, roadside and industrial plant areas of Guangzhou City, China. *Journal of Environmental Sciences*, **19**: 35-43.

Huang W, Tan J, Kan H, *et al.* 2009. Visibility, air quality and daily mortality in Shanghai, China. *Science of the Total Environment*, **407**: 3295-3300.

Hung H F, Wang C S. 2001. Experimental determination of reactive oxygen species in Taipei aerosols. *Journal of Aerosol Science* **32**: 1201-1211.

Hu T, Li X, Dong J, *et al.* 2006. Morphology and elemental composition of dustfall particles inside emperor qin's terra-cotta warriors and horses museum. . *China Particuology*, **4**(6): 346-351.

Hyslip J P, Vallejob L E. 1997. Fractal analysis of the roughness and size distribution of granular materials. *Engineering Geology*, **48**(3-4): 231-244

Iwai K, Adachi S, Takahashi M, *et al.* 2000. Early oxidative DNA damages and late development of lung cancer in diesel exhaust−exposed rats. *Environmental Research*, **84**(3): 255-64

Iwasaka Y, Yamato M, Imasu R, *et al.* 1988. Transport of Asian dust (KOSA) particles: importance of weak KOSA events on the geochemical cycle of soil particles. *Tellus*, **40B**: 494-503.

James P H, Vallejo L E. 1997. Fractal analysis of the roughness and size distribution of granular materials. *Engineering Geology*, **48**: 231-244.

Jiang Q, Logan B E. 1991. Fractal dimensions of aggregates determined from stead-state size distributions. *Environment Science Technology*. **25**: 2031-2038.

Jones A P. 1999. Indoor air quality and health. *Atmospheric Environment*, **33**(28): 4535-4556.

Jones N C, Thornton C A, Harrison R M. 2000a. Indoor/Outdoor relationships of particulate matter in domestic homes with roadside, urban and rural locations. *Atmospheric Environment*, **34**: 2603-2612.

Jones T P, BéruBé K A, Reynolds L R, *et al.* 2000b. Microscopy of airborne particulates from open-cast coal pits. In: Proceedings of Microscopy and Microanalysis, Philadelphia. *Microscopy and Microanalysis*, **6**(S2): 414-415.

Jones T P, Williamson B J, BéruBé K A, *et al.* 2001. Microscopy and chemistry of particles collected on TEOM filters: Swansea, South Wales, 1989—99. *Atmospheric Environment*, **35**: 3573-3583.

Jones T P, Moreno T, BéruBé K, *et al.* 2006. The physicochemical characterisation of microscopic airborne particles in south Wales: A review of the locations and methodologies. *Science of the Total Environment*, **360**: 43-59.

Jung M, Davis W P, Taatjes D J. 2000. Asbestos and cigarette smoke cause increased DNA strand breaks and necrosis in bronchiolar epithelial cells in vivo. *Free Radical Biology & Medicine*, **28**(8): 1295-1299.

Kadiiska M B, Mason R P, Dreher K L, *et al.* 1997. In vivo evidence of free radical formation in the rat lung after exposure to an emission source air pollution particle. *Chemical Research in Toxicology*, **10**: 1104-1108.

Kamp D W, Greenberger M J, Sbalchierro J S. 1998. Cigarette smoke augments asbestos-induced alveolar epithelial cell injury: role of free radicals. *Free Radical Biology & Medicine*, **25**(6): 728-739.

Kang S, Li C, Wang F, *et al*. 2009. Total suspended particulate matter and toxic elements indoors during cooking with yak dung. *Atmospheric Environment*, **43**: 4243-4246.

Kang Y, Zhong K and Lee S. 2006. Relative levels of indoor and outdoor particle number concentrations in a residential building in Xi'an. *China Particuology*, **4**, (6): 342-345.

Kappos A D, Bruckmann P, Eikmann T, *et al*. 2004. Health effects of particles in ambient air. *International Journal of Hygiene and Environmental Health*, **207**: 399-407.

Kasparisan J, Frejafon E, Rambaldi P, *et al*. 1998. Characterization of urban aerosols using SEM-Microscopy, X-Ray analysis and Lidar measurements. *Atmospheric Environment*, **30**: 2957-2967.

Katrinak K A, Anderson J R, Buseck P R. 1995. Individual particle types in the aerosol of Phoenix, Arizona. *Environmental Science and Technology*, **29**: 321-329.

Kaye B H. 1995. Applied Fractal Geometry and Powder Technology. *Chaos, Solitons and Fractals*, **6**: 245-253.

Kim H W, Choi M. 2003. In situ line measurement of mean aggregate size and fractal dimension a long the flame axis by planar laser light scattering. *Journal of Aerosol Science*, **34**: 1633-1645.

Kim Y S, Stock T H. 1986. House-specific characterization of indoor and outdoor aerosols. *Environmental International*, **12**: 75-92.

Kindratenko V V, Van Espen P J M, Treiger B A, *et al*. 1994. Fractal dimensional classification of aerosol particles by computer-controlled scanning electron microscopy. *Environmental Science and Technology*, **28**: 2197-2202

Kindratenko V, Van Espen P, Treiger B, *et al*. 1996. Characterisation of the shape of microparticles via fractal and Fourier analyses of their SEM images, *Microchimica Acta*, 1996, (suppl). **13**: 355-361.

Kingham S, Briggs D, Elliott P, *et al*. 2000. Spatial variations in the concentrations of traffic—related pollutants in indoor and outdoor air in Huddersfield England. *Atmospheric Environment*, **34**, 905-916

Kodavanti U P, Hauser R, Christiani D C, *et al*. 1998. Pulmonary responses to oil fly ash particles in the rat differ by virtue of their specific soluble metals. *Toxicology Science*, **43**: 204-212.

Kosonen R and Tan F. 2004. The effect of perceived indoor air quality on productivity loss. *Energy and Buildings*, **36**(10): 981-986.

Koutrakis P, Spegler J D. 1987. Source apportionment of ambient particles in Steubenville, OH using specific rotation factor-analysis. *Atmospheric Environment*, **21**: 1511-1519.

Koutrakis P, Briggs S L K, Leaderer B P. 1992. Source apportionment of indoor aerosols in Suffolk and Onondaga counties, New York. *Environmental Science and Technology*, **26**: 521-527.

Kulmala M, Asmi A, Pirjola L. 1999. Indoor air aerosol model: the effect of outdoor air, filtration and ventilation on indoor concentrations, *Atmospheric Environment*, **33**: 2133—2144.

Lai H K, Bayer-Oglesby L, Colvilea R, *et al*. 2006. Determinants of indoor air concentrations of $PM_{2.5}$, black smoke and NO_2 in six European cities (EXPOLIS study). *Atmospheric Environment*, **40**: 1299-1313.

Landsberger S, Wu D. 1995. The impact of heavy metals from environmental tobacco smoke on indoor air quality as determined by Compton suppression neutron activation analysis. *The Science of the Total Environment*, **173/174**: 323-337.

Lange C, Roed J. 1995. Particle size specific indoor/outdoor measurement. *Journal of Aerosol Science*. **26** (suppl 1): 519-520.

Leaderer B, Koutrakis P, Briggs S, *et al*. 1990. Impact of indoor sources on residential aerosol concentrations. In: Proc Indoor Air'90, Toronto, Canada, (2). 269-273.

Lebert E, McCarthy J F, Spengler D, *et al*. 1987. Elemental composition of indoor fine particles. Proceedings of indoor Air'87. Berlin,Institute of Water ,Soil and Air Hygiene,1:569-573

Lee S C, Chan L Y, Chiu M Y. 1999. Indoor and outdoor air quality investigation at 14 public places in Hong Kong. *Environment International*. **25**(4):443-450.

Lee S C , Chang M. 2000. Indoor and outdoor air quality investigation at schools in Hong Kong. *Chemosphere*, **41**(1−2):109-113

Lee S C, Li W M, Chan L Y. 2001. Indoor air quality at restaurants with different styles of cooking in metropolitan Hong Kong. *The Science of the Total Environment*, **279**:181-193. .

Lee S C, Li W M, Ao C H. 2002. Investigation of indoor air quality at residential homes in Hong Kong — case study. *Atmospheric Environment*,**36**(2): 225-237

Lennon S V, Martin S J, Cotter T G. 1991. Dose-dependent induction of apoptosis in human tumor cell lines by widely diveging stimuli. *Cell Prolif*,**24**:203.

Lewis C W, Macias E S. 1980. Composition of size−fractionated aerosol in Charleston, West Virginia. *Atmospheric Environment*, **14**(2):185-194

Li D H, Ganszarczyk J. 1989. Fractal geometry of particle aggregates generated in water and wastewater treatment processes. *Environmental Science and Technology*. **23**(11):1385-1389.

Li C S. 1994. Relationships of indoor/outdoor inhalable and respirable particles in domestic environments. *The Science of Total Environment*, **151**:205-211.

Li C. 1994. Elemental composition of residential indoor PM_{10} in the urban atmosphere of Taipei. *Atmospheric Environment*, **28**:3139-3144.

Li B L. 2000. Fractal geometry applications in description and analysis of patch patterns and patch dynamics. *Ecological Modelling* ,**132**:33-50.

Li W and Shao L. 2009a, Observation of nitrate coatings on atmospheric mineral dust particles. *Atmospheric Chemistry and Physics*, **9**:1-9.

Li W and Shao L. 2009b. Transmission electron microscopy study of aerosol particles from the brown hazes in northern China. *Journal of Geophysical Research*, **114**, D09302, doi:10. 1029/2008JD011285.

Li X Y, Gilmour P S, Donaldson K, *et al*. 1997. In vivo and in vitro proinflammatory effects of particulate air pollution (PM_{10}). *Environmental Health Perspectives*, **105**(S5):1279-1283.

Li Y G, Chen Z D. 2003. A balance-point method for assessing the effect of natural ventilation on indoor particle concentrations. *Atmospheric Environment*, **37**:4277-4285.

Lim H, Kim K, and Lee S. 2004. Concentration of particulate matters (TSP, PM_{10} , $PM_{2.5}$, and PM_1) and bioaerosol in the above- and under-ground subway offices in Seoul. College of Medicine, The catholic university of Korea.

Linn W S, Gong H J, Clark KW, *et al*. 1999. Day-to-day particulate exposures and health changes in Los Angeles area residents with severe lung disease. *Joural of Air & Waste Management Association*, **49**(9):108-115.

Lioy P J, Wainman T, Buckley T,*et al*.1990. The personal indoor and outdoor of PM_{10} measured in an industrial community during winter. *Atmospheric Environment*, **24B**:57-66.

Lippmann M. 1989. Background on health effects of acid aerosols. *Environment and Health Perspective*,**79**:3-6.

Lippmann M, Frampton M, Schwartz J,*et al*. 2003. The U. S. environmental protection agency particulate matter health effects research centers program: a midcourse report of status, progress, and plans. *Environmental Health Perspectives* **111**:1074-1092.

Liu Y S, Chen R, Shen X X. 2004. Wintertime indoor air levels of PM_{10} ,$PM_{2.5}$ and PM_1 at public places and their contributions to TSP. *Environmental International* ,**30**:189-197.

Logan B E, Kilps J R. 1995. Fractal Dimensions of Aggregates Formed in Different Fluid Mechanical Environments. *Water Research* ,**29**:443-453.

Loft S, Vistisen K, Ewertz M, *et al*. 1992. Oxidative DNA damage estimated by 8-hydroxydeoxyguanosine. excretion in humans: influence of smoking, gender and body mass index. *Carcinogenesis*, **13**(12):2241-2247.

Lung S C, Mao I F, Liu L S. 2007. Residents' particle exposures in six different communities in Taiwan. *Science of the Total Environment*, **377**:81-92.

Luo C H, Wen C Y, Liaw J J, *et al*. 2004. Texture characterization of atmospheric fine particles by fractional Brownian motion analysis. *Atmospheric Environment*, **38**:935-940.

Ma C J, Kasahara M, Hiller R, *et al*. 2001. Characteristics of single particles sampled in Japan during the Asian dust-storm period. *Atmospheric Environment*, **35**:2707-2714.

Majid E, Danielm K. 2001. Indoor air pollution from biomass combustion and acute respiratory infections in Kenya: an exposure-response study. *The Lancet*, **358**:619-624.

Margaritis K, Konstandopoulos A G. 2001. Evolution of aggregate size and fractal dimension during Brownian coagulation. *Journal of Aerosol Science*, **32**:1399-1420.

Maricq M M, Xu N. 2004. The effective density and fractal dimension of soot particles from premixed flames and motor vehicle exhaust. *Journal of Aerosol Science*. **35**:1251-1274.

Martin J W, Persily A K, Guenther F R, *et al*. 1996. Materials—Science Based Approach to Phenol Emissions From a Flooring Material in an Office Building. Indoor Air Quality and Climate, 7th International Conference. Proceedings. Indoor Air'96, Volume 2. July 21—26, 1996, Nagoya, Japan, 109-114

Mavrocordatos D, Kaegi R, Schmatloch V. 2002. Fractal analysis of wood combustion aggregates by contact mode atomic force microscopy. *Atmospheric Environment*, **36**:5653-5660.

Maynard R L. 2001. Particulate air pollution. In: Brimblecombe P and Maynard R L, The urban atmosphere and its effects. London: Imperial College Press, 190-191.

McMurry P H. 2000. A review of atmospheric aerosol measurements. *Atmospheric Environment*, **34**:1959-1999.

Menetrez M Y, Foarde K K, Esch R K, *et al*. 2009. An evaluation of indoor and outdoor biological particulate matter. *Atmospheric Environment*, **43**:5476-5483.

Mestl H E S, Aunan K, Seip H M. 2006. Potential health benefit of reducing household solid fuel use in Shanxi province, China. *Science of the Total Environment*, **372**:120-132.

Mestl H E S, Aunan K, Seip H M. 2007a. Health benefits from reducing indoor air pollution from household solid fuel use in China-Three abatement scenarios. *Environment International*. **33**:831-840.

Mestl H E S, Aunan K, Seip H M, *et al*. 2007b. Urban and rural exposure to indoor air pollution from domestic biomass and coal burning across China. *Science of the Total Environment*, **377**:12-26.

Milne B T. 1988. Measuring the fractal geometry of landscapes. *Applied Mathematics and Computation*. **27**:67-79.

Monn C, Fuchs A, Hogger D, *et al*. 1997. Particulate matter less than 10 μm (PM$_{10}$) and fine particles less than 2.5 μm (PM$_{2.5}$): relationships between indoor, outdoor and personal concentrations. *The Science of the Total Environment*, **208**:15-21.

Monn C and Becker S. 1999. Cytotoxicity and induction of proinflammatory cytokines from human monocytes exposed to fine (PM$_{2.5}$) and coarse particles (PM$_{10-2.5}$) in outdoor and indoor air. *Toxicology and Applied Pharmacology*, **155**:245-252.

Monn C. 2001. Exposure assessment of air pollutants: a review on spatial heterogeneity and indoor/outdoor/personal exposure to suspended particulate matter, nitrogen dioxide and ozone. *Atmospheric Environment*, **35**:1-32.

Morawska L, He C, Hichins J. 2001. The relationship between indoor and outdoor airborne particles in the residential environment. *Atmospheric Environment*, **35**:3463-3473.

Morawska L, He C, Hitchins J, *et al*. 2003. Characteristics of particle number and mass concentrations in residential houses in Brisbane, Australia. *Atmospheric Environment*, **37**(30):4195-4203.

Morawska L, Jamriska M, Guo H, *et al*. 2009. Variation in indoor particle number and PM$_{2.5}$ concentrations in a radio station surrounded by busy roads before and after an upgrade of the HVAC system. *Building and Environment* ,4:76-84.

Moreno T, Merolla L, Gibbons W, *et al*. 2004. The study of source apportionment and oxidative potential of airborne particles in a high traffic and steelworks industrial environment: a case from Port Talbot, UK. *The Science of the Total Environment*, **333**, 59-73

Morse D J. 1985. Fractal dimension of vegetation and the distribution of arthropod body lengths. *Nature*, **314**:731-733.

Mossman B T, Bignon J, Corn M. 1990. Asbestos:scientific developments and implications for public policy. *Science*, **247**:294-301.

Murano K, Mukai H, Hatakeyama S, *et al*. 2000. Trans-boundary air pollution over remote islands in Japan: observed data and estimates from a numerical model. *Atmospheric Environment*, **34**:5139-5149.

Naumann K H . 2003. COSIMA-a computer program simulating the dynamics of fractal aerosols. *Journal of Aerosol Science* ,**34**:1371-1397.

Neas L M, Dockery D W, Ware J H, *et al*. 1994. Concentration of indoor particulate matter as a determinant of respiratory health in children. *American Journal of Epidemiology*, **139**:1088-1099.

Ni-Riain C M, Mark D, Davies M. 2003. Averaging periods for indoor-outdoor ratios of pollution in naturally ventilated non-domestic buildings near a busy road. *Atmospheric Environment*, **37**:4121-4132.

Niu J , Rasmussen P E, Wheeler A, *et al*. 2010. Evaluation of airborne particulate matter and metals data in personal, indoor and outdoor environments using ED-XRF and ICP-MS and co-located duplicate samples. *Atmospheric Environment*, **44**:235-245.

Oberdorster G, Ferin J, Lehnert B E. 1994. Correlation between particle size, in vivo particle persistence and lung injury. *Environ Health Perspect*, **102**(suppl 5):173-179.

Obot C J, Morandi M T, Beebe T P, *et al*. 2002. Surface components of airborne particulate matter induce macrophage apoptosis through scavenger receptors. *Toxicology and Applied Pharmacology*, **184**:98-106.

Oh C and Sorensen C M. 1997. Light scattering study of fractal cluster aggregation near the free molecular regime. *Journal of Aerosol Science*. **28**(6):937-957.

Onischuk A A, Stasio S di, Karasev V V, *et al*. 2003. Evolution of structure and charge of soot aggregates during and after formation in a propane/air diffusion flame. *Journal of Aerosol Science* ,**34**:383-403.

Orlic I, Osipowicz T, Watt F, *et al*. 1995. The microanalysis of individual aerosol particle using the nuclear microscope. *Nuclear Instruments and Methods in Physics Research*, **104B**:630-637.

Orlic I, Watt F, Tang S M. 1996. Nuclear microscopy of individual atmospheric aerosol particles. *Journal of Aerosol Science*, **27**(supp 1):661-662. .

Ostro B D, Hurley S, Lipsett M J. 1999. Air Pollution and daily mortality in the Coachella valley, California: A Study of PM$_{10}$ dominated by coarse particles. *Environmental Research Section A*, **81**:231-238.

Ostro B. 1996. Air pollution and mortality results from a study of Santiago, Chile. *Journal of Exposure Analysis and Environmental Epidemiology*, **6**:97-114.

Ozkaynak H, Xue J, Zhou H, *et al*. 1996. Personal exposure to airborne particles and metals:results from the Particle Team Study in Riverside, C A. *Journal of Exposure Analysis and Environmental Epidemiology*, **6**:57-78.

Palmer M V. 1988. Fractal geometry:a tool for describing spatial pattern. *Vegetation*, **75**:91-102.

Pan X, Yue W, He K, *et al*. 2007. Health benefit evaluation of the energy use scenarios in Beijing, China. *Science of the Total Environment*, **374**:242-251.

Paoletti L , De Berardis B, Arrizza L, *et al*. 2006. Influence of tobacco smoke on indoor PM_{10} particulate matter characteristics. *Atmospheric Environment* , **40**:3269-3280.

Park E M, Park Y M, Gwak Y S. 1998. Oxidative damage in tissues of rats exposed to cigarette smoke. *Free Radical Biology & Medicine* , **25**:79-86.

Pellizzari E D, Clayton C A, Rodes C E. 1999. Particulate matter and manganese exposures in Toronto, Canada. *Atmospheric Environment* , **33**:721-734.

Perfect E and Kay B D. 1995. Applications of fractals in soil and tillage research:a review. *Soil & Tillage Research*. **36**:1-20.

Philip K H. 2009. Contemporary threats and air pollution. *Atmospheric Environment* ,**43**:87-93.

Phillips K, Howard D A, Bentley M C,*et al*. 1998. Assessment of environmental tobacco smoke and respirable suspended particle exposures for nonsmokers in Hong Kong using personal monitoring. *Environment International* , **24**:851-870.

Phillips K, Howard D A, Bentley M C, *et al*. 1999. Assessment of environmental tobacco smoke and respirable suspended particle exposures for nonsmokers in Basel by personal monitoring. *Atmospheric Environment* , **33**:1889-1904.

Piña A A, Villaseñor G T, Jacinto P S, *et al*. 2002. Scanning and transmission electron microscope of suspended lead-rich particles in the air of San Luis Potosi, Mexico. *Atmospheric Environment* , **36**:5235-5243.

Polichetti G, Cocco S, Spinali A, *et al*. 2009. Effects of particulate matter (PM_{10} , $PM_{2.5}$ and PM_1) on the cardiovascular system. *Toxicology*,**261**:1-8.

Poli G, Parola M. 1996. Oxidative damage and fibrogenesis. *Free Radical Biology & Medicine* , **22**:287-305.

Pooley F D, de Mille M G. 1999. Microscopy and the characterization of particles. In:Maynard R L and Howard C V, (Eds.), Particulate Matter:properties and effects on health. Oxford, BIOS Scientific Publishers, 97-113.

Pope C A, Bates D V, Raizenne M E. 1995. Health effects of particulate air pollution:time for reassessment?. *Environmental Health Perspect* , **103**:472-480.

Pope C A, Dockery D W, Schwartz J. 1995. Review of epidemiological evidence of health effects of particulate air pollution. *Inhalation Toxicology* ,**7**:1-18.

Pósfai M, Molnar A. 2000. Aerosol particles in the troposphere: A mineralogical introduction. *EMU Notes Mineral* , (2):197-252

Pritchard R J, Ghio A J, Lehmann J R, *et al*. 1995. Is there a dose-response relationship between exposure to indoor allergens and symptoms of asthma? *Journal of Allergy Clin Immunol* , **96**:435-440.

Pritchard R J, Ghio A J, Lehmann J R, *et al*. 1996. Oxidant generation and lung injury after particulate air pollutant exposure increase with the concentrations of associated metals. *Inhalation Toxicology* , **8**:457-477.

Quackenboss J J, Lebowitz M D. 1989. Epidemiological study of respiratory responses to indoor/outdoor air quality. *Environment International* ,**15**:493-502.

Querol X, Alastuey A, Lopez A. 1996. Mineral composition of atmospheric particulates around a large coal-fired power station. *Atmospheric Environment* , **30**(21):3557-3572.

Rahman I, Skwarska E, Henry M, *et al*. 1999. Systemic and pulmonary oxidative stress in idiopathic pulmonary fibrosis. *Free Radical Biology and Medicine* , **27**(1/2):60-68.

Rannou P, Cabane M, Chassefiere E,*et al*. 1995. Titan's geometric albedo: role of the fractal structure of the aerosols,*ICARUS*,**118**:355-372.

Rasmussen P E, Subramanian K S, Jessiman B J. 2001. A multi-element profile of housedust in relation to exterior dust and soils in the city of Ottawa, Canada. *The Science of the Total Environment* , **267**:125-140.

Reichhardt T,1995. Weighing the health risks of airborne particulates. *Environmental Science and Technolo-*

gy，**29**：360-364.

Renwick L C，Donaldson K，Clouter A. 2001. Impairment of alveolar macrophage phagocytosis by ultrafine particles. *Toxicology and Applied Pharmacology*，**172**：119-127.

Richards R J，Atkins J，Marrs T C，*et al*. 1989. The biochemical and pathological changes produced by the intratracheal instillation of certain components of zinc-hexachloroethane smoke. *Toxicology Letter*，**54**：79-88.

Richards R J. 2001. Airborne ambient particles，why are they bioreactive? Lecture in China University of Mining and Technology，March 2001.

Ro C U，Oásn J，Szalóki I，*et al*. 2000. Determination of chemical species in individual aerosol particles using ultrathin window EPMA. *Environmental Science and Technology*，**34**：3023-3030.

Schwartz J. 1994. What are people dying of on high air pollution days?. *Environmental Research*，**64**：26-35.

Schwartz J，Dockery D W，Neas L M. 1996. Is daily mortality associated with fine particles? *Journal of Air & Waste Management Association*，**46**：927-939.

Seaton A，Macnee W，Donaldson K，*et al*. 1995. Particulate air pollution and acute health effects. *Lancet*，**345**：176-178.

Seltzer J M. 1995. Effects of indoor environment on health. *Occupational Medicine*，**10**(1)：26-45.

Sexton K，Spengler J D，Treitman R D. 1984. Personal exposure for respirable particles：a case study in Waterbury，Vermont. *Atmospheric Environment*，**218**：1385-1398.

Shao L，Shi Z，Jones T P，*et al*. 2006. Bioreactivity of particulate matter in Beijing air：Results from plasmid DNA assay. *Science of the Toltal Environment*，**367**：261-272. .

Shao L，Li J，Zhao H，*et al*. 2007. Associations between particle physicochemical characteristics and oxidative capacity：an indoor PM$_{10}$ study in Beijing，China. *Atmospheric Environment*. Doi：10.1016/j. atmosenv. 2007. 02. 038.

Sheldon L S，Hartwell T D，Cox B，*et al*. 1989. An investigation of infiltration and air quality. Final Report. New York State ERDA Contract No. 736－CON－BCS－85. New York State Energy Research and Development Authority，Albany，New York

Shi Z B，Shao L Y，Jones T P，*et al*. 2003. Characterization of airborne individual particles collected in an urban area，a satellite city and a clean air area in Beijing，2001. *Atmospheric Environment*，**37**：4097-4108.

Slezakova K，Pereira M C，Alvim-Ferraz M C. 2009. Influence of tobacco smoke on the elemental composition of indoor particles of different sizes. *Atmospheric Environment*，**43**：486-493.

Slezakova K，Castro D，Pereira M C，*et al*. 2009. Influence of tobacco smoke on carcinogenic PAH composition in indoor PM$_{10}$ and PM$_{2.5}$. *Atmospheric Environment*，**43**：6376-6382.

Sibille Y，Reyolds H Y. 1990. Macrophages and polymorphonuclear neutrophils in lung defense and injury. *The American Review of Respiratory Disease*，**141**：471-501.

Sigrist. S，Jullien R，Lahaye J. 2001. Agglomeration of solid particles. *Cement & Concrete Composites*，**23**：153-156.

Simoni M，Carrozzi L，Baldacci S. 2002. Acute respiratory effects of indoor pollutants in two general population samples living in a rural and in an urban area of Italy. Symposia of 9th International Conference on Indoor Air Quality and Climate，119-124.

Singh R，Sram R J，Binkova B，*et al*. 2007. The relationship between biomarkers of oxidative DNA damage，polycyclic aromatic hydrocarbon DNA adducts，antioxidant status and genetic susceptibility following exposure to environmental air pollution in humans. *Mutation Research*，**620**：83-92.

Spengler J D，Dockery D W，Turner W A，*et al*. 1981. Long-term measurements of respirable sulfates and particles inside and outside homes. *Atmospheric Environment*，**15**：23-30.

Spengler J D，Treitman R D，Tosteson T D. 1985. Person exposures to respirable particulates and implications for air pollution epidemiology. *Environment Science and Technology*，**19**：700-707.

Stone V、Shaw J、Brown D M、*et al.* 1998. The role of oxidative stress in the prolonged inhibitory effect of ultrafine carbon black on epithelial cell function. *Toxicology in vitro*, **12**:649-659.

Su Y Z,Zhao H L,Zhao W Z,*et al.* 2004. Fractal features of soil particle size distribution and the implication for indicating desertification. *Geoderma*, **122**:43-49.

Tang S、Preece J M、McFarlane C M、*et al.* 2000. Fractal morphology and breakage of DLCA and RLCA aggregates, *Journal of Colloid Interface Science*. **221**:114-123.

Tan Y L、Quanci J F、Borys R D、*et al.* 1992. Polycyclic aromatic hydrocarbons in smoke particles from wood and duff burning. *Atmospheric Environment*,**26**(A):1177-1181.

Tan P H、Chou C、Liang J Y、*et al.* 2009. Air pollution "holiday effect" resulting from the Chinese New Year. *Atmospheric Environment* ,**43**:2114-2124.

Tian L 、Lan Q、Yang D,*et al.* 2009. Effect of chimneys on indoor air concentrations of PM_{10} and benzo pyrene in Xuan Wei, China. *Atmospheric Environment* ,**43**:3352-3355.

Teresa C W、Jerold A. 2008. Last. Lung response to coarse PM:Bioassay in mice. *Toxicology and Applied Pharmacology*,**230**:159-166.

Teresa M、Merolla L、Gibbons W,*et al.* 2004. Variations in the source, metal content and bioreactivity of technogenic aerosols:a case study from Port Talbot , Wales, UK. *Science of the Total Environment* ,**333**:59-73.

Tung C W、Chao Y H、Burnett J、*et al.* 1999. A territory wide survey on indoor particulate level in Hong Kong. *Buildings and Environment* , **34**:213-220.

Tung Y H、Ko J L、Liang Y F、*et al.* 2001. Cooking oil fume-induced cytokine expression and oxidative stress in human lung epithelial cells. *Environmental Research Section* , **87**:47-54.

United States Environmental Protection Agency. 1997. Office of Air & Radiation, Office of Air Quality Planning and Standards, Fact Sheet. EPA's Revised Particulate Matter Standards, 17, July, 1997.

US EPA Office of Air and Radiation. 1997. Office of air quality planning and standards fact sheet-EPA's recommended final ozone and particulate matters.

Van Borm W A、Adams F C. 1988. Cluster analysis of electron microprobe analysis data of individual particles for source apportionment of air particulate matter. *Atmospheric Environment* , **22**:2297-2308.

Van Espen K V V、Treiger P J M、Van Grieken B A. 1994. Fractal dimensional classification of aerosol particles by computer-controlled scanning electron microscopy. *Environmental Science and Technology* , **28**:2197-2202.

Vassilakos C、Veros D、Michopoulos J、*et al.* 2007. Estimation of selected heavy metals and arsenic in PM_{10} aerosols in the ambient air of the Greater Athens Area, Greece. *Journal of Hazardous Materials* ,**140**:389-398.

Vemury S、Pratsinis S E. 1995. Self-preserving size distributions of agglomerates. *Journal of Aerosol Science*, **26**(2):175-185.

Viana M、Kuhlbusch T A J、Querol X、*et al.* 2008. Source apportionment of particulate matter in Europe:A review of methods and results. *Journal of Aerosol Science*, **39**:827-849.

Wallace L. 1996. Indoor particles:a review. *Journal of Air & Waste management Association* , **46**:98-126.

Wallace L、Howard-Reed C. 2002. Continuous monitoring of ultra-fine, fine, and coarse particles in a Riverside for 18 months in 1999—2000. *Journal of the Air & Waste Management Association*, **52**:828-844.

Wang X、Ding H、Ryan L、*et al.* 1997. Association between air pollution and low birth weight:a community-based study. *Environmental Health Perspectives*, **105**:513-520.

Watson J G、Zhu T、Chow J C、*et al.* 2002. Receptor modeling application framework for particle source apportionment. *Chemosphere*, **49**:1093-1136.

Wentzel M、Gorzawski H、Naumann K H、*et al.* 2003. Transmission electron microscopical and aerosol dynamical characterization of soot aerosols. *Journal of Aerosol Science* ,**34**:1347-1370.

White M, Ajiboye P, Kukadia V . 2005. Ventilation and Indoor Air Quality in Schools , Bracknell: IHS BRE Press, ISBN: 9781860817519

Whittaker A, Jones T P, Bérubé K A, *et al*. 2002. Characterization and bioreactivity of pollutant soots:London 1950s and present day Beijing. *Experimental Lung Research* , 28(2):141-179.

Whittaker A G. 2003. Black smokes:past and present. The thesis for the degree of Ph. D. Cardiff University.

Wigzell E, Kendall M, Nieuwenhuijsen M J. 2000. The spatial and temporal variation of particulate matter within the home. *Journal of Expo Anal Environ Epidemiol* , 10:307-314.

Williams R, Creason J, Zweidinger R, *et al*. 2000. Indoor, outdoor, and personal exposure monitoring of particulate air pollution:the Baltimore elderly epidemiology-exposure pilot study. *Atmospheric Environment* , 34:4193-4204.

Wyzga R E, Folinsbee L J. 1995. Health effects of acid aerosol. *Water Air Soil Pollution* , 85:177-188.

Xie Y and Hopke P K. 1994. Use of multiple fractal dimensions to quantify airborne particle shape. *Aerosol Science and Technology*. 20:161-168.

Xiong C and Friedlander S K. 2001. Morphological properties of atmospheric aerosol aggregates. *Applied Physical Sciences*. 98(21):11851-11856.

Xu X, Christinani D C, Li B,*et al*. 1995. Association of air pollution with hospital outpatient visits in Beijing. *Archives of Environmental Health* , 50:214-220.

Xu X, Gao J, Dockery D W, *et al*. 1994. Air pollution and daily mortality in residential areas of Beijing, China. *Archives of Environmental Health* , 49:216-222.

Yablokov M Y, Andreev G B and Lushnikov A A. 2001. Computer Simulation Of Heterogeneous Reactions On Fractals. *Abstracts of the European Aerosol Conterence* , 747.

Yakovleva E, Hopke P, Wallace L. 1999. Receptor modeling assessment of particle total exposure assessment methodology data. *Environmental Science and Technology* , 33:3645-3652.

Yang W, Omaye S T. 2009. Air pollutants, oxidative stress and human health. *Mutation Research* ,674:45-54.

Yao X, Chan C K, Fang M, *et al*. 2002. The water-soluble ionic composition of $PM_{2.5}$ in Shanghai and Beijing, China. *Atmospheric Environment* , 36:4223-4234.

Yu A, Makhviladze G M, Roberts J P. 2001. The effect of particle coagulation and fractal structure on the optical properties and detection of smoke. *Fire Safety Journal* ,36:73-95.

Zhang D, Iwasaka Y. 1999. Nitrate and sulfate in individual Asian dust-storm particles in Beijing, China in spring of 1995 and 1996. *Atmospheric Environment* , 33:3213-3223.

Zhao H, Shao L, Yao Q. 2005, Microscopic morphology and size distribution of residential indoor PM_{10} in Beijing City. *Indoor and Built Environment* , Vol. 14, No. 6, 513-520.

Zhao Y ,Wang S ,Aunan K,*et al*. 2006. Air pollution and lung cancer risks in China—a meta-analysis. *Science of the Total Environment* , 366:500-513.

Zheng M, Fang M, Wang F, *et al*. 2000. Characterization of the solvent extractable organic compounds in $PM_{2.5}$ aerosols in Hong Kong. *Atmospheric Environment* , 34:2691-2702.

Zhou R Q, Li S, Zhou Y Q, *et al*. 2000. Comparison of environmental tobacco smoke concentrations and mutagenicity for several indoor environments. *Genetic Toxicology and Environmental Mutagenesis* , 465:191-200.

Zhou Y M, Zhong C Y, Kennedy I M, *et al*. 2003. Pulmonary responses of acute exposure to ultrafine iron particles in healthy adult rats. *Environmental Toxicology* , 18:227-235.

Zurita-Gotor M and Rosner D E. 2002. Effective Diameters for Collisions of Fractal-like Aggregates:Recommendations for Improved Aerosol Coagulation Frequency Predictions. *Journal of Colloid and Interface Science* , 255:10-26.